KB163460

패션 아이템 도감

| 판권 |
원작 株式会社マール社 | **수입·발행처** 디지털북스

| 만든 사람들 |
기획 디지털북스 | **진행** 디지털북스 | **집필** 미조구치 야스히코 | **번역** 이해인 |
편집·표지 디자인 D.J.I books design studio

| 책 내용 문의 |
도서 내용에 대해 궁금한 사항이 있으시면
디지털북스 홈페이지의 게시판을 통해서 해결하실 수 있습니다.
홈페이지 digitalbooks.co.kr | **페이스북** facebook.com/ithinkbook |
인스타그램 instagram.com/digitalbooks1999 | **이메일** djibooks@naver.com
유튜브 유튜브에서 [디지털북스] 검색

| 각종 문의 |
영업관련 dji_digitalbooks@naver.com | **전화번호** (02) 447-3157~8

패션 아이템 도감
일러스트로
보는
패션 소품
용어와 특징
미조구시 야스히코 저
이해인 역
1130점 이상의
패션 아이템 해설!
DIGITAL BOOKS
디지털북스

시작하며

인터넷의 보급에 따라 알고 싶은 정보를 쉽게 찾을 수 있게 되었습니다. 그래도 '제대로 된 정보를 찾기 어렵다'는 인상이 있는 분야도 많이 있습니다.

무언가를 찾을 때 정확한 단어가 떠오르는지 않고 어렴풋한 이미지만 떠오를 때도 많습니다. 하지만 이름을 모르면 인터넷으로도 검색하기 쉽지 않습니다. 이미지만으로 어떻게 찾을 수 없을까? 이런 생각으로 시작한 것이 패션 검색 사이트 '모다리나'입니다.

그리고 이 사이트를 시작하자마자 전문용어의 벽에 부딪혔습니다. 옷의 종류나 특징을 한 마디로 표현하는 전문용어를 알고 있으면 그 자리에서 바로 가장 가까운 이미지의 상품을 찾아낼 수 있지만, 그 반대는 불가능합니다. 게다가 이미지만으로 상품을 찾아낸다는 것은 생각보다 무척 어려운 일이었습니다.

그래서 다음으로 만들기 시작한 것이 이 패션 도감입니다. 그림보다 사진이 더 보기 쉽고, 그리는 수고도 줄일 수 있다는 것은 알고 있지만, 사진은 너무 많은 정보를 담고 있어서 오히려 특징은 흐릿해집니다. '힘들겠지만 일러스트로 그리자!'고 컴퓨터 일러스트에 대한 지식도 거의 없는데, 양복의 특징들을 발견할 때마다 착실하게 그리다보니 점점 많아져 어느 샌가 1000개가 넘어있었습니다.

책으로 만드는 단계에서 스기노복식대학의 후쿠치 히로코 선생님과 카즈이 노부코 선생님께 감수를 받았습니다. 전문적 지식과 정확성을 보완해주신 것 정말 감사하고 있습니다.

변변치 않은 실력의 그림이고, 해설도 충분하지 못한 곳이 많을 수 있지만 읽어주시는 분들께 조금이라도 도움이 되었으면 합니다.

미조구치 야스히코

여러 가지 사용법

그리고 싶어!

옷을 잘 몰라서, 캐릭터를 그릴 때 항상 같은 옷만 그리게 된다. 이런 고민에서 벗어날 수 있습니다.

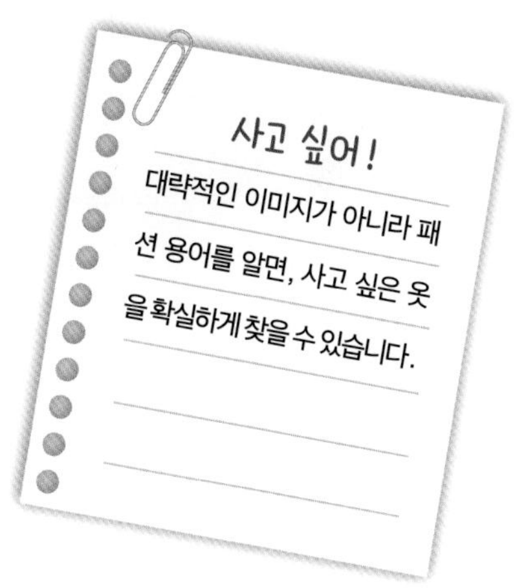

코디하고싶어!

어떤 옷이 어울리는 걸까? 고민될 때 코디네이트 참고로

그 외에도!

이런 방법, 저런 방법! 생각하지도 못했던 뜻밖의 사용 방법을 여러분들이 발견해주세요!

여성

모자 : 가르보 해트 (p.114)

아우터 : 트렌치코트 (p.88)

가방 : 닥터 백 (p.129)

신발 : 커터 슈즈 (p.107)

남성

아우터 : 색 재킷 (p.80) 과 스타장 (p.84) 의 믹스

톱 : 하우스 체크 (p.149)

신발 : 스펙테이터 슈즈 (p.104)

일러스트 : 치야키

좌

선글라스 : 로이드 (p.135)

아우터 : 라이더 재킷 (p.83)

수영복 : 탱키니 (p.93)

장갑 : 쇼티 (p.98)

우

헤어 액세서리 : 바레트 (p.122)

수영복 : 백 크로스 스트랩 (p.95)

소품 : 미산가 (p.134)

가방 : 버킷 백 (p.127)

※ 패션에는 배리에이션이 다양합니다.
일러스트로 그릴 때는 자유롭게 변화시켜 즐겨주세요.

일러스트 : 치야키

CONTENTS

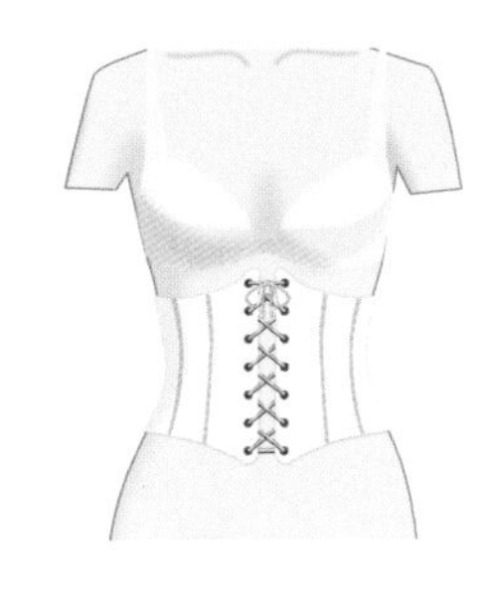

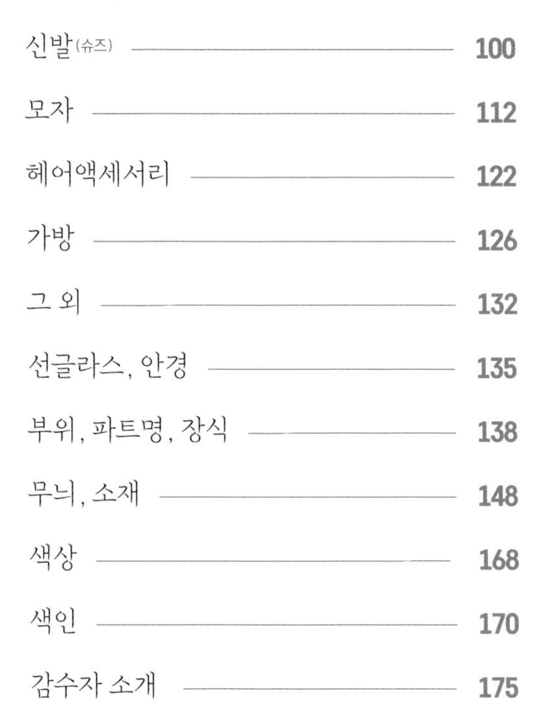

라운드 넥
ROUND NECK

일반적으로는 둥글게 파인 넥의 총칭. 주로 목덜미에 붙어 둥글게 된 모양을 가리킨다. 크루 넥(p.11)이나 U넥(p.9)도 라운드 넥의 일부로, 목둘레의 파인 정도에 따라 구별하는 경우가 많다.

헨리 넥
HENLEY NECK

라운드 넥에 단추단이 있어 단추로 열고 닫을 수 있게 되어 있는 넥. 세로선이 들어가 있어 얼굴과 목이 얇고 길게 보이는 효과가 있다.

하이 넥
HIGH NECK

옷깃을 접지 않고 목에 붙게 세운 넥의 총칭. 일본식 용어이다. 영어로는 레이즈드 넥이나 빌드업 넥이라고 부른다.

보틀 넥
BOTTLE NECK

하이 넥 중의 하나로, 옷깃을 접지 않고 세운 채로 목 부분이 병의 입구처럼 목에 딱 붙은 것.

오프 넥
OFF NECK

목에 붙지 않고 떨어져 세워진 넥의 총칭.

터틀 넥
TURTLE NECK

스탠딩칼라를 되접은 것. 일본에서는 자라목 옷깃이라고 한다. 스웨터 등에 자주 쓰이고, 이중으로 접어서 착용하는 경우가 많다. 얼굴이 커 보이기 쉽다.

오프 터틀 넥
OFF-TURTLE NECK

목에 딱 붙지 않고 여유가 있어서 목부터 아래로 늘어질 정도로 낙낙한 실루엣의 터틀 넥을 말한다. 목 부분에 볼륨이 있기 때문에 상대적으로 얼굴이 작아 보이는 효과가 있다. 또 낙낙한 실루엣이 부드러운 분위기를 연출해준다. 명칭의 '오프'는 '떨어져서'라는 의미로 쓰여, 목에 딱 붙지 않는 터틀 넥을 뜻한다.

U넥

U NECK

라운드 넥보다 U자형으로 더 깊게 파인 넥을 말한다. 라운드 넥보다 목을 더 드러내기 때문에 얼굴이 강조되지 않아 작아 보이고, 파임이 깊을수록 목이 더 길어 보이는 효과가 있다. 밸런스를 잡기 쉽지만 파임 부분이 너무 깊으면 단정치 못해 보일 수 있고, 민무늬일 때는 내복 같아 보일 수 있으므로 주의가 필요하다.

쥬얼 넥

JEWEL NECK

표준적인 둥근 옷깃으로, 목걸이나 펜던트를 돋보이게 하기 때문에 쥬얼이라는 이름이 붙었다.

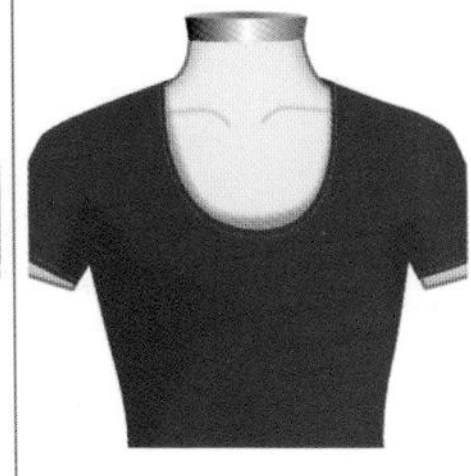

오벌 넥

OVAL NECK

계란형으로 둥글게 파인 형태. U넥보다 밑으로 넓게 파여 있다.

보트 넥

BOAT NECK

배(보트) 모양처럼 옆으로 넓고 얇게 파인 넥. 완만한 곡선으로, 쇄골 부분이 예쁘게 보인다. 체형에 상관없이 데콜테(p.12) 부분의 노출이 적기 때문에 품위가 있으면서도 귀엽게 보여, 다른 옷들과도 잘 어울린다. 드레스 등에서 자주 볼 수 있으며, 마린룩 느낌의 가로줄무늬 티셔츠인 바스크 셔츠(p.46)가 유명하다.

바토 넥

BATEAU NECK

본래는 보트 넥과 똑같은 의미였다. 지금은 신부용 의상 용어로 많이 사용하며, 부드러운 곡선으로 양 어깨뼈까지 트인 넥을 말한다. 바토는 프랑스어로 보트를 의미한다.

스쿠프 넥

SCOOPED NECK

삽으로 퍼낸 듯 한 모양의 넥.

스퀘어 넥

SQUARE NECK

파임의 크기와 상관없이 사각으로 된 넥의 총칭. 옆으로 넓어질 경우 렉탱글 넥이라고 칭하기도 한다. 노출이 과하지 않고, 쇄골과 데콜테 부분을 세련되게 보여줘, 동그란 얼굴형을 샤프한 인상으로 보완해준다.

T 넥

T NECK

수평에 가까운 넥에서, T 자형의 앞트임이 들어간 넥. 비슷한 넥으로는 슬래시트 넥(p.12)가 있다.

V 넥

V NECK

V자형 넥의 총칭. 혹은 V 넥으로 된 옷 자체를 이른다. 라운드 넥보다 목둘레선이 넓기 때문에 얼굴이 작아 보이고, 목선을 깔끔하게 보이는 효과가 있다. 둥근 얼굴형에게 추천하는 넥.

레이어드 넥

LAYERED NECK

여러 겹을 겹쳐 입은 것처럼 보이는 넥. 또는 겹쳐 입었을 때의 모양을 말한다. 터틀 넥에 V 넥을 겹쳐 입은 것처럼 디자인한 레이어드 넥 등도 있다.

플런징 넥

PLUNGING NECK

V 넥보다 파임이 깊은 것. 이브닝드레스 등에 사용되어, 섹시함을 어필할 때에 좋다. 플런지(PLUNGE)에는 '떨어져 내림', '낙하'의 의미도 있어 '다이빙 넥'이라고도 한다.

오픈 프런트 넥

OPEN FRONT NECK

목 앞부분에 트임이 들어가 있어 갈아입기 쉽다. 슬릿 넥이라고도 한다.

펜타곤 넥

PENTAGON NECK

오각형(펜타곤)의 넥.

트래피즈 넥

TRAPEZE NECK

사다리꼴의 넥. 트래피즈는 프랑스어로 사다리꼴을 뜻한다.

스캘럽 넥

SCALLOPED NECK

가리비 모양과 닮은 파도 모양 커팅의 넥. 스캘럽은 가리비조개 혹은 가리비의 조개껍데기를 의미한다.

스위트하트 넥

SWEETHEART NECK

깊은 하트 모양으로 트임이 들어간 넥.

하트셰이프 넥

HEARTSHAPED NECK

하트 모양의 트임이 들어간 넥.

키홀 넥

KEYHOLE NECK

열쇠구멍 같이 생긴 넥. 라운드 넥에 원형 혹은 사각의 파임이 들어간 것이다.

다이아몬드 넥

DIAMOND NECK

다이아몬드 모양의 트임이 들어간 넥.

발레리나 넥

BALLERINA NECK

쇄골이 보일 정도로 넓게 파인 넥. 발레복에 자주 쓰인다.

크루 넥

CREW NECK

배의 선원, 승무원 등이 입는 스웨터에서 붙은 이름으로, 목둘레에 꼭 맞는 둥근 넥을 말한다. 주로 편물(혹은 니트) 계로 많이 만든다. 코디하기 쉬운 넥이지만 목 주변이 막혀 있기 때문에 얼굴을 강조하기 쉬워, 얼굴이 작아 보이고 싶을 때에는 추천하지 않는다. 턱과 광대뼈의 인상을 부드럽게 해 우아한 이미지를 주기 때문에, 샤프한 인상을 가진 사람에게 어울린다.

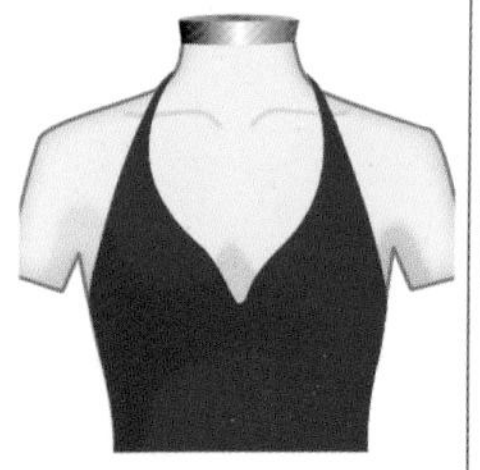

홀터 넥

HALTER NECK

상의의 천이나 끈을 목 뒤로 묶어, 어깨와 등을 노출하는 디자인. 수영복과 이브닝드레스에서 많이 볼 수 있다. 홀터는 말이나 소의 고삐를 뜻한다.

크로스 홀터넥

CROSS HALTER NECK

홀터 넥의 끈을 교차해 묶어 어깨와 등을 노출하는 디자인. 수영복과 이브닝드레스에서 많이 볼 수 있다. 가슴골 부분에 깊게 트임이 있는 디자인이 많다. 크로스 스트랩 넥이라고도 한다.

데콜테

DÉCOLLETÉ

목부터 가슴 부분까지 크게 파인 넥, 혹은 목부터 윗가슴까지의 부위 자체를 이른다. 목부터 윗가슴까지 보이도록 트여진 라인을 데콜테 라인이라고도 한다. 로브 데콜테는 데콜테 넥에 소매가 없는 긴 드레스로, 가장 격식 있는 자리에서 입는 여성 예복이다. 데콜테는 품위 있게 피부의 아름다움을 표현할 수 있는 대표적인 부위로, 나이의 영향이 가장 잘 드러나는 부위이기도 하다. '~부터 멀어지다'라는 의미의 'de'와 목을 의미하는 'collet'가 합쳐진 프랑스어이다.

오프숄더 넥

OFF-SHOULDER NECK

양 어깨가 드러날 정도로 크게 벌어지는 넥. 웨딩드레스나 이브닝드레스, 니트 상의 등에서 많이 볼 수 있다. 어깻죽지까지 노출하여 가냘픈 이미지를 주기 쉽기 때문에, 어깨가 넓고 튼튼한 사람에게 추천한다. 또 상대적으로 얼굴보다 목이나 어깨 주변의 피부색의 면적이 더 많이 보이기 때문에 얼굴형이 긴 사람에게 어울린다. 쇄골을 포함한 데콜테 라인을 드러내면 여성 신체의 아름다움을 돋보이게 할 수 있다.

슬래시트 넥

SLASHED NECK

거의 수평으로 트인 넥을 말한다. 크게는 어깨까지 옆으로 벌어진 직선에 가까운 모양을 하고 있다.

사브리나 넥

SABRINA NECK

목 부분이 직선으로 트인 넥. 영화 '사브리나'의 주연인 오드리 헵번이 자주 입었기 때문에 이런 이름이 붙었다고 한다. 형태적으로 슬래시트 넥과 유사하다.

턱 넥

TUCKED NECK

일정한 간격을 두고 천을 겹쳐 꿰맨 턱이 늘어서 있는 넥, 또는 그런 디자인을 말한다. 실루엣이 입체적이며 움직임이 쉽고 장식성까지 더할 수 있다.

원 숄더

ONE SHOULDER

한 쪽 옆구리에서 반대쪽의 어깨로 걸치는 좌우 비대칭 넥. 비슷한 비대칭의 넥으로는 오블리크 넥 등이 있다.

오블리크 넥

OBLIQUE NECK

목둘레의 형태가 좌우 비대칭으로 한 쪽 어깨에만 걸치는 넥라인. 원 숄더라고도 한다. 오블리크는 비스듬하다는 뜻이다.

어심메트리 넥

ASYMMETRIC NECK

목둘레의 디자인이 좌우 비대칭인 넥.

티어드롭 플래킷

TEARDROP PLACKET

눈물방울(티어드롭)형의 트임(플래킷)이 있는 넥. 플래킷은 옷을 입고 벗기 쉽게 만들기 위한 트임으로, 장식으로도 이용한다.

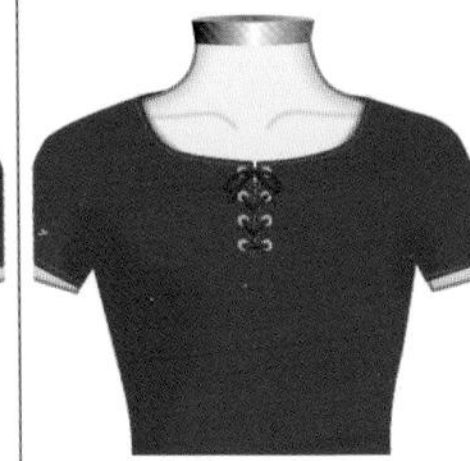

레이스업 프론트

LACE-UP FRONT

앞트임 부분을 끈으로 번갈아 끼워 묶어서 고정시키는 레이스 업 타입의 넥, 또 그렇게 된 옷의 앞부분을 뜻한다.

드로스트링 넥

DRAWSTRING NECK

끈을 조여 목둘레 부분을 조절할 수 있다. 터널식으로 끈, 고무줄 따위를 넣거나 구멍 사이로 끈을 꿰어 조여서 자연스럽게 흐르는 볼륨감을 내는 것을 드로스트링이라고 한다. 드로는 '끌어당기다', 스트링은 '끈'을 의미한다.

개더 넥

GATHERED NECK

천을 꿰매 잡아당겨 주름이 지도록 만든 넥. 명칭의 개더는 '모으다'라는 의미이다.

드레이프 넥

DRAPED NECK

부드러운 주름을 겹겹이 쌓은 넥. 천을 느슨하게 만들거나 늘어뜨려 만들어지는, 흘러내리는 듯한 주름을 드레이프라고 한다. 우아한 인상을 준다.

카울 넥

COWL NECK

넥 전체가 드레이프 되어 주름이 가득 진 넥. 카울은 중세 가톨릭 사제가 입던 두건이 달린 겉옷을 말한다.

펀넬 넥

FUNNEL NECK

깔때기를 거꾸로 한 것 같은 모양의 넥. 펀넬은 깔때기를 뜻한다.

아메리칸 암홀

AMERICAN ARMHOLE

소매부분을 목이 시작되는 부분부터 겨드랑이 밑까지 커트한 넥. 아메리칸 슬리브라고도 한다.

그리션 넥

GRECIAN NECK

그리션은 '고대 그리스의' 라는 의미이다. 고대 그리스 복장처럼, 가슴 위쪽부분이 커트 되어있거나 목에 걸어 고정하게 되어있는 디자인.

일루전 넥

ILLUSION NECK

목둘레나 등, 어깨 등의 부위에 레이스 같은 속이 비쳐 보이는 소재를 사용해 노출된 것처럼 보이게 한다. 웨딩드레스에도 자주 사용하며 장식성이 높은 소재를 사용해 화려한 분위기를 연출하기도 한다.

퀸 앤 넥

QUEEN ANNE NECK

레이스 등의 슬리브(소매)로 어깨를 덮고 가슴부분은 깊은 트임을 주어 드러낸다. 웨딩드레스에도 자주 사용되며, 목의 라인이 아름답게 보인다. 레이스 소재의 슬리브로 어깨가 넓어 보이지 않게 하는 효과도 있다.

스파게티 스트랩

SPAGHETTI STRAP

캐미솔처럼 스파게티 같은 얇은 어깨끈(스트랩)을 매달아 살을 노출시키는 넥. 또는 그런 얇은 어깨끈을 말한다.

스탠다드 칼라

STANDARD COLLAR

와이셔츠 등에 사용하는 표준적인 셔츠의 옷깃. 레귤러 칼라라고도 한다. 그 시대의 스탠다드이기 때문에 시대의 흐름에 따라 형태도 다소 변화한다.

숏 포인트 칼라

SHORT POINT COLLAR

옷깃이 짧고(대략 6cm 이하), 양 옷깃의 끝이 살짝 벌어진 듯이 되어있다. 캐주얼하면서도 청결한 인상을 준다. 넥타이를 하지 않는 게 기본이다. 스몰 칼라라고도 한다.

버튼 다운 칼라

BUTTON DOWN COLLAR

양 옷깃 끝을 단추로 고정한 형태. 기본적으로 캐주얼룩에 쓰인다. 1900년경 등장한 옷깃으로, 아이비룩의 정석 아이템이다. 폴로 경기에서 바람에 옷깃이 젖혀져 목이나 얼굴에 맞는 것을 방지하기 위해 단추를 단 것이 시초라는 설이 있다.

버튼 업 칼라

BUTTON UP COLLAR

셔츠의 옷깃을 태브(고리끈) 같이 길게 늘려 단추를 채운 것. 넥타이의 매듭을 이 위에 올려 매듭을 더 깔끔해 보이게 한다.

호리존탈 칼라

HORIZONTAL COLLAR

옷깃 끝이 수평(호리존탈)에 가까울 정도로 벌어져 있기 때문에 이런 이름이 붙었다. 와이드 스프레드 칼라라고도 한다. 100~120도 정도 벌어진 옷깃도 있지만, 그 이상으로 벌어진 것이 더 많다. 이탈리아 남성복에서 인기 있는 형태로, 운동 선수들이 많이 입는다. 넥타이 없이 캐주얼 하게 입어도 눈길을 끌며, 폭 넓은 코디네이트가 가능해 상황에 맞게 어울리는 코디를 할 수 있어 인기가 급상승해 널리 보급되었다. 커터웨이라고도 부른다.

태브 칼라

TAB COLLAR

옷깃 뒷면에 달린 작은 태브로 옷깃을 고정한다. 넥타이를 끼우면 옷깃의 끝이 조금 죄어져 입체감이 커지기 때문에 클래식하고 엘레강스한 느낌을 준다. 지적인 이미지와 살짝 스포티한 느낌도 더할 수 있다.

핀홀 칼라

PINHOLE COLLAR

옷깃 가운데 부분에 아일릿을 달고 핀을 통과 시켜 옷깃 사이를 여민다. 셔츠의 목 부분을 입체적으로 만들어주는 드레시한 셔츠. 지성과 고상함을 어필한다. 아일릿 칼라라고도 부른다.

두에 보토니

DUE BOTTONI

보통의 셔츠보다 칼라 스탠드가 좀 더 두껍고, 첫 번째 단추가 달리는 위치에 2개의 단추가 있다. 넥타이를 매지 않아도 캐주얼한 느낌이 강하지 않기 때문에 쿨비즈 등에 추천한다. 단추가 세 개가 달렸을 때는 트레 보토니라고 한다.

트레 보토니

TRE BOTTONI

칼라 스탠드가 더 두껍고, 첫 번째 단추가 달리는 위치에 3개의 단추가 달려 있는 것. 넥타이를 매지 않는 것이 기본이며, 넥타이 없이도 칼라가 눈에 띄어 드레시하게 코디할 수 있다. 버튼 다운으로 되어있는 경우도 많다. 이탈리아어로 '3개의 버튼'이라는 뜻이다.

베리모어 칼라

BARRYMORE COLLAR

보통의 옷깃보다 길다. 헐리웃 스타인 존 베리모어가 착용한 것에서 유래했다.

터널 칼라

TUNNEL COLLAR

옷깃이 터널처럼 둥글게 말려있는 깃.

이탈리안 칼라

ITALIAN COLLAR

V자형의 넥에 옷깃과 칼라 스탠드가 홑겹으로 되어있다. 원피스 칼라라고도 한다. 넥타이를 하지 않는 게 기본이다. 스웨터나 재킷에도 사용하는 칼라이다.

내로우 스프레드 칼라

NARROW SPREAD COLLAR

양 옷깃 사이가 좁다. 옷깃의 벌어진 틈이 대략 60도 이하인 것을 말한다.

스텐 칼라

SOUTIEN COLLAR

칼라의 첫 단추를 열어 입을 수도, 채워 입을 수도 있게 되어 있다. 칼라 스탠드의 앞쪽은 낮고 뒤로 갈수록 높아져, 칼라가 목을 따라 직선적으로 접혀져 있다. 영어로는 컨버터블 칼라라고 부른다.

발 칼라

BAL COLLAR

스텐 칼라의 첫 번째 단추를 풀어 접은 모양. 아래 옷깃이 위쪽 옷깃보다 작다. 발마칸 칼라의 줄임말로 아우터의 발마칸(발 칼라·코트/p.88)에 사용된다.

※ 칼라 스탠드 : 주로 띠 형의, 칼라의 세워진 깃 부분.

라운드 칼라

ROUND COLLAR

끝이 둥근 옷깃. 우아한 이미지를 주기 쉽다. 둥그스름한 형태기 때문에 얼굴의 윤곽이 강조되어, 얼굴형이 둥글다면 주의하는 것이 좋다. 캐주얼한 느낌이 강해 비즈니스 시에는 피하는 경우가 많다.

버스터 브라운 칼라

BUSTER BROWN COLLAR

옷깃의 폭이 넓고 옷깃의 끝이 둥글다. 20세기 초에 인기 연재되었던 만화 '버스터 브라운'의 주인공이 착용해 그 주인공의 이름이 붙었다. 아동복에 많이 쓰인다.

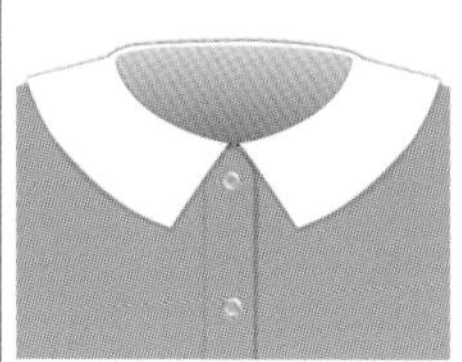

이튼 칼라

ETON COLLAR

옷깃의 폭이 넓은 플랫칼라(스탠드가 없는 칼라). 영국 이튼스쿨의 교복에서 유래했다.

포에트 칼라

POET'S COLLAR

접착심이나 풀을 먹이지 않은 부드러운 천으로 만든, 조금 큰 크기의 옷깃. 19세기 전반에 활약한 영국의 시인인 바이런, 셸리 등이 좋아해 착용했던 것에서 유래했다. 포에트는 시인을 의미한다.

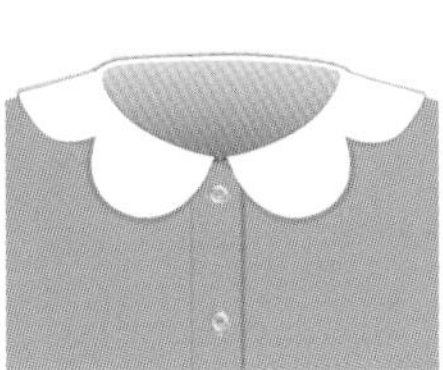

페탈 칼라

PETAL COLLAR

꽃잎의 형태를 한 옷깃을 말한다. 둥글게 띠를 두른 꽃처럼 재단하거나, 꽃잎 형태로 자른 천을 포개어 만든 것이 있다. 스탠드가 없는 플랫칼라 중의 하나이다.

오픈 칼라

OPEN COLLAR

단추단의 안단이 작은 라펠(밑 옷깃)모양으로 접히는 칼라. 목 주위를 감싸주지 않아 바람이 통하기 쉬워 리조트나 따뜻한 지역, 여름에 많이 입는 형태이다. 하와이의 알로하 셔츠나 오키나와의 카리유시가 유명하다.

하마 칼라

HAMA COLLAR

오픈 칼라의 일종. 라펠에 고리끈이 달려있다. 여학생용 셔츠블라우스 등에서 자주 볼 수 있다. 1970년대 말에 유행했던 요코하마의 하마토라패션(요코하마 트래디셔널의 약칭)에서 유래했다. 당시 고리끈으로 단추를 채웠다.

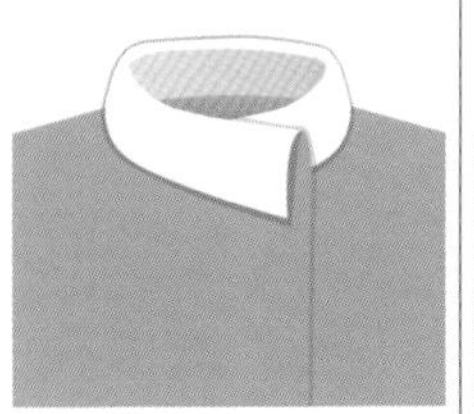

사이드웨이 칼라

SIDEWAY COLLAR

옷깃이 여며지는 부분이 정면이 아니라 좌우 어느 한 쪽에 치우쳐있다. 그래서 옷깃이 좌우 비대칭이다.

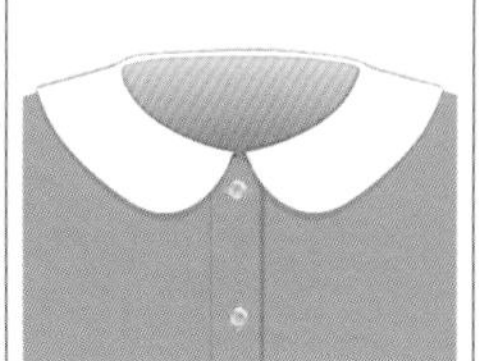

피터팬 칼라

PETER PAN COLLAR

옷깃의 끝이 둥글고 폭이 넓은 편이다. 아동복이나 여성복에서 자주 볼 수 있다. 라운드 칼라의 하나로 폭이 넓은 플랫칼라의 일종이기도 하다.

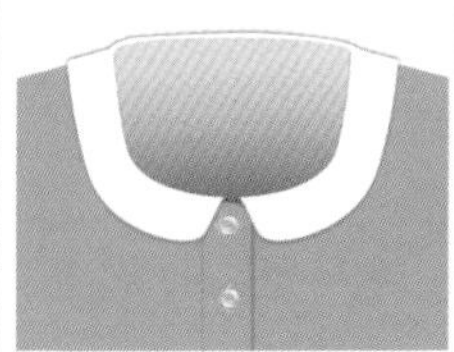

호스슈 칼라

HORSESHOE COLLAR

말의 발굽에 장착하는 편자와 비슷한 모양의 옷깃. U넥보다도 더 깊은 넥에, 플랫칼라가 붙어있는 것이다.

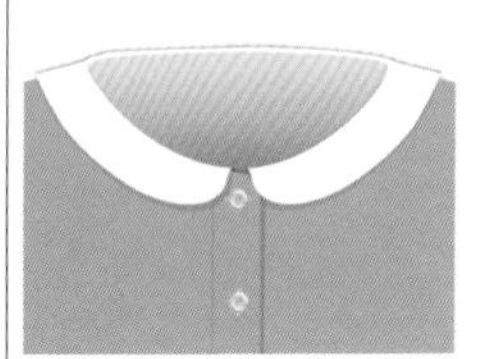

로우 칼라

LOW COLLAR

넓게 파인 넥에 플랫칼라를 단 옷깃의 총칭. 스탠드가 낮은 것도 로우 칼라라고 하기도 한다.

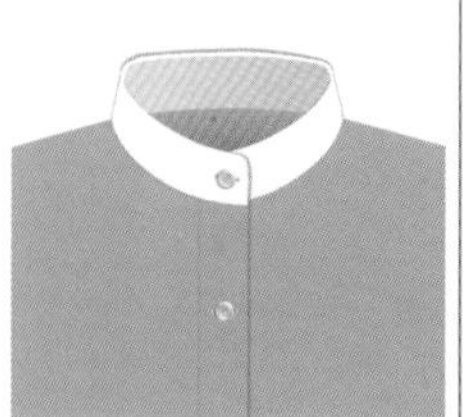

스탠드칼라

STAND COLLAR

목에 붙게 세워진, 바깥으로 접어 꺾지 않는 옷깃의 총칭.

마오 칼라

MAO COLLAR

차이나 드레스 등 중국의 옷에서 볼 수 있는 스탠드칼라. 명칭은 마오쩌둥에서 유래했다.

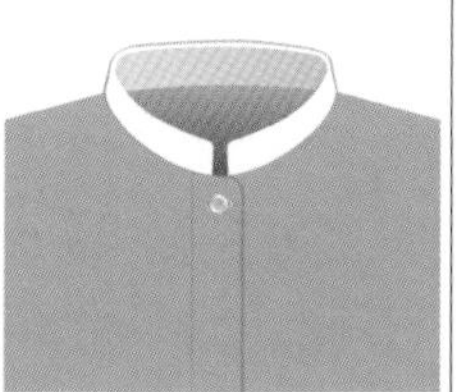

만다린 칼라

MANDARIN COLLAR

폭이 좁은 스탠드칼라. 중국, 청나라의 관리(만다린)의 복장에서 이 이름이 붙었다. 마오 칼라와 형태는 거의 비슷하다.

윙 칼라

WING COLLAR

목에 붙은 스탠드칼라로, 앞부분의 접어 꺾인 곳이 날개처럼 벌어진다. 가장 포멀한 옷차림에는 애스콧타이를 코디한다. 모닝코트, 턱시도 등에도 맞춰 입는다. 싱글 칼라라고도 한다.

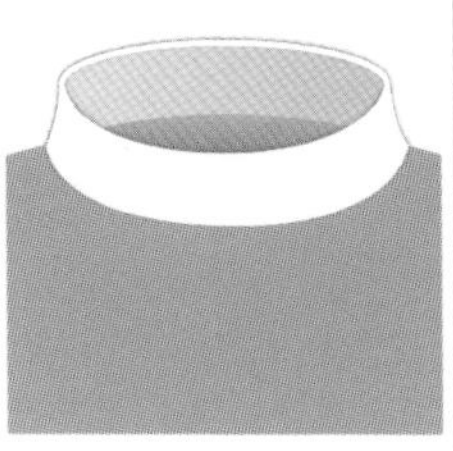

스탠드어웨이 칼라

STANDAWAY COLLAR

스탠드칼라의 일종이지만 깃이 목에서 멀리 떨어져 있는 칼라를 말한다. 파라웨이(FARAWAY) 칼라, 스탠드오프 칼라 등으로도 불린다.

밴드 칼라

BAND COLLAR

스탠드칼라의 일종으로, 목에 띠(밴드) 모양의 천이 달려있는 것이다. 캐주얼하면서도 목 주변이 말끔해 보여, 청결한 이미지를 줄 수 있다.

오피서 칼라

OFFICER COLLAR

장교의 제복에서 볼 수 있는 스탠드칼라. 오피서는 '사관, 장교'를 의미한다. 갈고리 모양의 후크로 고정하는 형태가 많다.

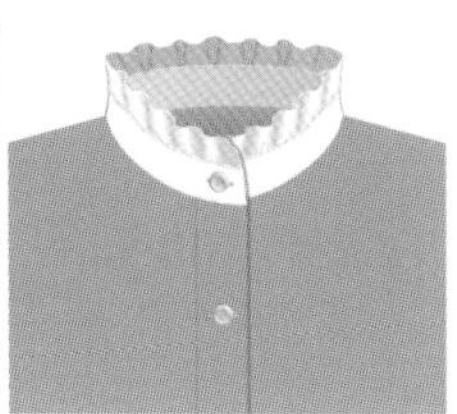

프릴 스탠드칼라

FRILL STAND COLLAR

스탠드칼라에 개더로 주름을 잡은 나풀나풀한 장식을 덧댄 옷깃 모양을 말한다.

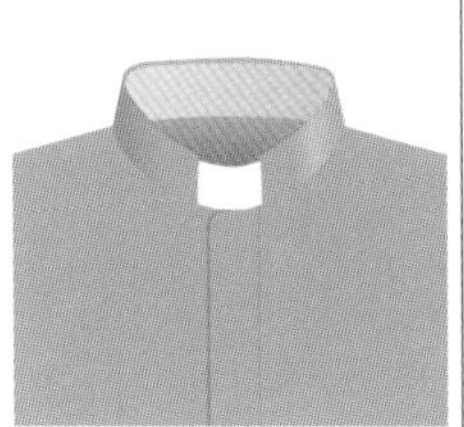

도그 칼라

DOG COLLAR

목사가 입는 스탠드칼라의 속칭. 개의 목줄과 비슷하게 보여 이런 이름이 붙었다. 흰색 부분은 뒤에 나올 로만 칼라(p.22)에서도 찾아볼 수 있다. 형태에 따라서는 초커나 폭이 넓은 목걸이를 도그 칼라라고 부르는 경우도 있다.

벨트 칼라

BELT COLLAR

스탠드칼라를 벨트로 고정시키는 것과, 한쪽 옷깃의 끝이 스트랩 형태로 되어 고정시킬 수 있는 것이 있다. 스트랩 칼라라고도 한다.

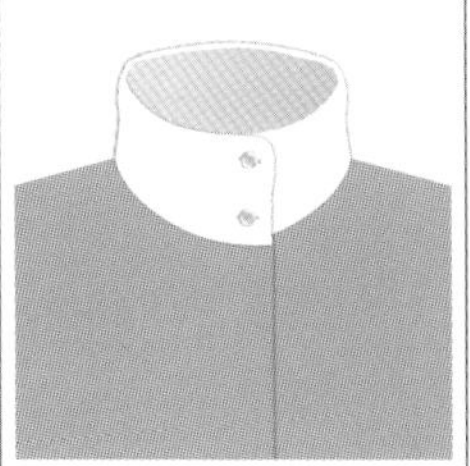

친 칼라

CHIN COLLAR

턱(친)을 가릴 정도로 높이 세워진 관 형태의 옷깃. 턱에 걸리지 않도록 칼라의 입구가 조금 넓게 되어 있는 것이 많다. 방한에 뛰어나기 때문에 퍼 등의 소재로 아주 추운 시기를 위한 아우터 등에 많이 사용한다.

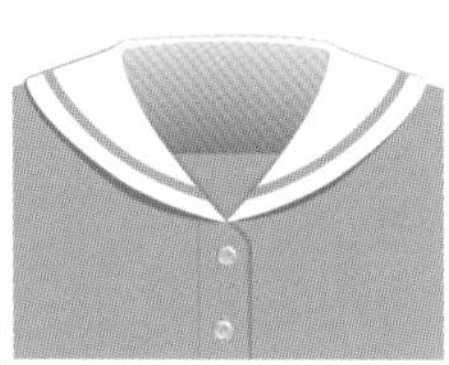

세일러 칼라

SAILER COLLAR

해군 병사(세일러)의 제복에 사용된다. 갑판 위에서 음성을 알아듣기 힘들 때, 옷깃을 세워 듣기 쉽게 할 수 있다. 장식으로 가슴 부분에 스카프나 넥타이를 묶는 것이 일반적이다. 미디 칼라라고도 한다.

보 타이

BOW TIE

옷깃 부분을 나비 모양으로 묶는 것. 페미닌한 블라우스의 대표 아이템. 보는 나비 모양의 매듭을 의미하며 남성의류에서는 주로 리본 넥타이 자체를 가리키는 경우가 많다.

스카프 칼라

SCARF COLLAR

스카프를 목에 두르거나 맨 것처럼 보이는 옷깃. 스카프형의 굵직한 끈이 붙어있는 톱 자체를 말하는 경우도 있다. 좀 더 얇은 띠가 붙어있는 것은 보 칼라 혹은 리본 칼라라고 부른다.

자보

JABOT

나풀나풀한 얇은 천 장식이 옷깃부터 가슴까지 내려오도록 달려있는 것이다. 자보 칼라라고도 한다.

폴로 칼라

POLO COLLAR

2~3개의 단추로 채우는, 위에서부터 내려입는 타입의 옷깃. 폴로셔츠(p.41)에 이 옷깃이 붙어있다.

스키퍼 칼라

SKIPPER COLLAR

크게 두 가지 타입으로 나뉜다. 첫 번째, 폴로 칼라에서 단추를 없애거나 V넥에 옷깃이 붙어있는 형태. 두 번째, 레이어드 한 것처럼 옷깃의 목 부분에서 다른 천을 덧댄 디자인의 니트웨어.

조니 칼라

JOHNNY COLLAR

짤막한 V넥에 플랫칼라를 붙인 것으로, 니트로 만든 것이 많다. 소형 숄 칼라의 다른 이름이기도 하며, 작은 깃을 가리키기도 한다. 스타디움 점퍼(p.84) 등의 옷깃에 사용되는 초승달 모양의 옷깃을 말하기도 한다.

프레임드 칼라

FRAMED COLLAR

옷깃에 테두리를 두른 칼라의 총칭. 트리밍 칼라라고도 한다.

마이터 칼라

MITER COLLAR

셔츠의 몸 부분과 옷깃을 다른 천으로 만든 것. 주로 스트라이프 셔츠에 사용하지만, 민무늬에 무늬 있는 천을 붙이기도 한다. 본래는 옷깃의 끝에서 사선으로 재단하지만 현재는 일러스트처럼 사용하는 경우가 많다.

도그-이어즈 칼라

DOG-EAR COLLAR

단추를 풀면 개의 늘어진 귀 모양이 되는 옷깃. 단추를 채우면 스탠드칼라가 된다. 남성 점퍼에 많이 쓰이며, 태브(고리끈)를 채워 바람이 들어오지 않게 하는 보온효과가 있다.

퓨리턴 칼라

PURITAN COLLAR

청교도(퓨리턴)의 제복에 쓰였던 폭이 넓은 옷깃 또는 옷깃의 모양. 어깨 끝까지 넓게 내려오는 상당히 넓은 플랫칼라로, 흰색이 많으며 청초한 인상을 준다.

퀘이커 칼라

QUAKER COLLAR

17세기 잉글랜드에서 설립된 개신교(퀘이커) 신도가 입었던 폭이 넓은 플랫칼라를 말한다. 퓨리턴 칼라와 닮았지만, 더 각진 역삼각형 모양이다.

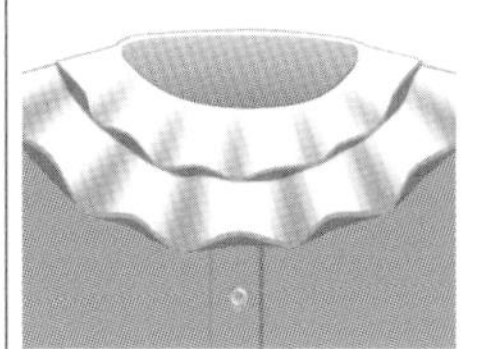

피에로 칼라

PIERROT COLLAR

어릿광대(피에로)의 의상에 쓰이는 옷깃 모양. 고리 모양, 혹은 스탠드칼라처럼 세워진 모양으로 프릴이 달려있다.

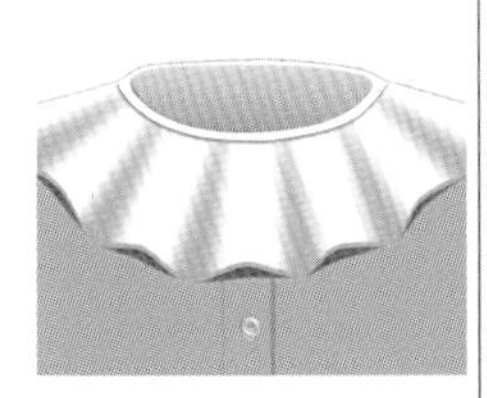

러플 칼라

RUFFLED COLLAR

프릴이 달린 옷깃. 러플은 주름장식을 의미하며, 개더나 플리츠로 주름을 만든다. 러플드 칼라, 프릴 칼라라고도 한다.

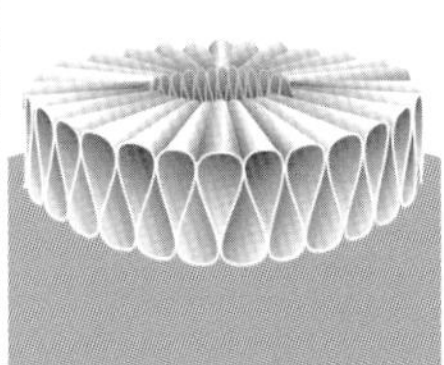

러프

RUFF

주름이 끊어지지 않고 이어지게 만든 옷깃. 16~17세기 유럽의 귀족과 부유층 사이에서 유행했다. 대부분 탈착식으로, 원래는 피부와 옷이 닿는 부분의 청결을 유지하기 위해 만들어졌다는 설도 있다.

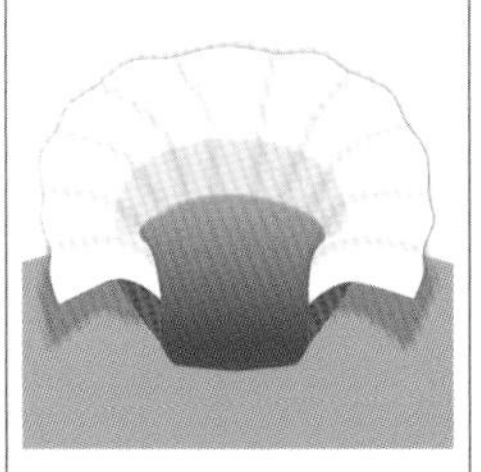

엘리자베스 칼라

ELIZABETHAN COLLAR

부채꼴 모양으로 넓게 펼쳐진 장식을 목 부분에 두른 옷깃으로, 엘리자베스 1세 시대에 많이 입었다. 팬 칼라라고도 한다. 동물이 상처를 핥는 것을 방지하기 위한 보호구도 같은 이름으로 부른다.

박스 칼라

BOX COLLAR

어깨부터 가슴까지 내려오는 사각형으로 된 옷깃. 각진 상자 모양이라 이런 이름이 붙었다.

로만 칼라

ROMAN COLLAR

가톨릭의 사제복에 사용되는 폭이 넓은 옷깃을 말한다. 뒤에서 옷깃을 고정시킨다. 또, 도그 칼라(p.19)에 다는 넓은 테이프 같은 타입도 로만 칼라라고 부른다.

비브 칼라

BIB COLLAR

앞 옷깃이 밑으로 내려온, 턱받이 같은 모양의 옷깃. 또는 옷깃이 달린 가슴받이(BIB WITH COLLAR)를 말한다. 비브란 턱받이, 가슴받이를 의미한다.

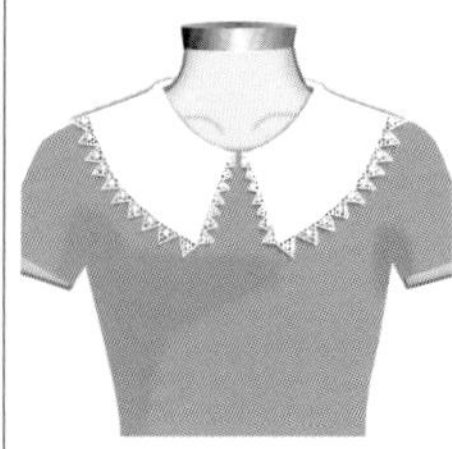

폴링 밴드

FALLING BAND

17세기에 많이 입던 폭이 넓고 큰 플랫칼라. 대부분 가장자리에 레이스가 둘러져있다. 반 다이크 칼라라고도 부른다.

무스커테르 칼라

MOUSQUETAIRE COLLAR

총사복 스타일의 폭이 넓은 플랫칼라를 말한다. 무스커테르는 프랑스어로 '총사·기사'를 의미한다. 폴링 밴드와 형태가 닮았지만, 현대의 블라우스에서는 좀 더 둥글게 만들어지는 경우가 많다.

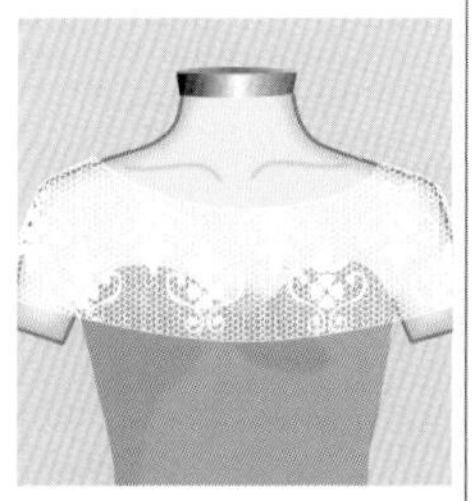

베르타 칼라

BERTHA COLLAR

앞트임이 없고 위팔부분을 덮는 커다란 형태. 17세기에 유행했던 장식깃 '베르타'와 닮아 이런 이름이 붙었다. 이브닝드레스 등에 코디하며, 케이프와 닮아 있지만 케이프와 달리 앞트임이 없다.

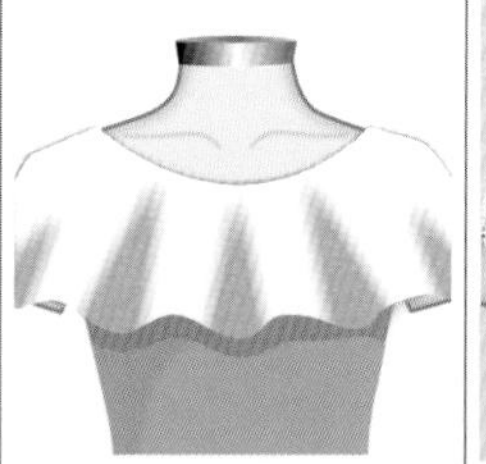

래비 칼라

RABATINE COLLAR

어깨부터 흘러내리는 듯한 느낌으로, 케이프와 닮은 모양의 옷깃.

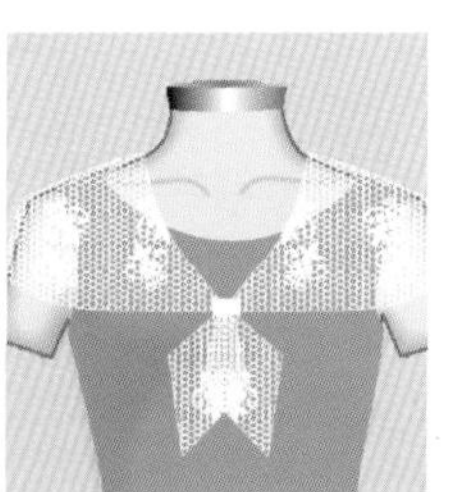

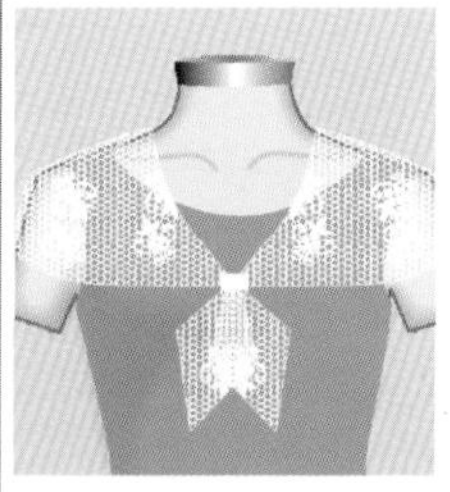

피슈 칼라

FICHU COLLAR

옷깃의 뒷부분이 삼각형으로 되어있는 커다란 옷깃을 말한다. 피슈 모양이라 피슈 칼라라고 부른다. 피슈란 프랑스어로 '가슴 부분에서 묶는 삼각 스카프'라는 뜻이다.

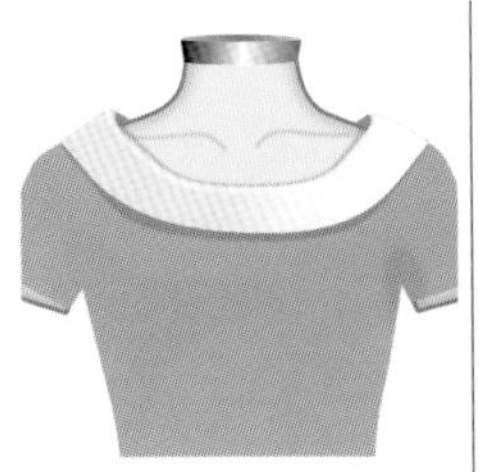

롤 칼라
ROLL COLLAR

목을 감싸 두르듯이 되접은 옷깃. 되접은 것이 완만하고, 노치(V로 파인 홈이나 잘린 자리)가 없는 옷깃을 가리키기도 한다. 넥이 크게 파인 웨딩드레스 등에서 많이 볼 수 있다.

노 칼라
NO COLLAR

옷깃이 없는 목둘레의 총칭. 또는 그런 형태의 옷.

트라이앵글 칼라
TRIANGLE COLLAR

옷깃 부분이 삼각형(트라이앵글)으로 된 칼라.

숄칼라
SHAWL COLLAR

띠 모양의 숄을 두른 것 같은 형태의 옷깃. 턱시도에 자주 사용되며, 밑 옷깃의 끝이 완만한 커브로 되어 있는 것이 특징이다. 재킷에 사용하면 우아함이 강조되며, 니트 등에 사용하면 온화한 인상을 줄 수 있다.

턱시도 칼라
TUXEDO COLLAR

턱시도에 사용되는 긴 숄칼라를 말한다. 노치가 없고, 둥글고 완만한 곡선으로 되어있다.

노치트 숄칼라
NOTCHED SHAWL COLLAR

숄칼라의 중간에 노치가 들어있는 옷깃.

노치트 라펠 칼라
NOTCHED LAPEL COLLAR

재킷에 사용되는 가장 일반적인 옷깃. 윗깃(칼라)과 밑깃(라펠)의 재봉선이 직선이고, 노치가 있는 절개 부분(고지라인/p.140)이 생긴다. 밑깃의 끝이 아래를 향하고 있다.

피크트 라펠
PEAKED LAPEL COLLAR

피크란 '뾰족한, 봉우리'란 뜻으로, 라펠의 끝이 위를 향하고 있는 것이 특징이다. 라펠의 끝이 아래를 향하면 노치트 라펠 칼라라고 한다.

피크트 숄칼라
PEAKED SHAWL COLLAR

숄칼라(p.23)와 비슷하지만, 피크트 라펠 칼라(p.23)와 같은 바느질 장식이 들어가있다.

클로버 리프 칼라
CLOVER LEAF COLLAR

노치트 라펠 칼라(p.23)의 옷깃 끝을 둥글게 만든 것. 클로버 잎 모양 같아 이런 이름이 붙었다.

리퍼 칼라
REEFER COLLAR

피크트 라펠 칼라의 앞 여밈 부분 폭이 넓게 되어 단추가 두 줄 달려있는 형태의 옷깃. 리퍼 재킷이나 리퍼 코트(p.86)에도 사용된다.

T셰이프트 라펠
T SHAPED LAPEL

윗깃이 라펠보다 크고 넓어, T자로 보인다.

L 셰이프트 라펠
L SHAPED LAPEL

라펠이 윗깃(칼라)보다 폭이 넓고 커, 위아래의 접합부분이 L자로 보인다.

얼스터 칼라
ULSTER COLLAR

얼스터 코트(p.89)에서 볼 수 있는 옷깃. 위아래의 옷깃 폭이 같고 가장자리에 스티치를 넣은 옷깃으로, 옷깃의 폭이 넓은 편이다.

피시 마우스 라펠
FISH MOUTH LAPEL

피크트 라펠 칼라인데, 윗깃(칼라)의 끝이 둥글고 절개부분(고지라인/p.140)이 물고기의 입(피시 마우스) 모양이다.

몽고메리 칼라
MONTGOMERY COLLAR

노치트 라펠 칼라를 크게 한 것. 2차 세계대전 중 영국군인 몽고메리가 착용했던 군복에서 볼 수 있다.

나폴레옹 칼라

NAPOLEON COLLAR

커다란 라펠과 살짝 세워진 칼라가 특징이다. 나폴레옹과 그 시대의 군인이 착용한 군복에서 유래한 이름이다. 현대에서도 코트에 사용한다.

캐스케이딩 칼라

CASCADING COLLAR

옷깃이 시작되는 부분부터 가슴까지, 주름이 포개어져 물결치는 듯한 실루엣이다. 캐스케이드는 '작은 폭포'라는 의미로, 옷깃이 연속해서 흐르는 듯한 이미지에서 이름이 붙었다.

스탠드 아웃 칼라

STAND OUT COLLAR

스탠드칼라에 라펠 부분은 되접혀있는 옷깃.

동키 칼라

DONKEY COLLAR

고무뜨기로 짠 니트로 만든 큼직한 옷깃을 말한다. 옷깃의 끝을 단추로 고정시킬 수 있는 형태가 많다. 스패니시 칼라라고도 부른다.(동키 칼라는 일본에서만 부르는 이름으로, 스패니시 칼라가 일반적인 이름이다)

크로스 머플러 칼라

CROSS MUFFLER COLLAR

숄 칼라(p.23)의 하단을 교차시킨 것. 옷깃이 달린 니트나 스웨터류에서 많이 사용된다.

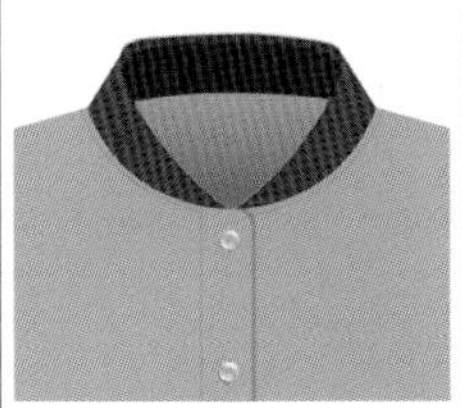

베이스볼 칼라

BASEBALL COLLAR

야구 경기장에서 입는 스타디움 점퍼(통칭 스타장/p.84)나 야구 유니폼에서 볼 수 있는 옷깃.

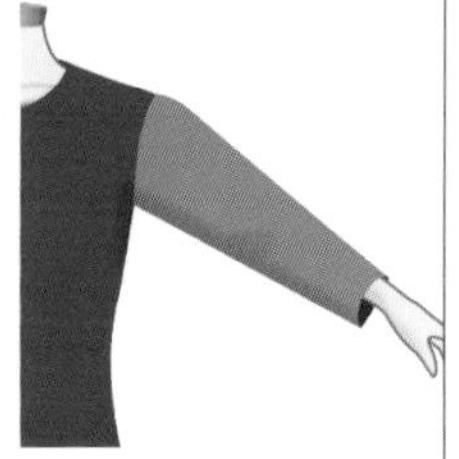

세트인 슬리브

SET-IN SLEEVE

기본 진동 둘레선에 맞춰 단 소매. 가장 일반적인 형태이다. 신사복의 재킷은 대부분 세트인 슬리브이다.

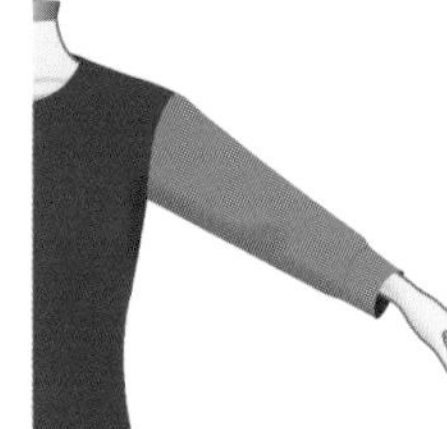

셔츠 슬리브

SHIRT SLEEVE

와이셔츠나 작업복 등에 많이 사용하는, 소매산(※)이 낮은 소매. 세트인 슬리브보다 소매산이 낮고, 팔을 움직이기 편해 스포츠웨어에도 사용한다. 셔츠풍의 소매 자체를 셔츠 슬리브라고 부르기도 한다.

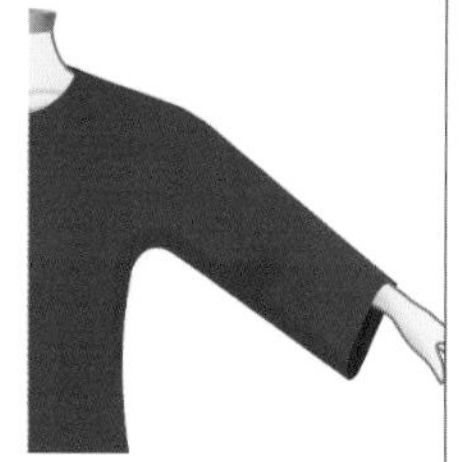

기모노 슬리브

KIMONO SLEEVE

어깨와 소매의 봉제선이 없는 소매. 몸판과 소매를 연결해 재단한 것이다. 서양에서 기모노나 중국의 치파오 등을 비유해서 만들어진 용어로, 실제 기모노의 소매 만듦새와는 다르다.

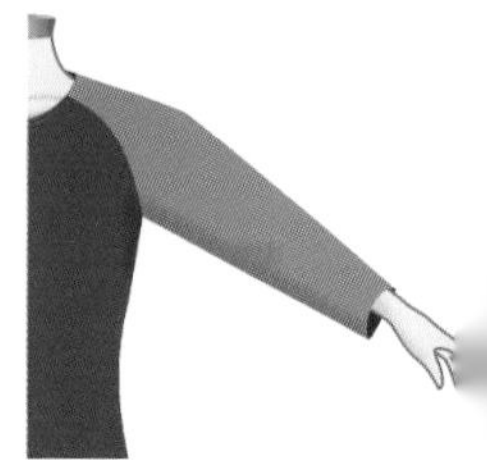

래글런 슬리브

RAGLAN SLEEVE

넥에서 소매 아래로 대각선의 이음선이 있고, 어깨와 소매가 하나로 이어져 있다. 어깨와 팔을 움직이기 쉬워 스포츠웨어나 트레이닝복 등에 많이 쓰인다.

※ 소매산 : 겨드랑이에서 어깨와 이어지는 소매의 제일 높은 지점

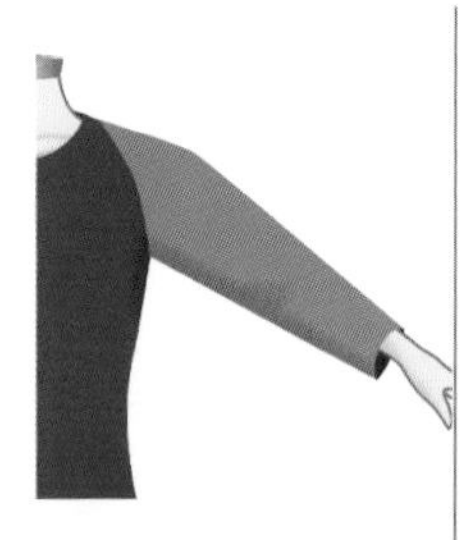

세미 래글런 슬리브

SEMI RAGLAN SLEEVE

넥에서부터 이음선이 있는 래글런 슬리브와 달리, 어깨라인 중간에서부터 겨드랑이 밑까지 이음선이 있는 소매.

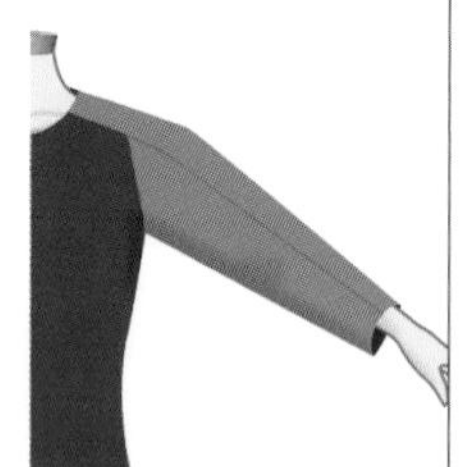

스플릿 래글런 슬리브

SPLIT RAGLAN SLEEVE

뒷부분은 래글런 슬리브, 앞부분은 세트인 슬리브로 되어있다.

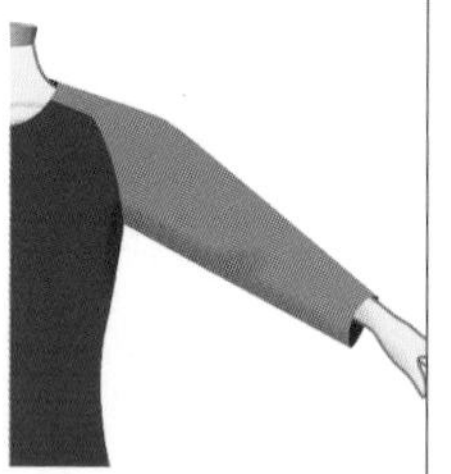

새들 숄더 슬리브

SADDLE SHOULDER SLEEVE

래글런 슬리브의 일종. 어깨라인과 평행으로, 래글런 슬리브보다 좀 더 각져 있다. 말안장을 얹은 것처럼 보이는 모양에서 이름이 유래했다.

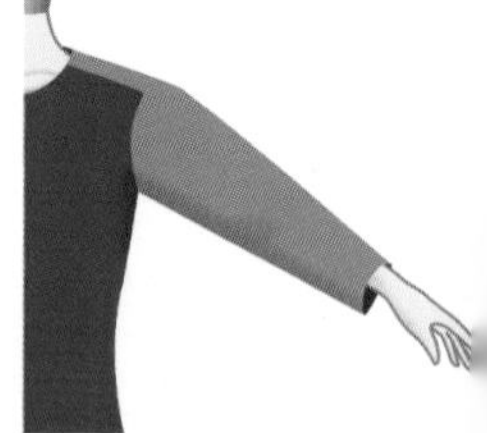

에폴렛 슬리브

EPAULET SLEEVE

어깨의 윗부분이 견장(에폴렛/p.140)처럼 연결된 소매

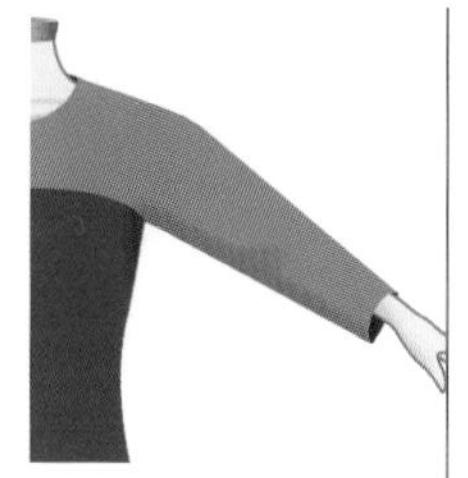

요크 슬리브

YOKE SLEEVE

요크(몸판의 절개부분)와 소매가 연결된 디자인.

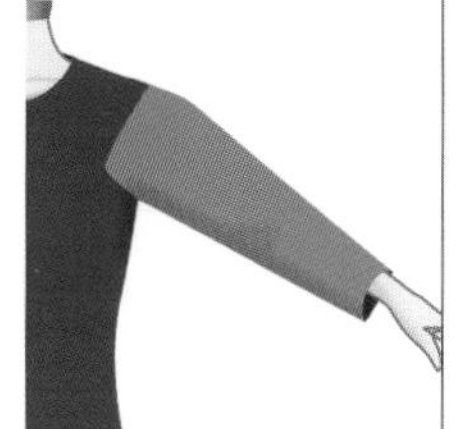

웨지 슬리브

WEDGE SLEEVE

소매의 붙임선이 몸판 안쪽으로 들어가 있는 것. 웨지는 쐐기를 의미한다.

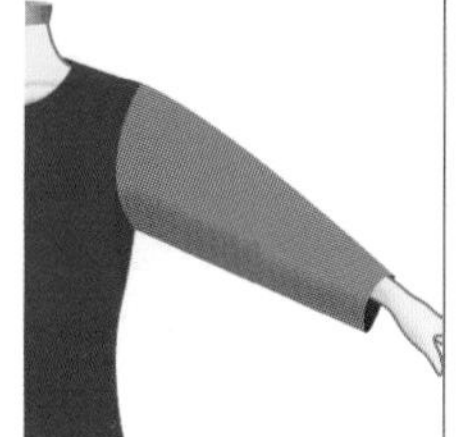

딥 슬리브

DEEP SLEEVE

진동 둘레(암홀)가 넓고 깊은 소매.

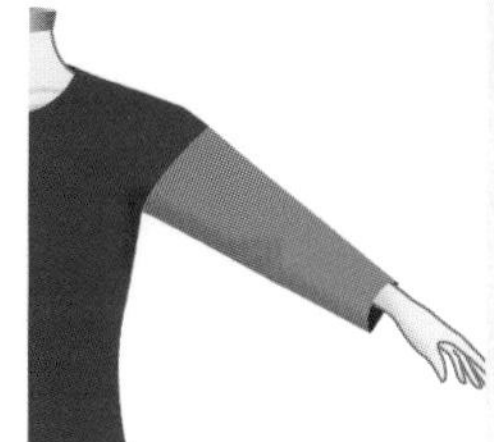

드롭트 숄더 슬리브

DROPPED SHOULDER SLEEVE

소매의 봉제선이 어깨 위치보다 내려간 소매의 총칭.

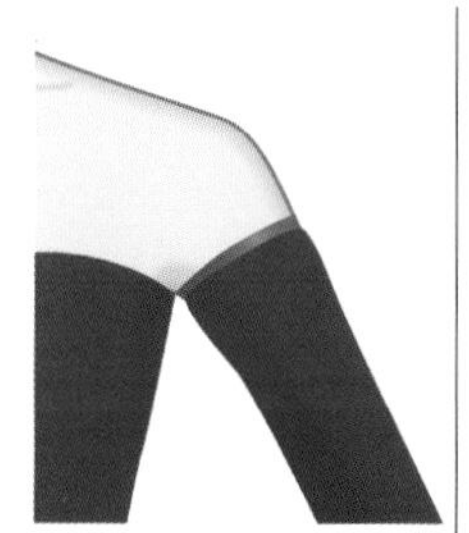

디태치트 슬리브

DETACHED SLEEVE

디자인과 방한을 위해, 탈부착이 가능하거나 분리된 소매. 디자인을 목적으로 한 소매의 경우 오프 숄더처럼 보이지만, 소매를 뗐다 붙였다 할 수 있기 때문에 코디의 폭이 넓다.

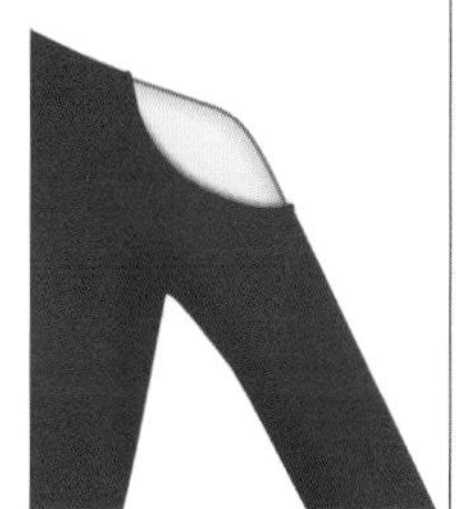

오픈 숄더

OPEN SHOULDER

어깨 부분에 파임을 주어 어깨를 드러내는 소매의 총칭으로, 파인 모양은 다양하다. 어깨 라인을 아름답게 보여준다. 커터웨이 숄더라고도 부른다.

퍼프 슬리브

PUFF SLEEVE

어깨 끝이나 소맷부리를 개더나 턱 등으로 당겨모아서 소매부분을 둥글게 부풀린 소매. 르네상스 시대 유럽에서는 여성복뿐만 아니라 남성복에서도 사용되었으나, 지금은 귀엽고 화사한 인상을 주는 소매로 정착되었으며, 블라우스나 원피스 등에 많이 쓰인다. 플라멩코나 오페라의 남성 의상에도 많이 사용한다. 퍼프란 '부어오르다, 부어오른 부분'이라는 뜻이다.

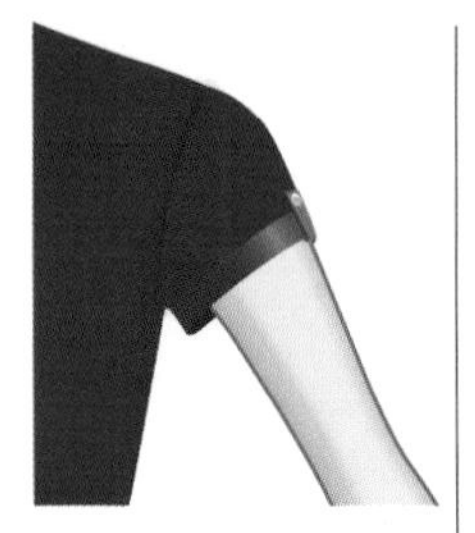

커프 슬리브

CUFFED SLEEVE

커프트 슬리브가 정확한 명칭으로, 소맷부리에 커프스가 붙은 소매의 총칭.

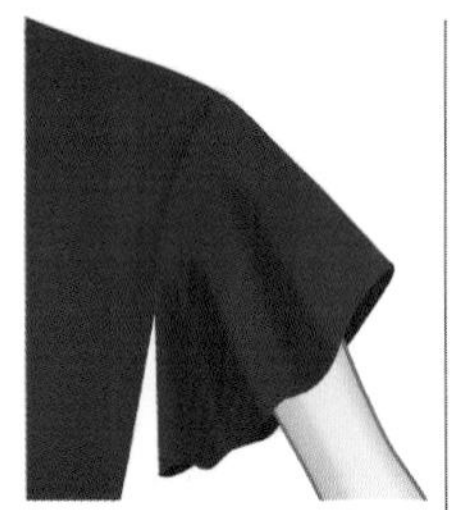

플레어 슬리브

FLARED SLEEVE

어깨 끝부터 소맷부리까지 퍼지듯 넓어지는 소매.

케이프 슬리브

CAPE SLEEVE

케이프를 걸쳐 입은 듯한 모양의 소매로, 어깨 끝에서 소매까지 넓어지는 모양이다.

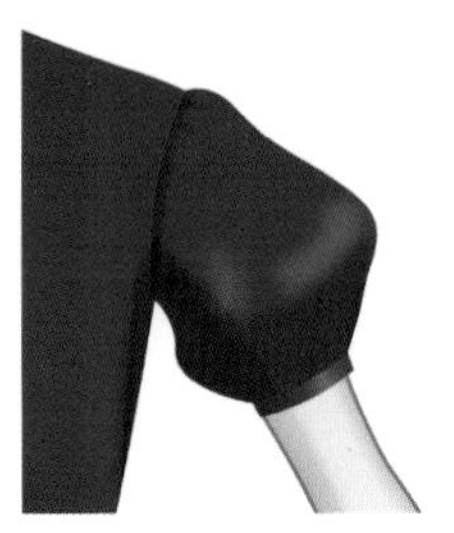

랜턴 슬리브

LANTERN SLEEVE

턱이나 절개선을 넣어 호롱불(랜턴)처럼 부풀린 소매를 말한다. 퍼프 슬리브(p.27)의 일종.

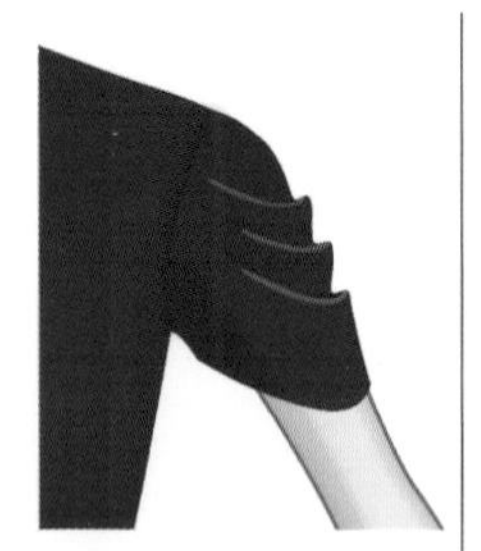

카울 슬리브

COWL SLEEVE

주름을 겹겹이 겹쳐 드레이프 되도록 한 소매.

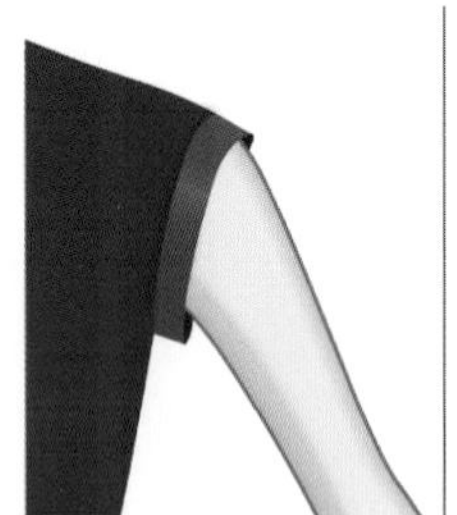

밴드 슬리브

BAND SLEEVE

소맷부리에 띠 형태의 천(밴드)을 재봉하여 붙인 소매.

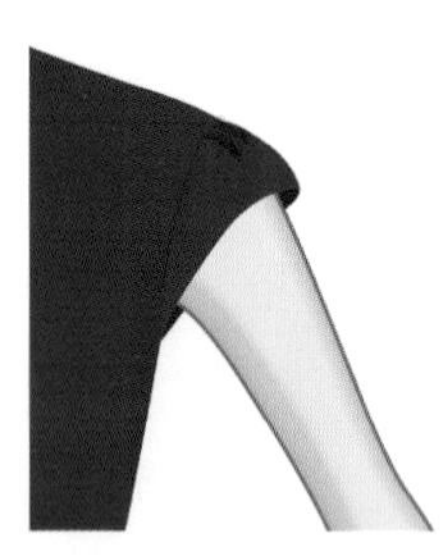

캡 슬리브

CAP SLEEVE

어깨 끝이 살짝 덮힐 정도의 아주 짧은 소매. 둥근 형태의 모자를 씌운 듯한 모양이라 캡(모자) 슬리브라고 부른다.

암릿

ARMLET

암릿은 본래 팔뚝에 끼우는 팔찌나 장식을 가리키는 단어지만, 아주 짧은 관 형태의 소매를 말하기도 한다.

프렌치 슬리브

FRENCH SLEEVE

소매 봉제선 없이 몸판의 천을 그대로 이어 재단하여 만들어진 소매. 서양에서는 기모노 슬리브라고도 한다. 소매 길이가 비교적 짧은 것이 많다.

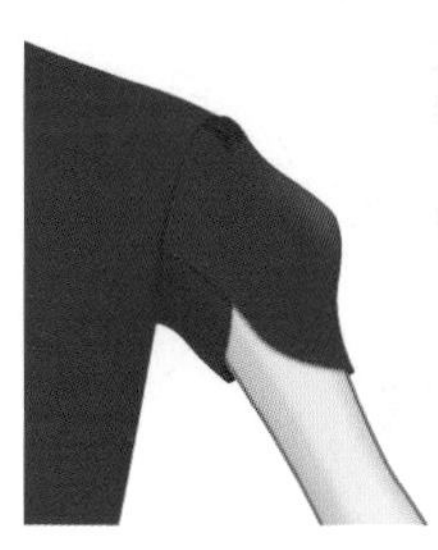

페탈 슬리브

PETAL SLEEVE

꽃잎을 여러 겹 겹친 것처럼 보이는 소매의 총칭. 튤립 슬리브도 페탈 슬리브의 일종이다.

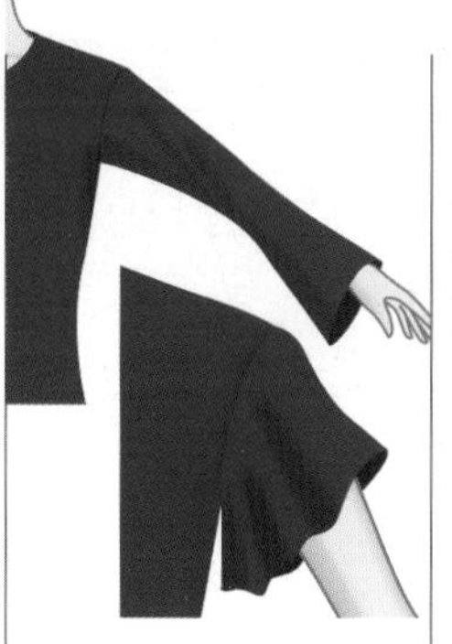

에인절 슬리브

ANGEL SLEEVE

천사 그림에서 볼 수 있는 밑단이 넓고 하늘거리는 소매. 윙드 슬리브와 같은 것으로 보기도 한다.

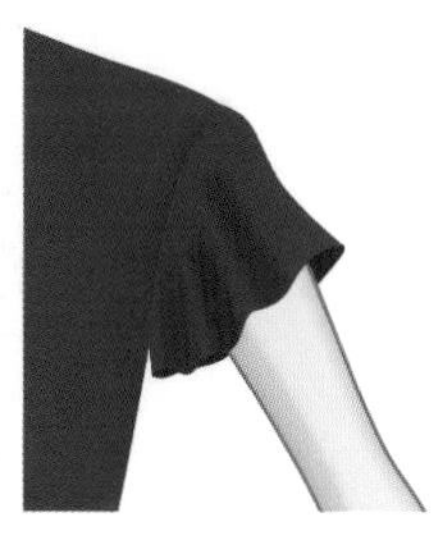

윙드 슬리브

WINGED SLEEVE

소맷부리가 넓고 헐렁한 새의 날개처럼 생긴 소매. 에인절 슬리브와 같은 것으로 보기도 한다.

티어드 슬리브

TIERED SLEEVE

개더나 프릴을 몇 개의 층으로 단 소매.

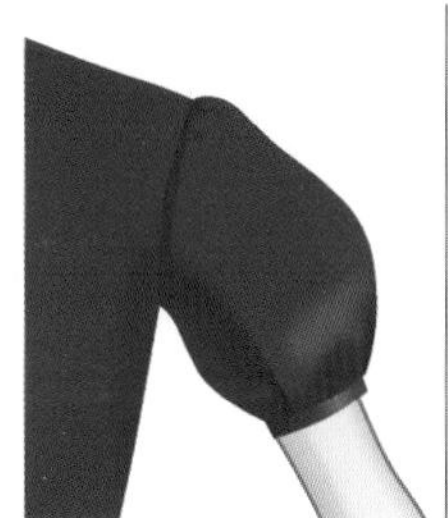

벌룬 슬리브

BALLOON SLEEVE

풍선처럼 크게 부풀린 소매. 퍼프 슬리브보다 소매 길이가 긴 것을 가리키는 경우가 많다.

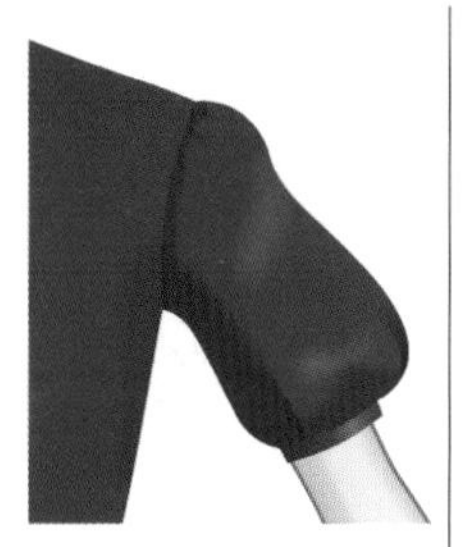

부팡 슬리브

BOUFFANT SLEEVE

소맷부리부터 크게 넓어지는 헐렁한 소매. 크게 부풀려진 긴 소매를 말하는 경우가 많다.

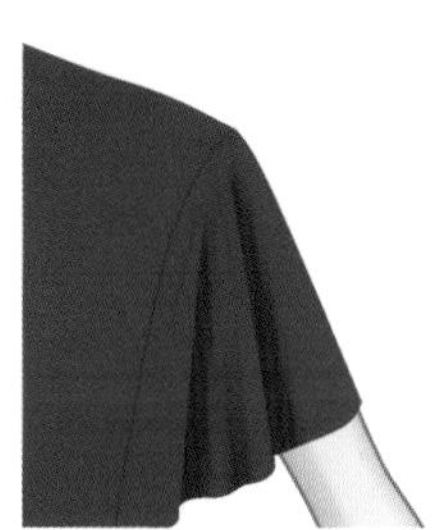

행커치프 슬리브

HANDKERCHIEF SLEEVE

손수건으로 어깨를 덮은 듯한 부드러운 느낌의 플레어 슬리브. 얇은 천을 여러 겹 겹쳐 티어드 슬리브 같이 만든 것이 많다. 움직이기 쉬우며 우아한 인상을 줄 수 있다.

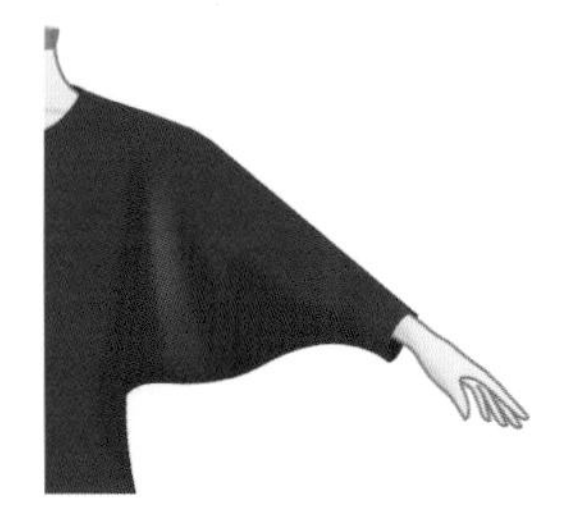

돌먼 슬리브

DOLMAN SLEEVE

진동(암홀)이 크고 헐렁하며, 소맷부리로 갈수록 점점 좁아진다. 터키 사람들이 입는 긴 외투인 돌먼에서 유래한 이름이다. 착용 실루엣이 헐렁하고 움직이기 쉬우면서도 깔끔하다. 몸의 라인을 아름답게 보여주기 때문에 여성복의 니트나 커트 앤드 소운 등의 상의에 많이 쓰인다.

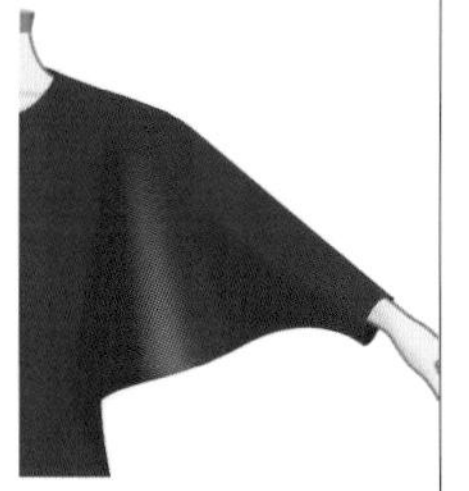

버터플라이 슬리브

BUTTERFLY SLEEVE

나비, 박쥐의 날개와 닮은 모양의 소매. 배트윙 슬리브라고도 한다.

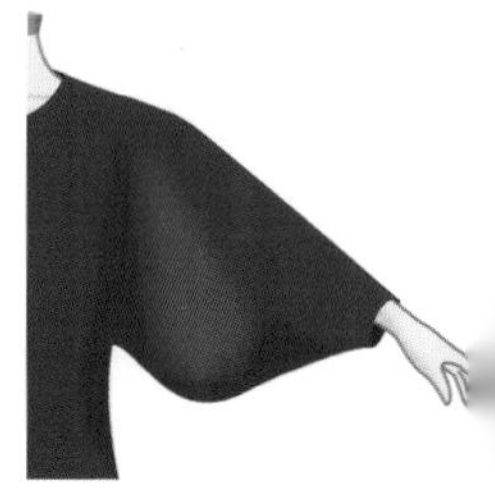

백 슬리브

BAG SLEEVE

팔꿈치 밑 부분이 특히 헐렁한 봉투(백)가 달린 것처럼 보이는 소매.

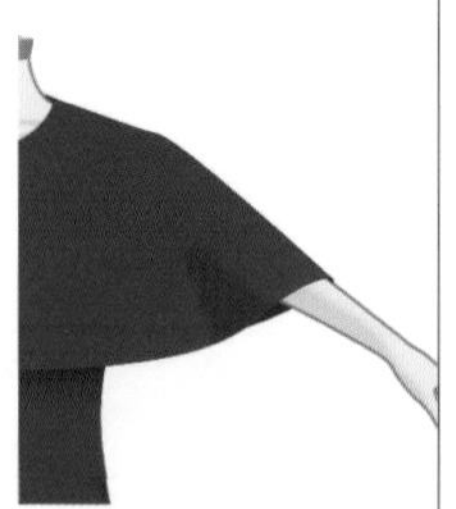

판초 슬리브

PONCHO SLEEVE

어깨 부분만 재봉하고 소매아래는 꿰매지 않는 판초, 케이프 모양의 소매를 말한다. 판초를 걸쳐 입은 것처럼 보인다. 케이프 슬리브라고도 한다.

비숍 슬리브

BISHOP SLEEVE

비숍(주교)의 예복에서 보이는 소매. 긴소매의 소맷부리에 주름을 잡아 커프스를 단 것이다. 페전트 슬리브와 유사하다.

페전트 슬리브

PEASANT SLEEVE

유럽의 농민이 입는 옷의 소매. 페전트는 농부를 의미한다. 헐렁한 긴 소매의 퍼프 슬리브(p.27)이다. 비슷한 것으로는 비숍 슬리브가 있다. 드롭트 숄더 슬리브(p.27) 중 하나이다.

벨 슬리브

BELL SLEEVE

소맷부리에서 넓어지는 종(벨) 모양의 소매. 손목과 팔이 얇아 보이는 효과가 있다. 트럼펫 슬리브와 비슷하며 만다린 슬리브로 불리는 소매와 모양이 거의 같다.

트럼펫 슬리브

TRUMPET SLEEVE

소맷부리가 트럼펫처럼 벌어진 소매. 벨 슬리브와 비슷하다. 코넷 슬리브와 거의 같은 형태이다.

파고다 슬리브

PAGODA SLEEVE

소매의 윗부분은 폭이 좁으며 팔꿈치부터 소맷부리로 갈수록 넓어지는 소매. 탑(파고다)의 모양에서 유래했다. 벨 슬리브와 유사하다.

엄브렐러 슬리브

UMBRELLA SLEEVE

소맷부리로 내려가면서 우산 모양으로 넓어지는 소매. 파라슈트 슬리브와 모양이 거의 같다.

포인티드 슬리브

POINTED SLEEVE

소매 끝이 손등까지 이어져, 끝이 삼각형으로 뾰족하게 나온 소매. 웨딩드레스에 많이 쓰인다.

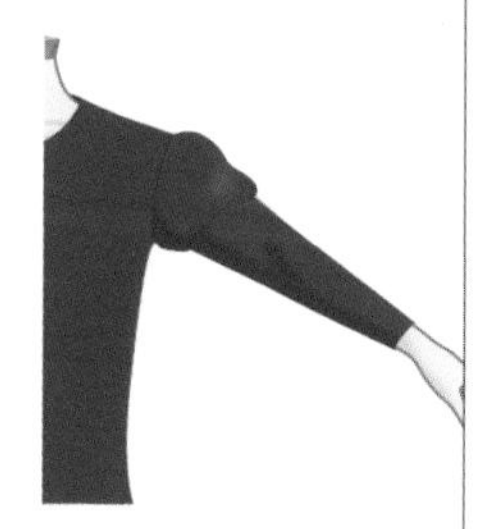

줄리엣 슬리브

JULIET SLEEVE

로미오와 줄리엣에 나오는 줄리엣의 의상을 본뜬 소매. 퍼프 슬리브에 폭이 좁고 긴 소매가 붙어있는 것이다.

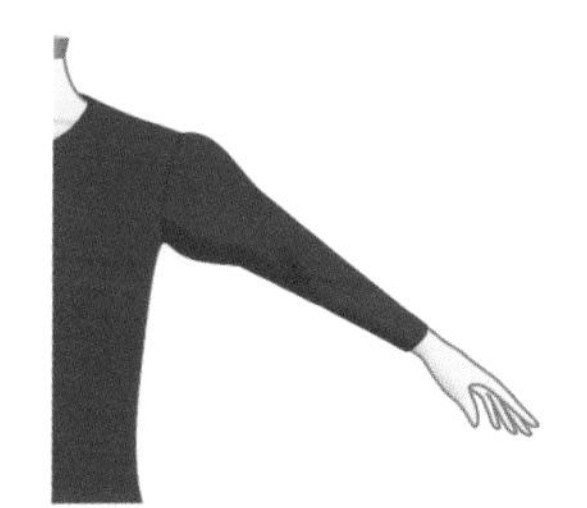

레그 오브 머튼 슬리브(지고)

LEG-OF -MUTTON SLEEVE

양 다리와 닮은 형태의 소매. 어깨 부분은 부풀리고 소매 끝으로 갈수록 좁아진다. 프랑스어로는 '망슈 아 지고'라고 한다. 어깨 부분에 충전물을 넣어 부풀린 중세시대의 소매가 기원이다. 그 후 소매가 달리는 쪽에 개더나 턱을 잡아서 소매산을 부풀려 만들게 되었다. 웨딩드레스에 쓰이는 시기도 있었지만 최근에는 메이드복 등의 코스프레복에서 찾기 쉽다. 퍼프 슬리브 밑에 타이트한 소매를 달아 레그 오브 머튼 슬리브의 형태로 만든 것도 있다.

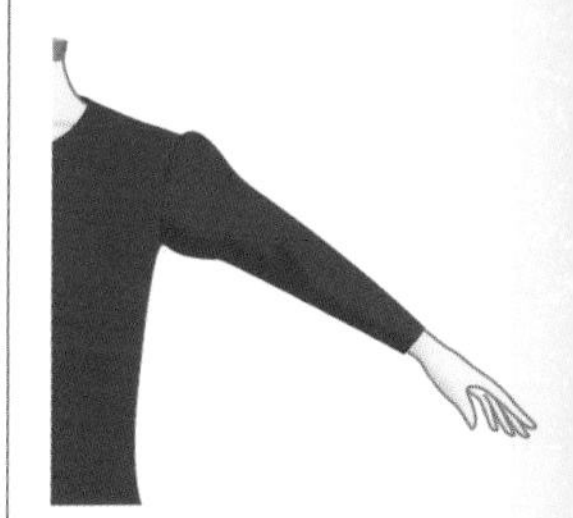

치킨레그 슬리브

CHICKEN-LEG SLEEVE

닭다리 같이 생긴 소매. 어깨 부분이 불룩하고, 소매 끝으로 향할수록 폭이 좁아진다.

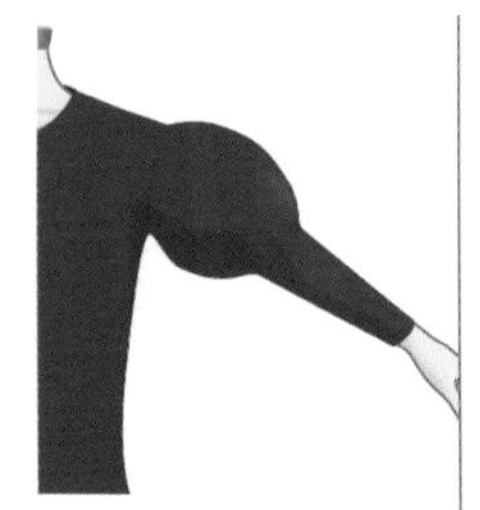

엘리펀트 슬리브

ELEPHANT SLEEVE

어깨부분이 부풀고 소맷부리로 갈수록 좁아지는 지고(p.31) 중 하나로, 코끼리 코를 떠오르게 하는 소매. 비교적 크게 부푼 소매를 가리키며, 1890년대 중순에 특히 크게 부풀린 엘리펀트 슬리브가 유행했다.

슬래시트 슬리브

SLASHED SLEEVE

소맷부리에 트임이 들어간 소매. 슬래시는 트임을 의미한다.

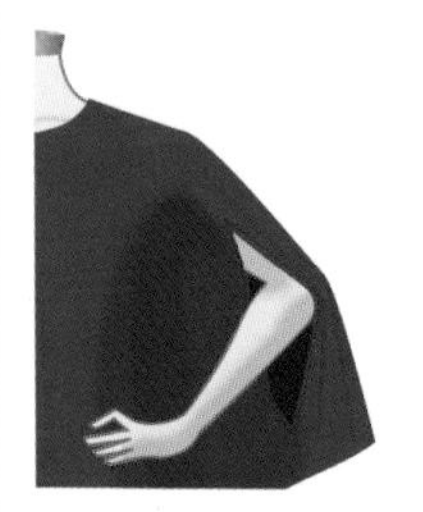

암 슬릿

ARM SLIT

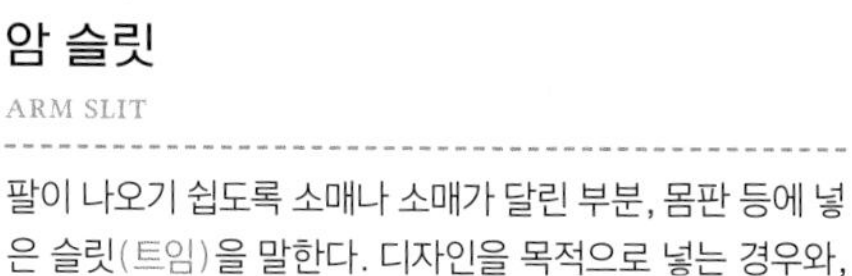

팔이 나오기 쉽도록 소매나 소매가 달린 부분, 몸판 등에 넣은 슬릿(트임)을 말한다. 디자인을 목적으로 넣는 경우와, 움직이기 쉽게 하기 위해 넣는 경우가 있다.

행잉 슬리브

HANGING SLEEVE

팔을 넣지 않고 장식으로 늘어뜨리도록 만든 소매.

맘루크 슬리브

MAMLUK SLEEVE

개더를 여러 층 잡아 연속적으로 부풀린 소매. 나폴레옹 1세의 이집트 원정에서 활약한 맘루크 부대의 스타일이 기원이다.

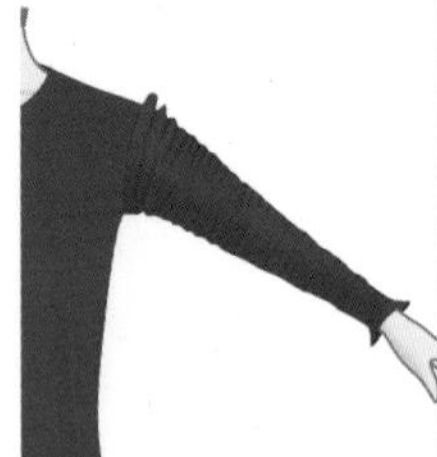

무스커테르 슬리브

MOUSQUETAIRE SLEEVE

길이가 길고 타이트한 소매로, 소매산에서 손목까지 세로로 절개를 넣어 셔링한 것이다. 무스커테르는 프랑스어로 '총사·기사'를 뜻하며, 총사의 소매를 모티브로 한 것이다.

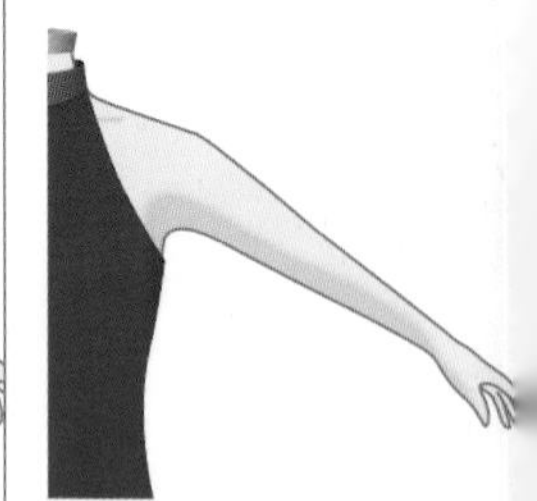

아메리칸 슬리브

AMERICAN SLEEVE

아메리칸 암홀(p.14)과 같은 것으로, 소매 부분을 목에서 겨드랑이 밑까지 커트한 것이다.

좌

톱 : 프릴 스탠드칼라 (p.19)

아우터 : MA-1(p.83) / 베이스볼 칼라 (p.25)

스커트 : 스트레이스 스커트 (p.52) / 애니멀 무늬 (p.161)

신발 : 사보 샌들 (p.103)

톱 : 보타이 (p.20)

아우터 : 박스 코트 (p.85)

팬츠 : 옥스퍼드 백스 (p.63)

슈즈 : 플랫폼 슈즈 (p.110)

일러스트 : 치야키

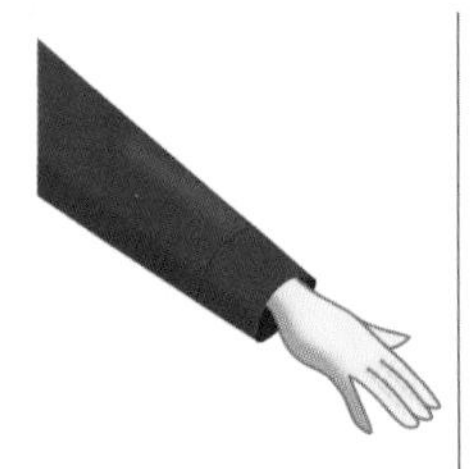

스트레이트 커프스

STRAIGHT CUFFS

소매에서 커프스까지 직선으로, 관 모양으로 된 커프스

오픈 커프스

OPEN CUFFS

슬릿 등으로 소맷부리가 오픈된 커프스. 슬릿 커프스라고도 한다.

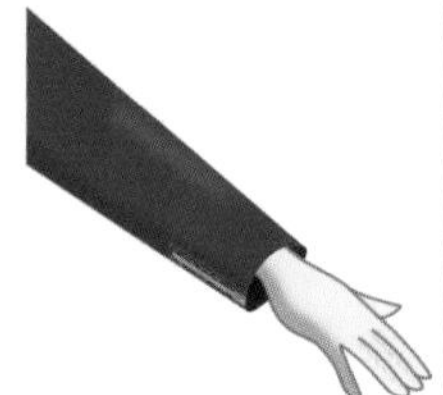

집 커프스

ZIPPED CUFFS

파스너(지퍼)로 열고 닫을 수 있는 커프스

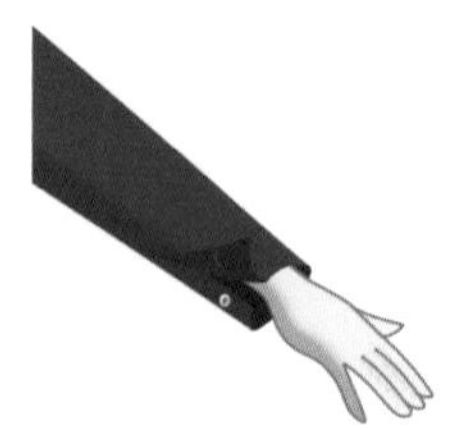

리무버블 커프스

REMOVABLE CUFFS

단추 등을 달아 채웠다 풀었다 할 수 있는 소맷부리의 디자인을 말한다. 소매를 걷어 올리기 쉬워 의사들이 많이 입기 시작해 닥터 커프스라는 별칭이 붙었다.

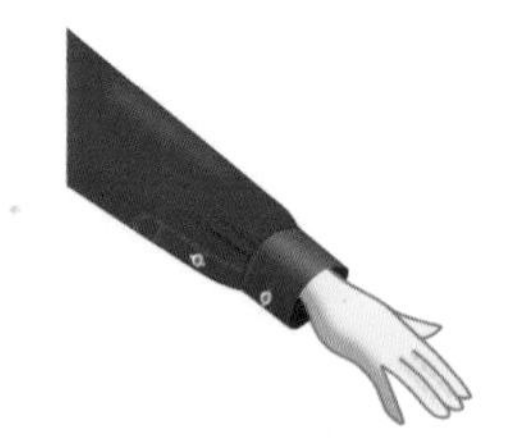

싱글 커프스

SINGLE CUFFS

본래는 홑겹으로 된 커프스를 말하지만, 일반적으로는 한쪽에 커프스 단추를 달고 다른 쪽에 단춧구멍을 내 채울 수 있게 만든 커프스를 말한다. 셔츠 커프스 중 하나로 배럴 커프스라고도 한다. 비즈니스룩과 캐주얼 등 어디든 어울리는 베이직한 커프스이다. 가장 정식 싱글 커프스는 커프스에 넓게 풀을 먹여 빳빳하게 만들고 단춧구멍을 양쪽에 뚫어 커프스 버튼을 채우는 것이다.

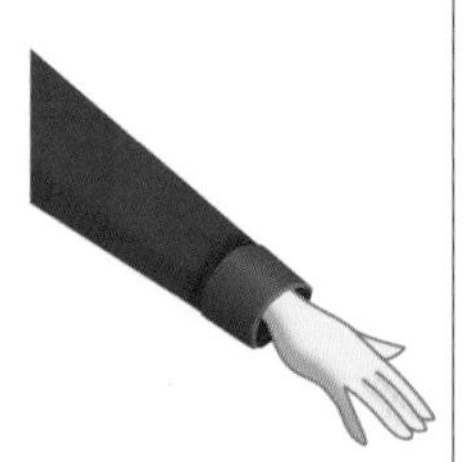

턴 업 커프스

TURN-UP CUFFS

소맷부리를 접어 올린 형태인 커프스의 총칭. 더블 커프스(p.36)도 턴 업 커프스의 일종이다. 턴 백 커프스라고도 한다. 바지의 밑단을 접어 올리는 것을 뜻하는 경우도 있다.

턴 오프 커프스

TURN-OFF CUFFS

접어 젖힌 소매의 끝이 벌어져있는 것. 턴 업 커프스 중 하나이다.

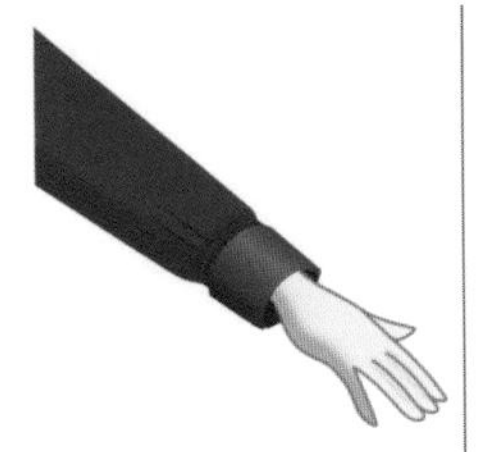

더블 턴 업 커프스

DOUBLE TURN-UP CUFFS

긴 싱글 커프스를 중간에서 접어올린 소맷부리를 말한다.

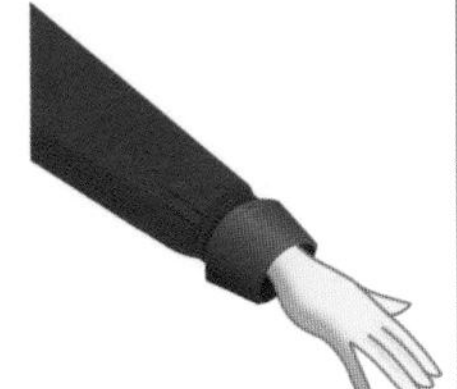

더블 턴 오프 커프스

DOUBLE TURN-OFF CUFFS

소매의 끝이 벌어진 긴 싱글 커프스를 접어올린 것으로, 접어올린 커프스의 끝이 떨어져있다.

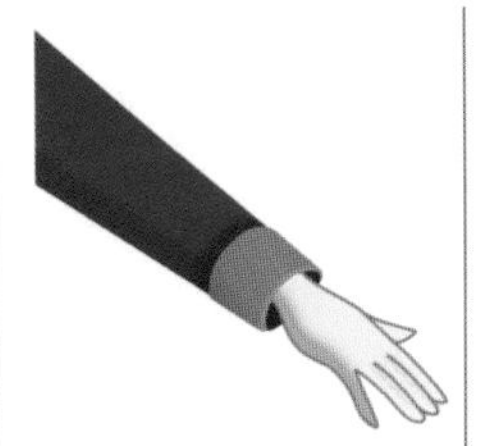

롤드 커프스

ROLLED CUFFS

턴 업 커프스의 일종으로, 따로 재단한 커프스를 잇대어 접어 젖힌 것.

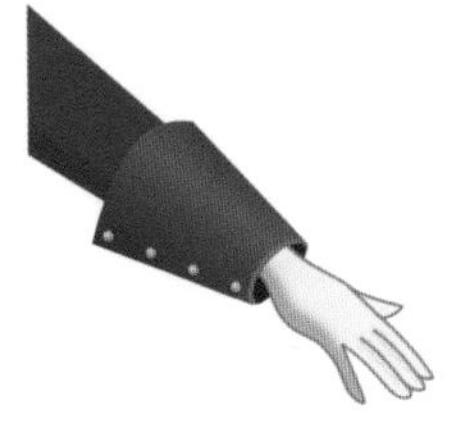

간틀릿 커프스

GAUNTLET CUFFS

건틀릿(간틀릿)이란 중세의 기사가 사용했던 무구용 장갑으로, 건틀릿을 본떠 만든 커프스를 말한다. 손목에서 팔꿈치 쪽으로 넓어지는 큰 커프스.

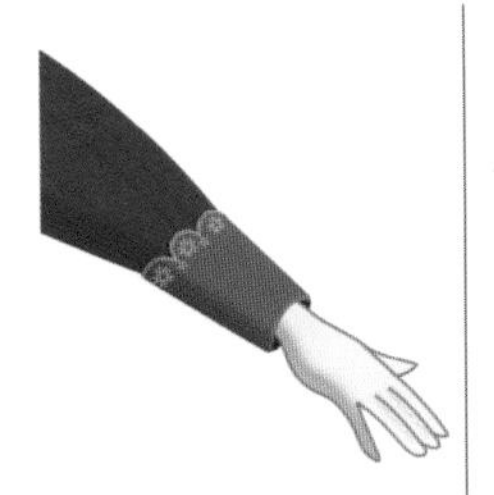

캐벌리어 커프스

CAVALIER CUFFS

17세기의 기사인 캐벌리어가 착용한 옷의 커프스로, 폭이 넓은 커프스를 되접는 것. 커프스의 가장자리에 장식이 달려있는 경우가 많다.

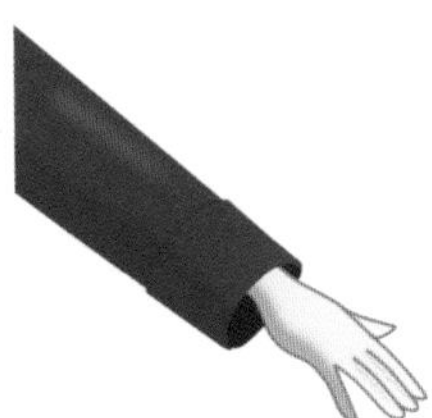

코트 커프스

COAT CUFFS

코트에 사용하는 커프스의 총칭. 코트는 두꺼운 천으로 만드는 경우가 많기 때문에, 같은 천으로 따로 커프스를 만들어 놓았다가 이어붙이거나, 접어 올려 만드는 경우가 많다.

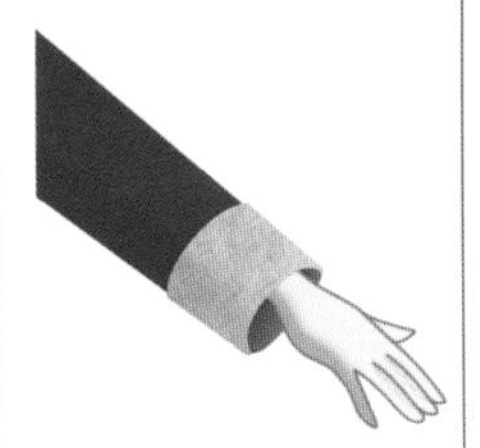

퍼 커프스

FUR CUFFS

주로 코트 등의 소맷부리에 모피를 단 커프스를 말한다. 퍼는 모피를 의미한다.

윙드 커프스

WINGED CUFFS

이름 그대로, 접어 올린 부분이 날개처럼 펼쳐지는 커프스를 말한다. 끝이 뾰족하기 때문에 포인티드 커프스(POINTED CUFFS)라 고 도 한다.

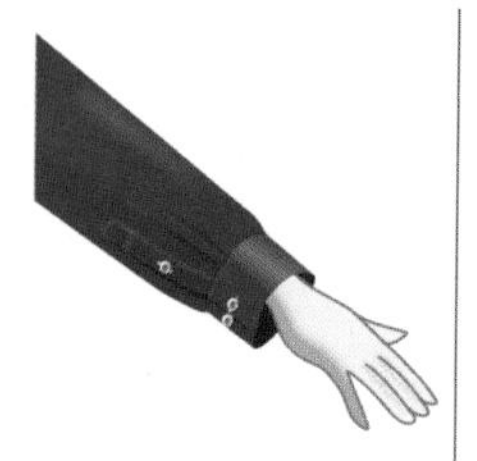

어저스터블 커프스
ADJUSTABLE CUFFS

소맷부리의 치수를 조절할 수 있도록 만든 커프스를 말한다. 여러 개(주로 2개)의 단추로 조절하는 것이 많다. 홑겹으로 된 싱글 커프스로, 기성복 와이셔츠에서 많이 쓰인다.

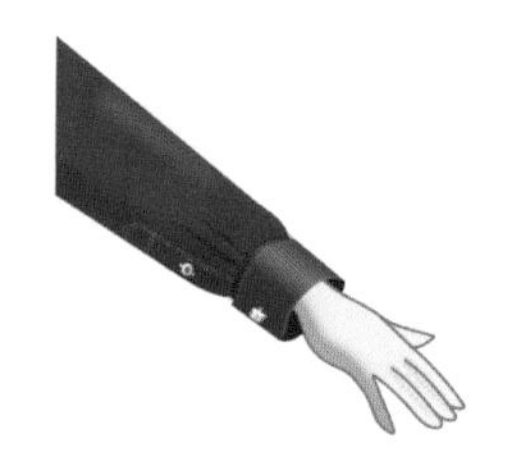

더블 커프스
DOUBLE CUFFS

셔츠 커프스의 일종으로 되접어 두 겹으로 된, 장식 단추(커프스 버튼)를 채우는 커프스이다. 프렌치 커프스, 링크 커프스라고도 한다. 포개어진 커프스와 디테일한 장식의 단추로, 포멀룩과 비즈니스룩에 폭 넓게 사용된다. 드레시하고 장식성이 높아 입체적인 멋을 낼 수 있다. 두 겹으로 된 소매부리를 겹쳐 하나의 단춧구멍을 뚫는다.

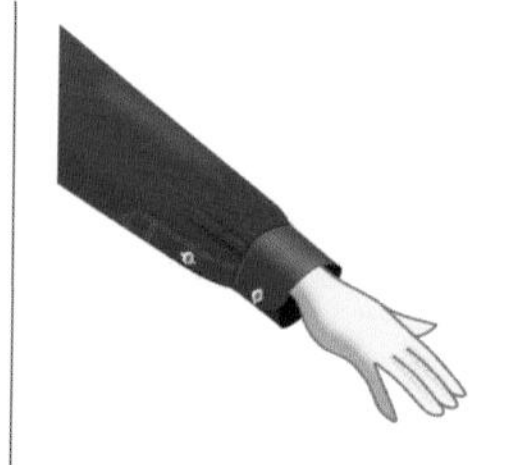

라운드 커프스
ROUND CUFFS

커프스 끝이 둥글게 커트된 것. 물건 등에 걸리지 않기 때문에 다루기 쉽다.

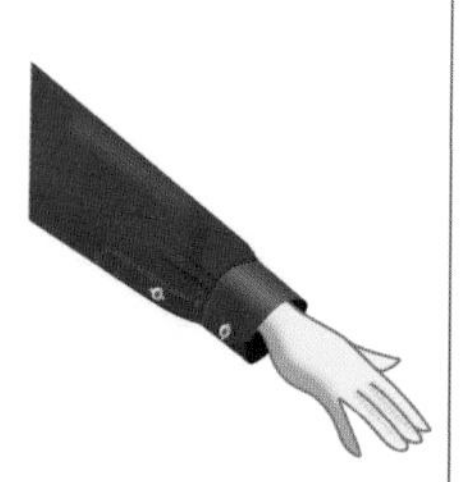

커터웨이 커프스
CUTAWAY CUFFS

끝을 비스듬하게 커트한 소맷부리를 말한다. 앵글컷 커프스, 컷오프 커프스라고도 한다.

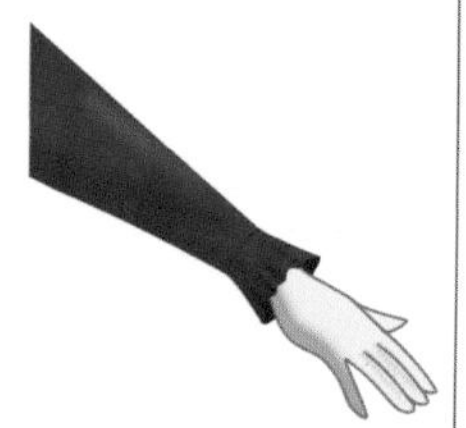

익스텐션 커프스
EXTENSION CUFFS

소매 끝을 늘려 붙인 커프스를 말한다. 주로 소맷부리에 플레어 등으로 퍼지게 만든 것이다.

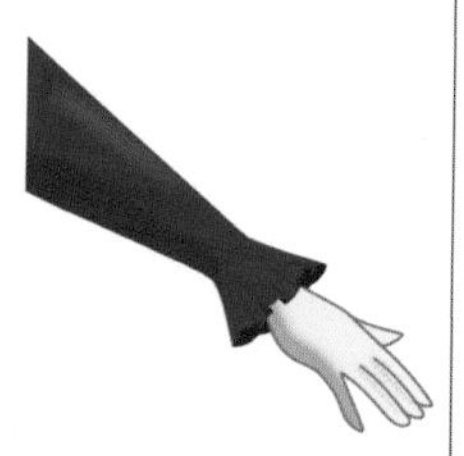

러플 커프스
RUFFLE CUFFS

소맷부리에 주름 장식을 넣은 커프스의 총칭.

러프 커프스
RUFF CUFFS

소맷부리에 겹겹이 접어 겹친 듯한 주름 장식을 단 커프스를 말한다. 러프(옷깃/p.21)와 함께 17세기경 상류계층의 복식에서 자주 볼 수 있다.

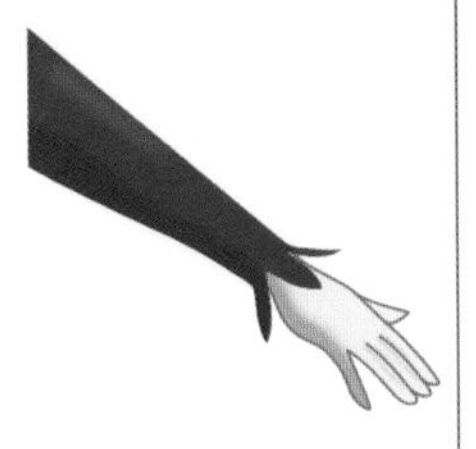

페탈 커프스

PETAL CUFFS

꽃잎이 펼쳐진 모양의 커프스. 소맷부리에 절개를 넣어 형태를 만드는 것과, 꽃잎 모양으로 천을 여러 장 재단하여 붙이는 것이 있다.

서큘러 커프스

CIRCULAR CUFFS

원형으로 재단한 커프스를 말한다. 좁은 폭의 소매에 부드럽게 넓어지는 플레어를 붙임으로 퍼짐이 강조되어 페미닌한 실루엣이 된다.

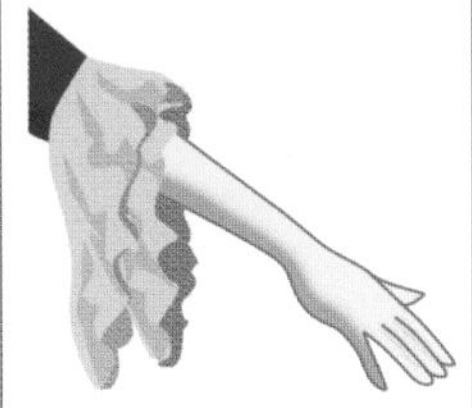

앙가장트

ENGAGEANTE

17~18세기에 걸쳐 유행한 화려한 소매 장식을 말한다. 얇은 레이스나 개더로 주름잡은 여러 겹의 프릴을 팔꿈치 길이의 여성용 드레스 소매에 붙였다.

리스트 폴

WRIST FALL

소맷부리에 부드러운 소재의 천으로 만든 프릴을 폭포(폴) 같은 느낌으로 단 것.

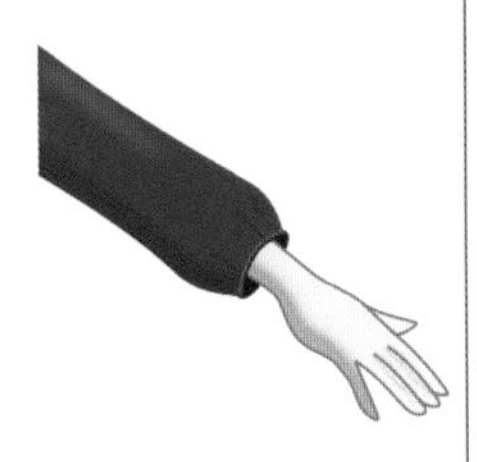

파이핑 커프스

PIPING CUFFS

소맷부리에 파이핑(p.141)으로 테두리를 두른 커프스의 총칭. 파이핑은 가두리 장식을 뜻한다.

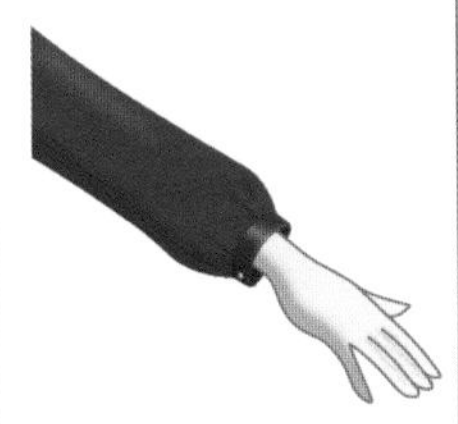

밴드 커프스

BAND CUFFS

띠 모양을 한 커프스. 소맷부리에 개더로 주름을 잡은 것이 많다.

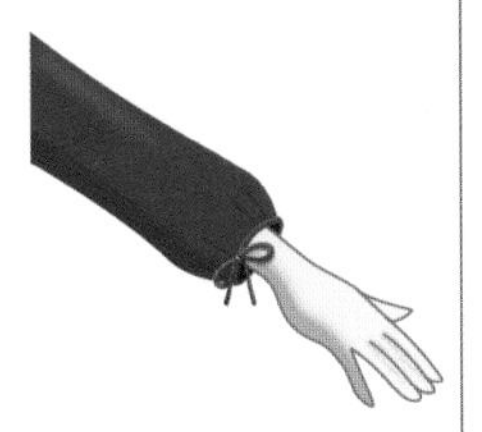

리본 커프스

RIBBON CUFFS

소맷부리에 리본을 달아 사이즈를 조절할 수 있게 만든 커프스를 말한다.

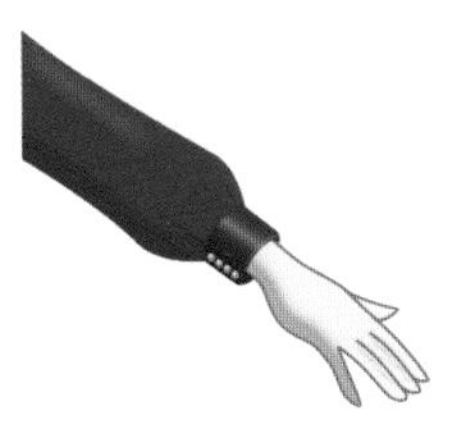

버튼드 커프스

BUTTONED CUFFS

커프스 버튼(장식 단추) 등을 일직선으로 여러 개 달아 고정시키는 커프스를 말한다. 블라우스 등에 사용하며 우아한 느낌을 더할 수 있다.

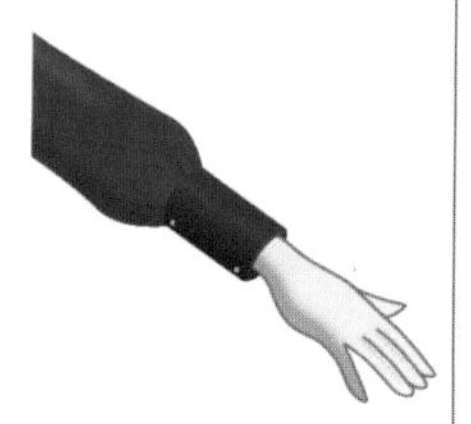

롱 커프스

LONG CUFFS

길게 만들어진 커프스를 말한다. 손목이 얇아 보이는 효과가 있다.

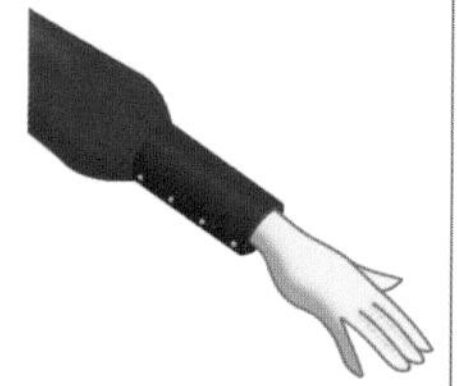

딥 커프스

DEEP CUFFS

폭이 일반 커프스의 2배 정도로 넓은 커프스를 말한다.

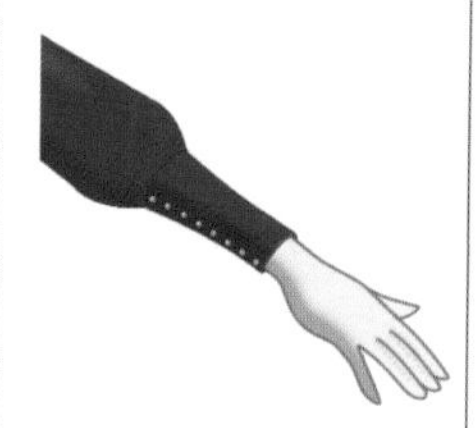

피티드 커프스

FITTED CUFFS

손목부터 팔까지 꼭 맞는 타이트한 커프스를 말한다.

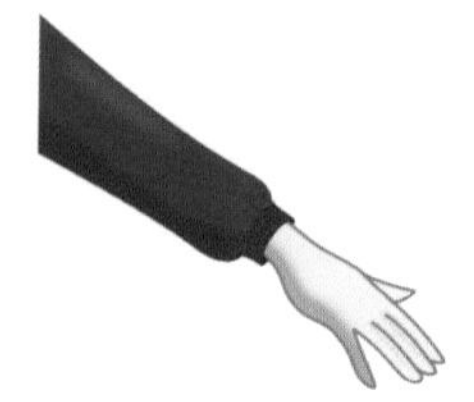

니티드 커프스

NITTED CUFFS

고무뜨기(p.165)로 짜인 커프스. 신축성이 있어 소맷부리를 막아주어 방한성이 좋아 블루종 등에 사용된다.

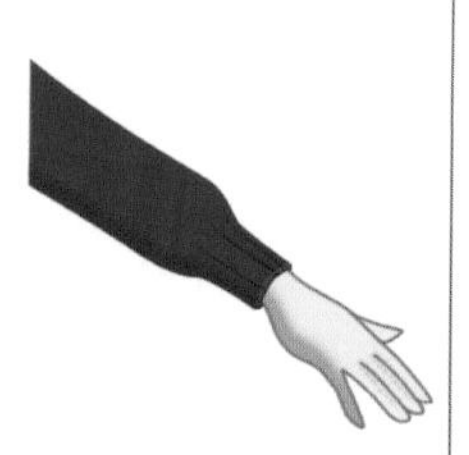

턱트 커프스

TUCKED CUFFS

턱(주름)으로 천을 모아 접어서, 소맷부리가 폭이 좁은 관 모양으로 되어 있는 것.

벨 셰이프 커프스

BELL SHAPE CUFFS

벨 모양으로 소맷부리가 퍼진 커프스를 말한다. 종 모양으로 퍼져있어 이런 이름이 붙었다.

드롭트 커프스

DROPPED CUFFS

넓게 아래로 늘어지는 소맷부리의 총칭.

프린지 커프스

FRINGE CUFFS

소맷부리에 프린지(술 장식/p.143)가 붙은 커프스를 말한다.

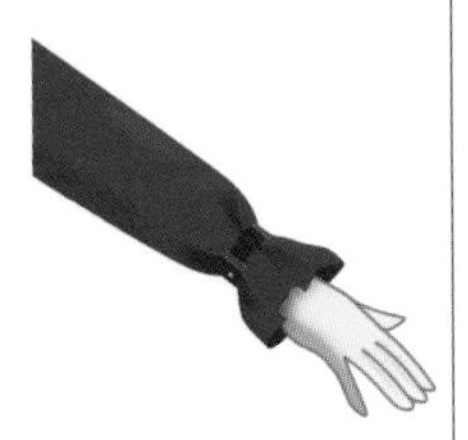

스트랩트 커프스
STRAPPED CUFFS

치수를 조절할 수 있도록, 혹은 장식 목적으로 소맷부리에 벨트나 끈을 단 것.

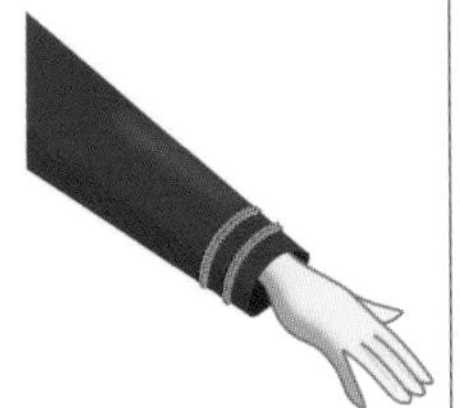

코디드 커프스
CORDED CUFFS

장식을 목적으로 장식끈을 소맷부리 부분에 단 커프스의 총칭. 꿰매 붙이거나, 소맷부리를 파이핑(p.141) 하는 등 베리에이션이 있다.

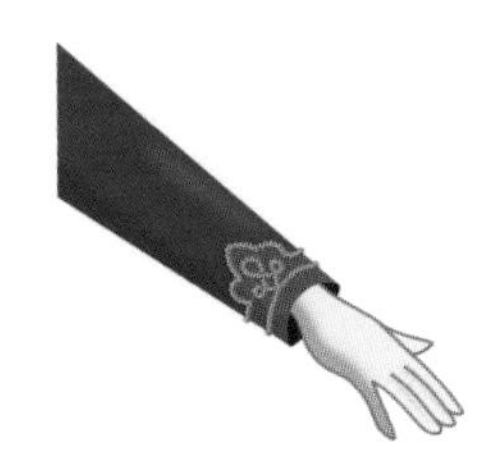

김프 커프스
GIMP CUFFS

코디드 커프스 중 하나로, 철사 심이 들어있는 장식끈을 소맷부리에 꾸며 단 커프스. 예장 군복 등에서 볼 수 있다. 기원으로는 칼을 방어하기 위해 손목에 끈을 여러 겹 감았던 것이라는 설과, 날씨가 사나워졌을 때 배에 몸을 고정하기 위해 로프를 손목에 감아 휴대했던 것이라는 설 등이 있다.

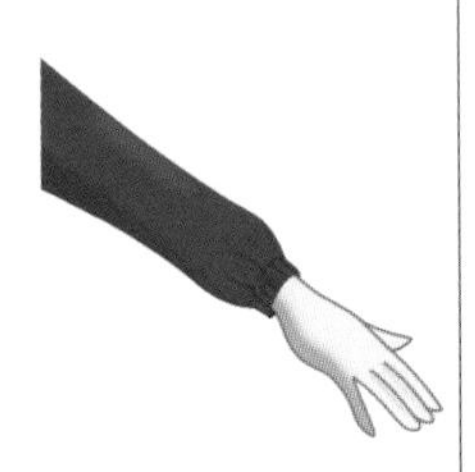

와인드 커프스
WIND CUFFS

고무 등을 넣어 신축성을 주어, 바람이 들어가지 않게 만든 소맷부리를 말한다. 아웃도어 스포츠웨어 등에서 많이 볼 수 있다.

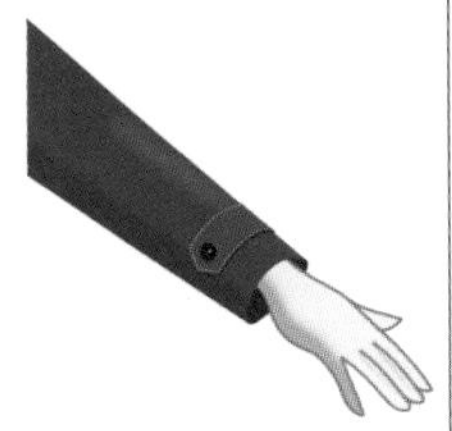

태브드 커프스
TABBED CUFFS

작은 벨트 모양의 장식이 붙은 커프스를 말한다.

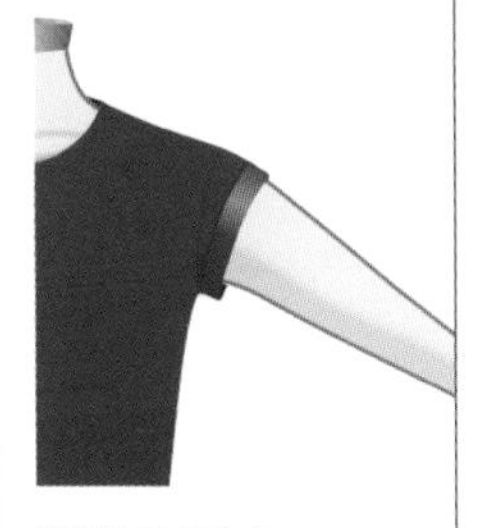

쁘띠 커프스
PETIT CUFFS

상당히 짧은 소매를 되접어 만든 소맷부리를 말한다. 쁘띠란 '조그만, 귀여운'의 의미이다.

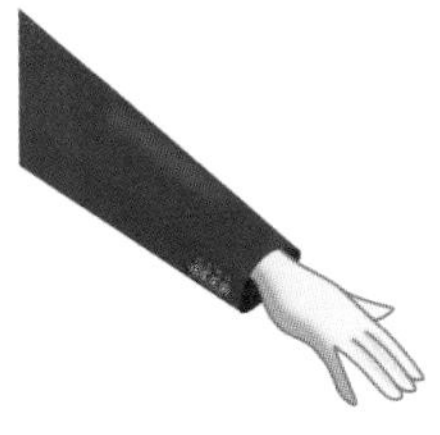

키스 버튼
KISS BUTTON

간격을 좁게 해 단추가 겹쳐지듯이 달은 것. 입맞춤을 의미하는 키스에서 이름이 붙었다. 수트나 재킷 등에서 볼 수 있으며, 고급 재봉 기술을 보여주기 위한 어레인지이다.

뷔스티에

BUSTIER

원래는 어깨끈(스트랩)이 없는 브래지어와 웨이스트 니퍼(p.50)가 일체화된 여성용 속옷을 의미했으나 지금은 유사한 형태의 윗옷을 통틀어 말한다. 허리를 얇아보이게 하고 가슴 모양을 보정하는 등, 상반신의 실루엣을 아름답게 보이기 위한 목적으로 만들어진 것이지만, 란제리의 섹시함과 여성미를 강조하기 위한 겉옷으로도 입으며 캐미솔과의 경계가 사라지고 있다.

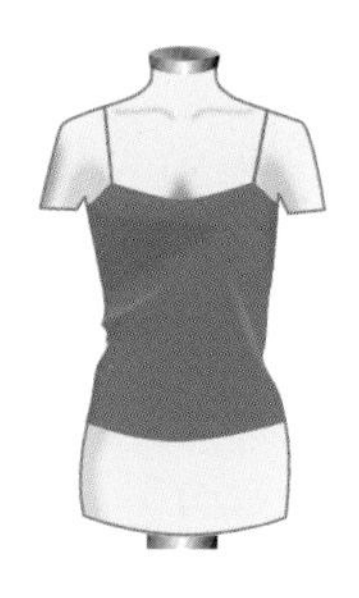

캐미솔

CAMISOLE

얇은 끈이 달려있는 형태로, 어깨를 드러내는 윗옷 혹은 이너웨어를 말한다. 넥이 수평에 가까우며, 이너웨어는 레이스 장식이 달려있는 것이 많다. 아마(亜麻)로 만든 내의를 의미하는 라틴어 [camisia]에서 온 스페인어 [camisa]에서 이름을 따왔다. 얇은 끈이 달려있는 옷을 특징적으로 가리키는 용어로도 사용되어, 캐미솔 드레스 등으로 쓰인다.

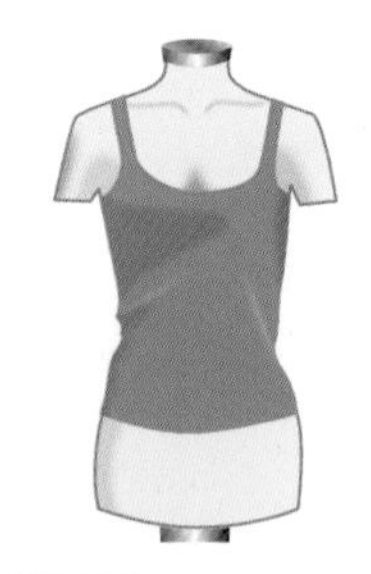

탱크톱

TANK TOP

넥이 깊게 파인 민소매 톱. 어깨끈이 비교적 넓으며, 몸판과 같은 천으로 연결되어있다. 일본에서는 남성용은 러닝셔츠라고 표기하기도 한다.

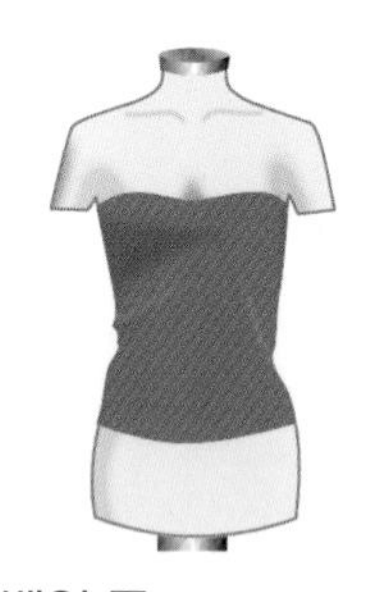

베어 톱

BARE TOP

캐미솔에서 어깨끈을 없앤 형태로, 어깨와 등이 노출(베어)되는 톱. 신축성 있는 소재가 많으며, 튜브 톱과 거의 같은 의미로 쓰인다. 드레스의 상반신 디자인에도 사용된다.

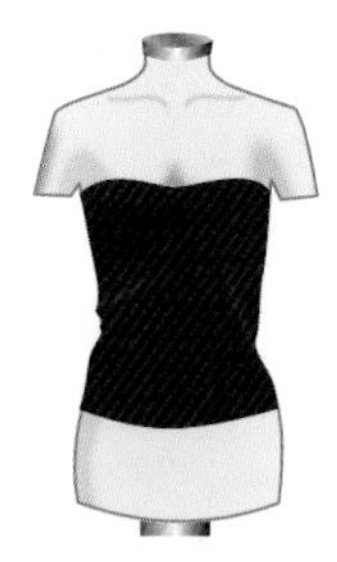

튜브톱

TUBE TOP

캐미솔에서 어깨끈을 없앤 형태로, 주로 니트로 짠 튜브 형태의 톱, 혹은 그런 형태를 말한다. 리조트 웨어 등에도 사용된다. 베어 톱보다 이너웨어의 의미가 강하다.

크롭 톱

CROP TOP

허리보다 위로 올라가는 짧은 길이의 톱을 말한다. 미드리프 톱과 같은 의미이다. 크롭이란 '잘라내다'라는 뜻으로, 크롭트 톱, 하프톱, 브라렛이라고도 부른다.

미드리프 톱

MIDRIFF TOPS

가슴 밑, 허리 위 정도 기장의 짧은 윗옷. 크롭 톱과 같은 의미이다. 미드리프란 횡경막을 의미하며, 어패럴 관련에서 미드리프는 대부분 가슴 밑에서 재단된 길이를 가리키는 말이다.

T셔츠

T-SHIRT

펼쳤을 때 T자형이 되는, 칼라가 없는 풀오버 니트로 된 셔츠. 남녀 모두 다양하게 입으며, 가격이 저렴하다. 본래는 남성용 내의를 뜻하는 말이었다.

폴로셔츠

POLO SHIRT

머리부터 입는 풀오버 타입으로, 2~3개의 단추가 달린 칼라가 있는 셔츠. 반팔과 긴팔 둘 다 있다.

스키퍼

SKIPPER

본래는 소매가 달린 스웨터와 V넥의 스웨터를 겹쳐 입은 듯한 디자인의 칼라로 된 니트를 뜻했다. 현재는 단추가 없는 폴로셔츠나 칼라가 있는 V넥의 커트 앤드 소운을 말하는 경우가 많다. 이 디자인의 칼라를 스키퍼 칼라(p.20) 라고 한다.

스크럽

SCRUB

V넥으로 된 의료종사자용 반팔 윗옷으로, 색이 다양하다. 수술용으로는 혈액을 본 후 흰색 물체를 보았을 때 생기는 보색잔상을 막기 위해서 파란색이나 초록색을 사용한다. 스크럽은 '문질러 닦다'라는 의미이다.

페플럼 톱

PEPLUM TOPS

허리에 절개를 넣어 플레어 등의 주름장식을 달아 밑단이 넓어지게 만든 윗옷. 허리가 얇아 보이는 효과가 있다. 페플럼이라고 불리는 허리 부분의 주름 장식은, 윗옷뿐만 아니라 스커트, 바지, 재킷 등에서도 사용되며, 허리의 윤곽을 가려주어 얇아 보이게 해 인기가 있다. 페플럼의 어원은 고대 그리스의 의복인 페플로스(PEPLOS) 라고 알려진다.

페플럼 블라우스

PEPLUM BLOUSE

허리 아래로 넓어지는 플레어 등의 주름장식을 넣은 블라우스. 허리가 얇아 보이는 효과가 있다.

스목 블라우스

SMOCK BLOUSE

몸판에 개더로 주름을 잡아 헐렁하게 만든 블라우스로, 화가의 작업복, 아동복을 모티브로 만들어졌다.

카슈쾨르

CACHE COEUR

본래는 가슴이 가려질 정도의 짧은 길이의 윗옷을 가리키는 말이었지만, 현재는 몸에 두르듯 교차하여 여미는 스타일의 여성용 윗옷을 말하는 경우가 많다. 끈이나 리본, 단추, 핀 등으로 고정하는 경우가 많으며, 이름의 뜻은 '가리다'라는 뜻의 카슈와 '심장'을 뜻하는 쾨르가 합쳐져 '가슴을 가리다'라는 의미이다. 발레 연습용 레오타드에도 쓰인다. 1980년대 후반에 유행해, 블라우스나 니트 등에도 사용되었다.

새시 블라우스

SASH BLOUSE

허리 부분을 묶어 고정하는 스타일의 블라우스로, 앞여밈이 랩 형식으로 되어 띠로 묶어 고정하거나, 아예 옷의 밑단이 띠로 되어있는 것도 있다.

카미사

CAMISA

소매산에 개더나 턱 등을 넣어 소매를 크게 만든, 자수 등의 장식이 들어간 여성용 블라우스. 필리핀의 민족의상 중 하나이다. 카미사란 스페인어로 블라우스, 셔츠를 의미하며, 중남미에서 입는 셔츠를 가리키기는 말이기도 하다. 본래는 바나나나 파인애플 섬유로 만든 반투명한 세밀한 천으로, 큰 날개처럼 보이는 하이숄더 (p.142) 로 소매를 치장했다. 벨 슬리브 (p.30), 노 칼라 (옷깃이 없음), 자수가 수놓인 것이 특징이다.

크바야

KEBAYA

인도네시아의 전통 예복인 여성용 블라우스. 칼라, 소맷부리, 옷단에 레이스와 자수로 장식을 하며, 코튼, 실크 등 반투명한 소매를 많이 사용한다. 하반신에는 바틱(자바 사라사) 천을 두른다.

촐리

CHOLI BLOUSE

인도 지방의 여성이 입는 짧은 블라우스. 촐리 블라우스 혹은 사리와 함께 입기 때문에 사리 블라우스라고도 한다.

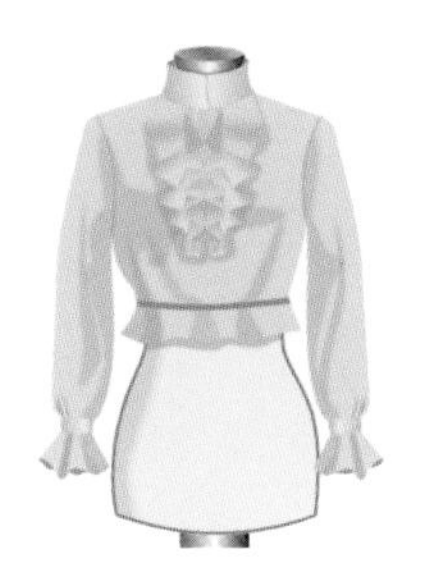

해빗 셔츠

HABIT SHIRT

18세기 승마복으로 착용했던 여성용 셔츠. 주로 흰색이며, 앞몸판에 레이스나 프릴 장식이 있다. 승마복을 총칭하여 라이딩 해빗이라고 한다.

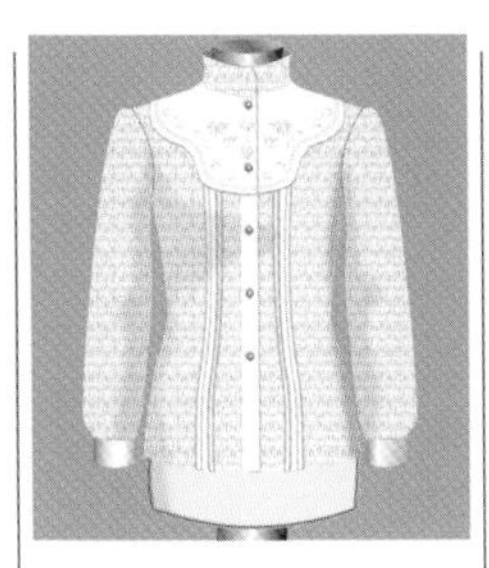

빅토리안 블라우스

VICTORIAN BLOUSE

영국의 빅토리아 여왕 시대 때 유행했던 장식성이 강한 윗옷.

페전트 블라우스

PEASANT BLOUSE

유럽의 농민이 입었던 옷을 모티브로 만들어진 윗옷. 소매와 넥에 주름을 잡아 헐렁하게 만들었다. 페전트란 농민을 뜻한다.

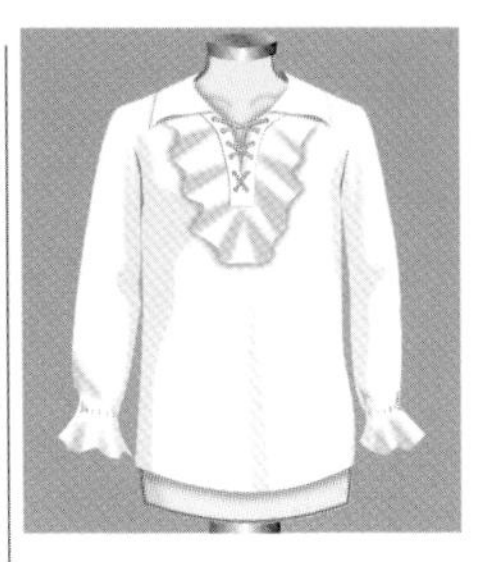

파이어리츠 블라우스

PIRATE BLOUSE

해적을 모티브로 한, 프릴 등의 장식이 과도한 블라우스.

발칸 블라우스

BALKAN BLOUSE

넥과 옷단에 개더를 넣어 느슨하게 만든 블라우스. 허리 아래로 내려오는 기장이 많으며, 발칸 전쟁이 일어났던 시대에 유행했기 때문에 이런 이름이 붙었다.

캐벌리어 블라우스

CAVALIER BLOUSE

17세기경의 기사들의 복장을 모티브로 한 블라우스. 넥과 가슴 부분, 소맷부리에 프릴이나 레이스 등의 장식이 많은 것이 특징이다.

캐벌리 셔츠

CAVALRY SHIRT

서부 개척 시대의 기병이 입었던 옷을 모티브로 한 셔츠. 머리부터 입는 풀오버 타입으로, 가슴 부분에 단추로 여미는 가슴바대가 특징이다. 가슴바대는 혹독한 서부 환경에서 가슴을 보호하기 위해 덧댄 것이라는 설이 있다.

바버 스목 (바버셔츠)

BARBER SMOCK

이발소에서 작업복으로 입는 셔츠. 오픈칼라나 스탠드칼라이며, 주머니와 소매를 파이핑한 디자인이 많다. 또 미용실에서 사용하는 케이프를 모티브로 한 여성복 셔츠도 같은 이름으로 부르기도 한다.

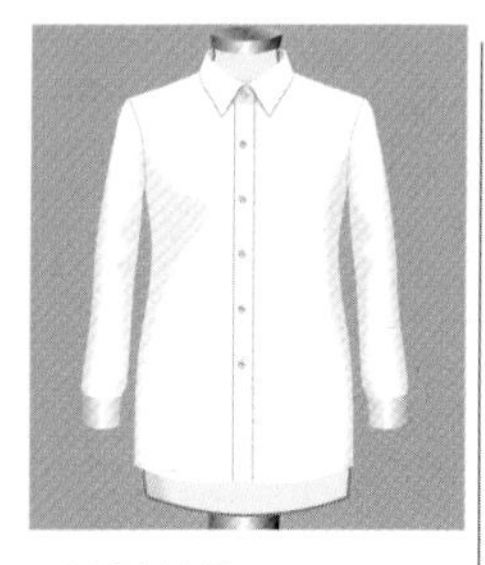

와이셔츠

WHITE SHIRT

앞이 트여있으며 칼라의 스탠드와 커프스가 달려있는, 주로 신사복 안에 입는 흰색(혹은 회색)의 셔츠. '화이트 셔츠'의 일본식 표현이지만, 현재는 색과 무늬에 관계없이 사용한다. Y셔츠라고도 표기한다.

아이비 셔츠

IVY SHIRT

아이비 스타일(아이비 룩)에 입는 셔츠로, 주로 무늬가 없거나 깅엄 체크(p.148), 마드라스 체크(p.149) 천으로 만든다. 버튼다운 칼라(p.15)와 센터 박스(등 중앙의 플리츠/p.142)도 특징 중 하나이다. 아이비 스타일이란 1954년 설립된 미국 대학 풋볼 리그에서 즐겨 입었던 패션을 칭하며, 아메리칸 트래디셔널의 대표 스타일이다. 벽돌로 지어진 학교 건물을 휘감은 무성한 담쟁이덩굴(아이비)에서 이름이 붙었다는 설이 있다.

오버셔츠

OVERSHIRT

헐렁한 셔츠의 총칭. 길이가 길며, 진동이 내려온 디자인의 셔츠가 많다. 셔츠 자체가 아닌 헐렁한 셔츠 스타일을 가리키는 경우도 있다.

클레릭 셔츠

CLERIC SHIRT

칼라와 커프스 부분은 흰색(혹은 민무늬), 다른 부분은 줄무늬나 색이 있는 천을 사용한 셔츠. 클레릭은 '목사, 승려'라는 뜻으로, 흰색 스탠드칼라의 종교 예복과 비슷한 것에서 유래한 이름이다. 1920년대에는 영국 신사의 기본 아이템으로 유행했다. 포멀한 느낌의 품위 있는 셔츠지만 캐주얼한 코디에도 잘 어울린다. 서양에서는 컬러 디퍼런트 셔츠, 화이트 칼라드 셔츠, 컬러 세퍼레이티드 셔츠라고 부른다.

웨스턴 셔츠

WESTERN SHIRT

미국 서부의 카우보이가 작업복으로 입던 셔츠, 혹은 그것을 모티브로 한 셔츠. 어깨와 가슴, 등에 곡선의 요크(웨스턴 요크), 스냅 단추, 가슴 양쪽에 달린 플랩 포켓(p.141)이 특징이다. 영화에서나 컨트리 뮤지션, 댄서들은 어깨부터 가슴, 등에 잘은 장식이나 프린지(p.143)가 달린 웨스턴 셔츠를 입어 이미지를 강조하기도 한다. 샴브레이나 데님, 덩거리(p.165) 등의 튼튼한 천으로 만든다.

플란넬 셔츠

FLANNEL SHIRT

영국 웨일즈 지방에서 생산된 부드러운 울 소재의 플란넬 셔츠를 본떠, 기모 가공한 면으로 만든 셔츠. 체크무늬로 된 것이 많다.

럼버잭 셔츠

LUMBERJACK SHIRT

큼직한 격자무늬의 두꺼운 울 소재로 만든, 양쪽 가슴에 포켓이 붙은 셔츠. 럼버잭은 '나무꾼, 벌목꾼'이라는 의미로, 캐네디언 셔츠라고도 부른다.

알로하 셔츠

ALOHA SHIRT

하와이가 원산지인 화려한 무늬의 셔츠. 옷깃은 오픈칼라(p.17)로, 옷단이 다른 셔츠와 달리 사각으로 재단된 것이 일반적이다. 열대지방의 화려한 색채가 많이 쓰이며, 회사나 일상에서 입는 옷 외에, 무늬 등을 가려 드레스 셔츠로 입기도 한다. 하와이의 농부가 입던 파라카를 일본 이민자가 고쳐 만든 셔츠, 일본의 이민자가 아동복으로 만든 기모노에 쓰이는 무늬로 된 셔츠, 미국인의 의뢰로 호놀룰루의 양복점이 만든 유카타 천으로 만든 셔츠 등 일본 관련 기원설이 몇 가지 있다.

카리유시

嘉利吉

더운 시기에 오키나와현에서 입는 알로하 셔츠와 비슷한 셔츠. 카리유시란 오키나와 지방의 방언으로 '경사스럽다, 좋다'는 뜻이다. 알로하 셔츠를 본으로, 오픈칼라에 반팔, 왼쪽 가슴에는 포켓이 달린 것이 일반적이다.

사파리 셔츠

SAFARI SHIRT

아프리카에서 사냥이나 여행을 할 때 입던 사파리 재킷(p.82)를 본뜬 셔츠. 양쪽 가슴과 허리에 덧붙인 4개의 패치 포켓, 어깨의 에폴렛(p.140), 벨트 등 기능성을 고려한 셔츠이다.

볼링 셔츠

BOWLING SHIRT

볼링할 때 입는 셔츠, 혹은 이를 모티브로 디자인 한 셔츠를 말하며, 오픈칼라와 대담한 배색이 특징이다. 1950년대 로큰롤이 유행했을 때 리젠트 헤어스타일과 함께 아메리칸 캐주얼 패션의 대표 아이템으로 유명해졌다. 자수나 와펜 등으로 장식을 한 것이 많다.

구아야베라 셔츠

GUAYABERA SHIRT

쿠바의 사탕수수 밭에서 일하던 사람들의 작업복이 모티브. 앞면 양쪽에 플리츠나 자수로 세로 라인이 들어가 있다. 별칭은 쿠바 플랜터즈 셔츠.

러거 셔츠

RUGBY SH

럭비 선수가 입는 유니폼, 혹은 이를 모티브로 한 폴로셔츠와 비슷한 윗옷을 말한다. 흰색 옷깃에 넓은 가로 줄무늬로 된 것이 많다. 실제로 럭비 경기에서 입는 옷은 고무 단추, 팔꿈치에 덧댄 천, 견고한 실로 재봉하는 등 격렬한 경기에서 상처를 막기 위해서 내구성을 고려하여 만든다. 럭비 셔츠라고도 부른다.

가우초 셔츠

GAUCHO SHIRT

남아메리카의 목동이 입던 옷을 모티브로 한 셔츠로, 1930년대부터 유행했다. 니트나 천으로 만든 칼라가 붙은 풀오버 타입의 윗옷.

바스크 셔츠

BASQUE SHIRT

보트 넥(p.9)에 가로줄무늬, 9부 길이로 거칠게 잘라낸 듯한 소매의 두꺼운 면 T셔츠. 스페인의 바스크 지방 어부가 입던 작업복에서 유래했다는 설이 유력하다. 피카소와 장 폴 고티에 등이 애용했던 것으로 유명하며, 프랑스 해군 제복으로도 채용되었다. 마린룩의 대표적 아이템 중 하나이다. 흰색과 네이비 배색이 가장 일반적이다.

쿠르타 셔츠

KURTA SHIRT

파키스탄에서 인도 북동부 지방에 걸쳐 착용하는 남성용 전통 상의 또는 그것을 모티브로 한 셔츠. 풀오버 타입으로, 긴 소매에 폭이 얇은 스탠드칼라, 헐렁한 실루엣으로 된 것이 많다.

루바슈카

RUBASHKA

몸판이 헐렁한 풀오버 타입의 러시아 민족의상. 넥과 소맷부리에 러시아 민속 자수 장식이 되어있다. 스탠드칼라로, 가슴까지 트임이 있어 단추를 채우는 것이 많다. 장식 끈이나 벨트로 허리를 맨다.

파카

PAKER

목 부분에 후드가 달린 윗옷. 후디라고도 한다.

아미 스웨터

ARMY SWEATER

군대에서 애용하는 튼튼한 스웨터. 풀오버 타입이 많으며 어깨나 팔꿈치에 보강용 패치가 덧대어져있다. 커맨드 스웨터나 컴뱃 스웨터라고도 부른다.

피셔맨즈 스웨터

FISHERMAN'S SWEATER

북극, 아일랜드, 스코틀랜드 등의 어부가 작업복으로 입던 두툼한 스웨터. 단색이 기본이며, 그물망을 모티브로 한 새끼줄 모양 짜임이 특징이다. 새끼줄을 교차하듯 입체적으로 짜기 때문에 공기를 포함하고 있어 방한성, 발수성이 높다. 아란제도의 어부들의 스웨터는 아란 스웨터라고 한다. 복잡한 모양은 사고 시 개인 식별을 위해서 이기도 하다. 건지 섬의 건지 스웨터도 유명하다.

셰틀랜드 스웨터

SHETLAND SWEATER

스코틀랜드의 북쪽에 있는 셰틀랜드 제도 원산의 양모(셰틀랜드 울)로 만든 스웨터 혹은 이를 본뜬 스웨터. 혹독한 추위와 높은 습도, 해조 먹이 등의 환경에서 콕콕 찌르는 듯한 독특한 촉감에 가볍고 보습성이 높은 양모를 얻을 수 있어 이런 이름이 붙었다. 순수종의 셰틀랜드 양은 양털이 조금밖에 나오지 않는다. 동일종에 여러 가지 천연 색이 있어, 흰색, 붉은 색, 회갈색, 연갈색, 갈색, 회색 등 11색으로 구분된다.

셰이커 스웨터

SHAKER SWEATER

로 게이지(코 수가 적어 성긴 짜임)의 이랑뜨기로 짠 스웨터. 심플한 스웨터를 가리키는 경우가 많다. 겉치장 없이 간소한 생활을 하던 셰이커 교도가 직접 짠 검소한 스웨터가 기원이다.

벌키 니트

BULKY KNIT

두꺼운 실로 투박하게 잔 두꺼운 스웨터 등의 니트를 총칭한다. 벌키란 '부피가 큰'이란 의미로, 피셔맨즈 스웨터도 벌키 니트 중 하나이다.

틸던 스웨터

TILDEN SWEATER

넥과 소맷부리, 옷단에 한 줄 혹은 여러 줄의 두꺼운 라인이 있는 V넥 스웨터. 본래는 케이블 무늬(p.164)의 두꺼운 스웨터이지만, 움직임을 쉽게 하고 여러 철 입을 수 있도록 얇게 만들어진 것도 많다. 1930년대 유행했던 상의로 트랜디함과 스포티함을 어필할 수 있다. V넥을 점점 넓게 판 디자인이 늘어나고 있다. 어린 인상을 줄 수 있다. 테니스 스웨터, 크리켓 스웨터, 테니스 니트, 크리켓 니트 등으로도 불린다.

틸던 카디건

TILDEN CARDIGAN

넥과 소맷부리, 옷단에 한 줄 혹은 여러 줄의 두꺼운 라인이 있는 V넥의 카디건. 본래는 케이블 무늬의 두꺼운 가디건이지만, 움직임을 쉽게 하고 여러 철 입을 수 있도록 얇게 만들어진 것도 많다. 미국의 유명 테니스 선수인 빌 틸던이 애용하던 것에서 이름이 유래했다. 니트 베스트와 스웨터 중, 두꺼운 라인이 특징적인 것들도 틸던이라는 명칭으로 부른다. 제복에도 사용되며, 살짝 어려보이는 인상을 줄 수 있다.

코위찬 스웨터

COWICHAN SWEATER

캐나다 밴쿠버 섬의 인디언 코위찬족이 입는 스웨터. 짧은 숄칼라(p.23)와, 동물과 자연을 모티브로 한 모양과 기하학적 무늬가 특징이다. 본래는 지방분을 제거하지 않은 털실과 미국 삼나무의 껍질을 섬유로 만들어 사용하기 때문에, 방한성뿐만 아니라 발수, 방수성이 높지만 시중에 판매되는 것은 탈지된 울로 만든 것이 대부분이다. 탈지하지 않은 자연의 색조, 손으로 만든 굵직한 울, 독수리나 삼나무 등의 전통무늬, 단순한 메리야스뜨기(p.164)가 캐나다에서 코위찬 스웨터라고 인정하는 기준이다.

카디건

CARDIGAN

털실 등으로 짠, 주로 앞자락이 오픈되어 단추로 채우는 형태의 윗옷의 총칭. 옷을 고안해낸 카디건 백작의 이름에서 명칭을 따왔다.

볼레로

BOLERO

길이가 짧고 앞을 여미지 않고 입는 여성용 윗옷. 볼레로는 스페인 춤 및 무곡을 의미한다. 투우사의 상의도 전형적인 볼레로이다.

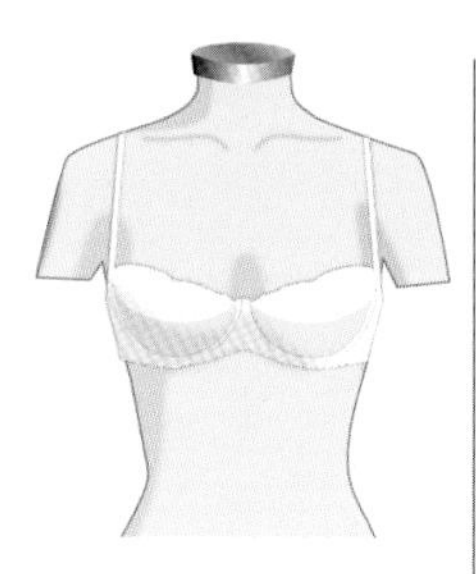

발코넷 브라

BALCONETTE BRA

가슴 아랫부분을 반만 덮는 반원형의 브래지어를 말하며, 가슴을 끌어올리는 효과가 커 작은 가슴에 적합하다.

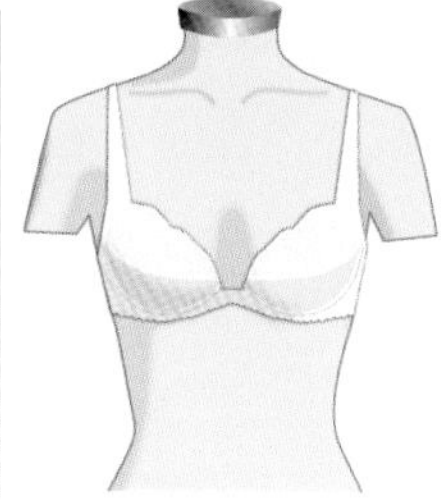

플런징 브라

PLUNGING BRA

앞 중심이 낮게 위치한 브래지어. 목선이 깊게 파인 옷을 입을 때 착용하며, 밑에서 받쳐주기 때문에 가슴골을 강조한다. 플런징은 '깊게 패인'이라는 뜻이다.

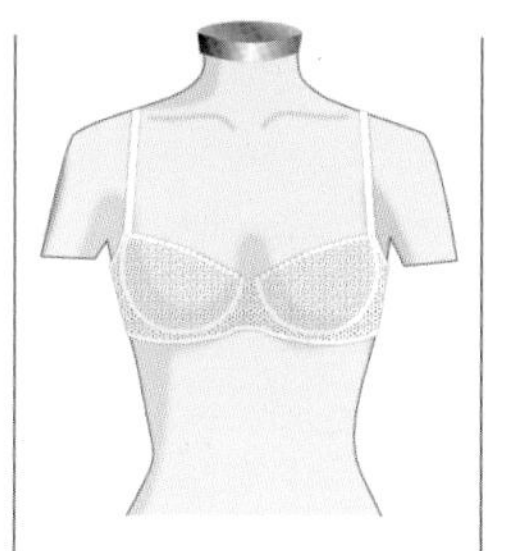

데미컵 브라

DEMI-CUP BRA

가슴을 반(~ 3/4) 정도 덮는 스타일의 브래지어. 하프 컵 브라와 같은 의미이다.

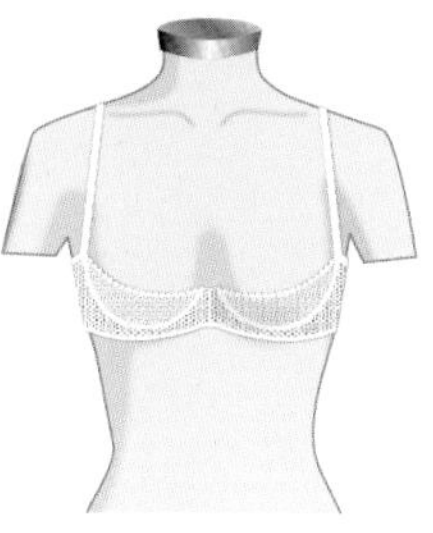

셸프 브라

SHELF BRA

가슴을 덮는 면적이 1/4 정도로, 유두를 덮지 않고 밑에서 받쳐주는 스타일의 브래지어. 컵리스 브라, 오픈컵 브라, 쿼터 컵 브라 등으로도 부른다.

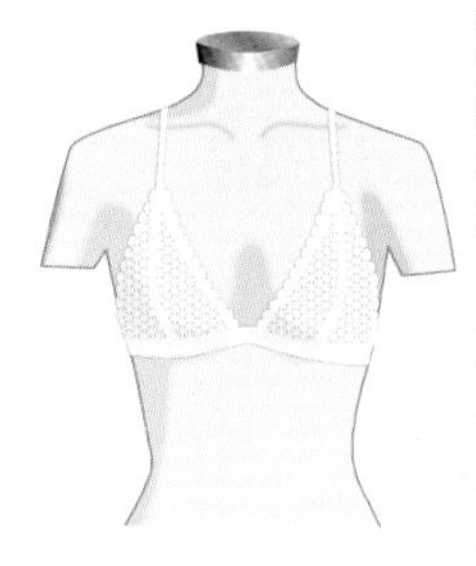

브라렛

BRALETTE

와이어가 없는 삼각형 브래지어. 조이는 느낌이 적어 착용감이 좋다. 천의 면적이 비교적 넓기 때문에 장식성이 높은 레이스 소재나 디자인성이 높은 것들이 많다.

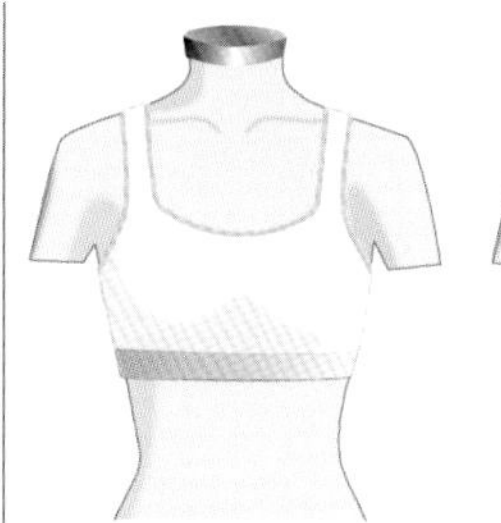

스포츠 브라

SPORTS BRA

운동을 할 때 가슴의 흔들림을 잡아주기 위한 브래지어. 형태는 다양하지만 탱크톱을 가슴 아래 라인에서 잘라낸 것 같은 모양이나, 어깨끈(스트랩)을 뒤에서 교차시킨 것 등 브래지어가 몸에 밀착되는 것을 중시한다. 땀을 잘 흡수하고 빨리 마르는 소재를 사용하며, 색도 다양하다.

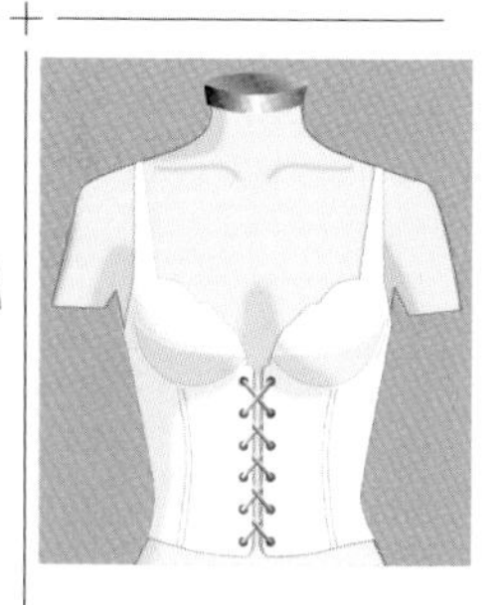

뷔스티에

BUSTIER

현재는 비슷한 모양의 윗옷을 가리키는 말로 쓰이지만, 본래는 브래지어와 웨이스트 니퍼(p.50)를 일체화한 여성용 속옷을 의미한다.

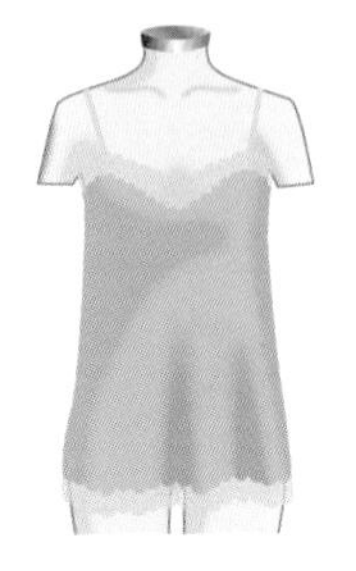

베이비 돌

BABY DOLL

가슴 밑에서 옷단까지 여유 있게 퍼지는 나이트웨어(잠옷), 란제리(이너웨어, 룸 웨어, 나이트웨어)를 말한다.

테디

TEDDY

캐미솔과 쇼트 팬츠가 합쳐진 스타일의 란제리를 말한다. 상반신이 브래지어로 된 섹시한 타입도 많다.

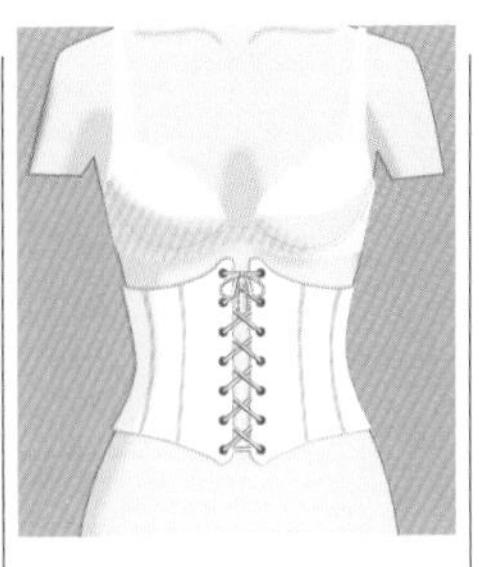

코르셋

CORSET

허리를 조여 가슴과 엉덩이를 강조하는, 체형 보정을 위해 착용하는 속옷. 현재는 패션으로 착용하는 것 외에도 의료용으로 허리의 보호를 위해서도 사용한다. 프랑스어이며, 영어로는 스테이즈라고 한다.

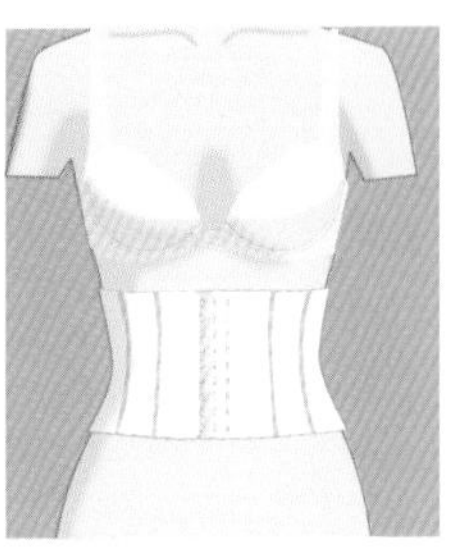

웨이스트 니퍼

WAIST NIPPER

허리라인을 얇게 조여 상대적으로 가슴과 엉덩이를 강조할 목적으로 만들어진 체형 보정 속옷. 코르셋과 비교해 신축성이 좋으며, 후크나 지퍼로 여미게 되어있어 탈착이 용이하다.

페티코트

PETTICOAT

원피스나 스커트의 밑에 착용하는 속치마. 치마의 옷맵시를 돋보이게 한다. 실루엣을 가다듬거나 부풀리기 위해, 또 얇은 소재의 치마를 입을 때 속옷이 비쳐 보이지 않기 위해 입는다.

페티팬츠

PETTIPANTS

원피스나 스커트의 움직임과 옷맵시를 좋게 하기 위해 안에 착용하는 속바지. 실루엣을 가다듬거나 부풀리기 위해 사용하며, 페티코트가 바지로 된 것이다. 정전기가 일어나지 않는 소재로 만든다.

드로어즈

DRAWERS

바지 밑단이 오므라진, 헐렁한 실루엣의 무릎 위로 오는 여성용 속옷을 말한다. 19세기 초 유럽에서 스커트의 길이가 짧아짐에 따라, 다리를 드러내지 않기 위해 사용하기 시작했다고 한다. 처음에는 용변을 보기 쉽도록 항문 부분에 구멍을 냈었다. 현재는 로리타 패션에서 레이스나 프릴 등으로 된 장식성이 높은 드로어즈를 일부러 드러나게 입기도 한다.

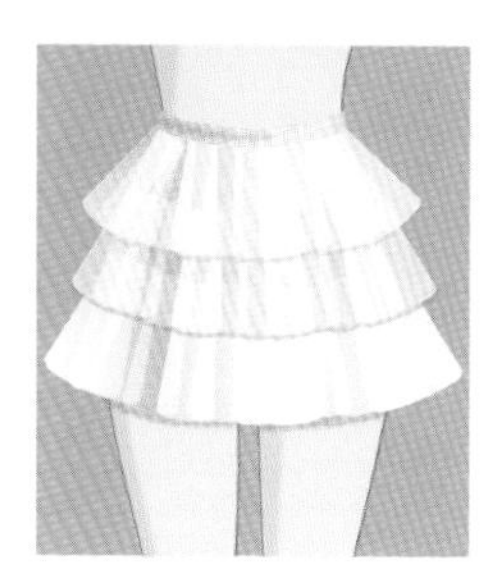

파니에

PANIER

스커트나 드레스의 밑에 착용해 실루엣을 부풀려 아름답게 보이기 위한 이너웨어, 속치마를 말한다. 화학섬유의 튤 소재를 꿰매 잡아당겨 풍성하게 만들고, 촉감이 좋은 소재로 피부와 맞닿는 안감을 덧댄다. 현재는 웨딩드레스의 이너웨어나 로리타 패션이나 무대 의상 등에 사용된다. 장식성을 높게 해 일부러 드러나게 입기도 한다.

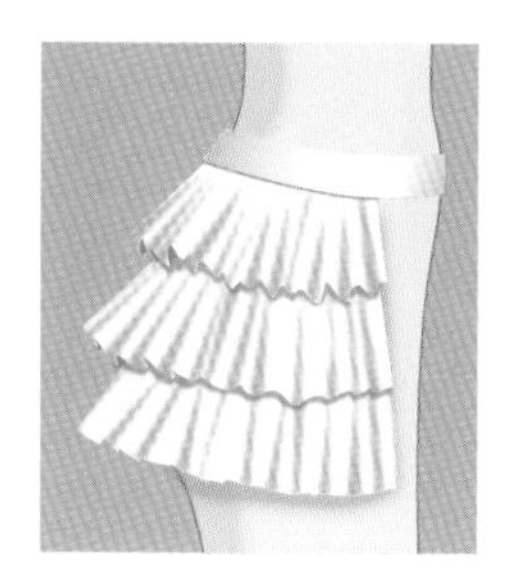

버슬

BUSTLE

스커트의 밑에 덧대어, 스커트의 엉덩이 부분을 부풀리는 허리받이, 파운데이션을 말한다. 허리의 굴곡을 살리고 상대적으로 허리를 얇게 강조해 몸의 실루엣을 아름답게 만든다. 초기에는 고래수염으로 만들었지만, 곧 와이어나 나무 등으로 만들게 되었다. 웨딩드레스를 입을 때 사용하기도 한다. 폭스테일(여우의 꼬리) 등 다양한 이름으로 불리며 버슬이란 영어로 '부산함, 북적거림' 등의 뜻이다.

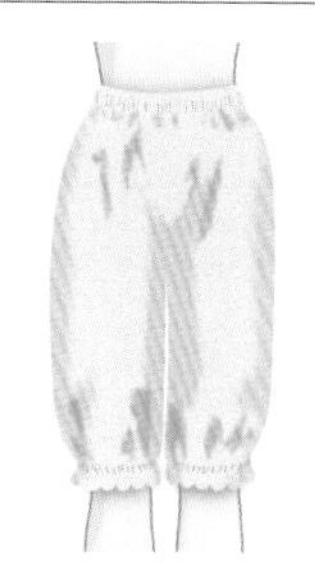

판탈레츠

PANTALETTES

밑단에 프릴을 달아 스커트의 밑단 아래로 보이도록 만든, 장식이 달린 바지로 된 여성용 속옷. 19세기 초중반 스커트나 원피스의 밑에 착용하였다. 발목에 닿을 정도의 긴 것도 있다.

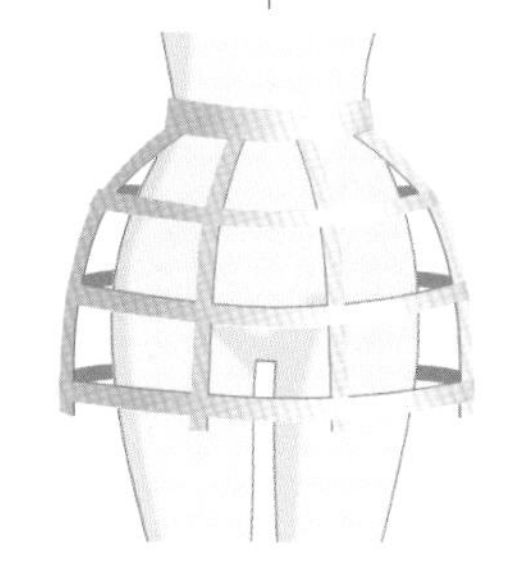

크리놀린

CRINOLINE

스커트를 부풀리기 위해 입은 속옷으로, 주로 1840년부터 1860년대에 사용되었다. 당시는 마(麻)와 말의 털의 혼방직으로 만든 페티코트였지만, 겹쳐 입지 않아도 되도록 차츰 고래수염이나 철사로 만든, 허리 뒤쪽의 풍성함을 강조한 돔 형으로 변화했다. 명칭은 라틴어로 모(毛)를 의미하는 'crinis'에서 유래했다.

스트레이트 스커트
STRAIGHT SKIRT

허리부터 밑단까지의 실루엣이 직선인 스커트.

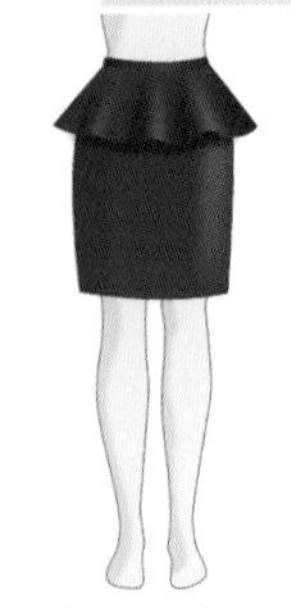

페플럼 스커트
PEPLUM SKIRT

허리라인 아래에 플레어 주름장식이 붙은 스커트. 허리 부분의 주름장식인 페플럼은 톱(p.41) 등에도 사용하며, 허리의 윤곽을 가려 허리가 가늘어 보이게 한다.

버튼다운 스커트
BUTTON DOWN SKIRT

앞트임이 있어 허리부터 밑단까지 단추로 여미는 디자인의 스커트를 말한다.

패널 스커트
PANELED SKIRT

스커트 위에 장식을 위해 다른 천을 겹쳐 달아 늘어뜨린 것. 무늬, 색, 소재가 다른 천, 심지어는 시스루 소재를 사용하는 등 베리에이션이 넓다. 고어(GORE)를 다른 천으로 재단하여 이은 스커트를 가리키는 말로 쓰이기도 한다.

티어드 스커트
TIERED SKIRT

개더나 플리츠를 2단 혹은 그 이상으로 장식한 스커트. 단마다 색을 바꾸거나, 프릴을 밑단 등에 부분적으로 덧붙인 것도 있다. 볼륨감과 실루엣이 (점층적으로) 변한다.

플리츠 스커트
PLEATS SKIRT

입체감과 편한 움직임을 위해, 겹쳐 접은 모양의 세로 주름을 반복하여 만든 스커트. 트래드함과 캐주얼함 모두 느껴지며, 순수한 느낌을 준다. 교복에 많이 사용되며 주름장식의 종류와 개수에 따라 박스 플리츠 스커트, 아코디언 플리츠 스커트 등으로 나뉜다, 주름 장식의 위치에 따라서 사이드 플리츠 스커트, 백 플리츠 등으로 나눈다.

킬트 스커트
KILT SKIRT

주름을 잡은 타탄체크(p.148) 천으로 만든, 허리에 둘러 벨트나 핀으로 고정하는 스커트. 본래는 속옷을 입지 않고 착용하던 스코틀랜드의 남성 전통의상이다. 페일베그라고도 부른다.

요크스커트

YOKE SKIRT

엉덩이 가까이에 요크 같은 이음선이 들어간 스커트.

서큘러 스커트

CIRCULAR SKIRT

밑단을 펼쳤을 때 거의 원이 될 정도로 천을 많이 사용한 스커트. 부드러운 천으로 만들면 아름답게 나풀거리기 때문에 댄스용으로 많이 쓰이며, 우아하면서도 귀여운 분위기를 연출할 수 있다.

플레어 스커트

FLARED SKIRT

옷의 단이 나팔꽃처럼 퍼지며 생기는 주름이 물결치는 듯한 실루엣의 스커트. 사뿐하고 귀여운 인상을 주지만, 볼륨감이 있어 윗옷과의 밸런스를 잡는 것에 중점을 두어 코디네이트를 하는 것이 좋다.

블루밍 스커트

BLOOMING SKIRT

플레어 스커트의 하나. 부드러운 소재로 만들며, 꽃이 활짝 핀 듯한 실루엣이다. 미니~미들 길이가 많으며, 롱스커트는 적다.

고어드 스커트

GORED SKIRT

여러 장의 사다리꼴이나 삼각형의 고어를 덧대어 만든 스커트. 밑단으로 갈수록 완만하게 넓어지는 실루엣이다. 덧대는 천의 개수에 따라 구별하여, 네 쪽을 이어붙인 경우 포 고어드 스커트라고 부른다.

인버티드 플리츠 스커트

INVERTED PLEATS SKIRT

박스 플리츠를 뒤집은 듯, 주름산이 안쪽에 위치한 플리츠 스커트.

엄브렐러 스커트

UMBRELLA SKIRT

우산을 펼친 것 같은 실루엣의 스커트. 밑단으로 내려갈수록 볼륨감이 있는 것이 특징이다. 고어드 스커트의 일종으로 파라솔 스커트, 파라슈트 스커트라고도 부른다.

러플드 스커트

RUFFLED SKIRT

개더 등의 주름으로 장식한 스커트. 프릴 스커트라고도 하며 주름 장식이 크고 나풀거리는 것이 많다.

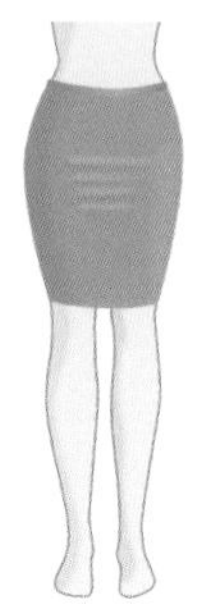

타이트 스커트

TIGHT SKIRT

허리부터 밑단까지 다리에 딱 붙는 라인의 스커트. 펜슬 스커트, 내로 스커트, 튜브 스커트, 슬림 스커트, 시스 스커트의 일종이다.

호블 스커트

HOBBLE SKIRT

무릎에서 발목으로 갈수록 폭이 좁아지는 스커트. 밑단의 폭이 좁아 걷기 어려워 '절뚝거리며 걷다'라는 뜻의 호블이라는 이름이 붙었다. 1910년대 초반 유행하였다.

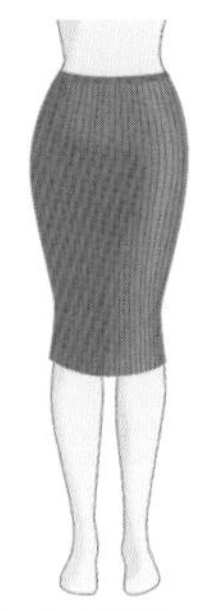

쥐프 쇼세트

JUPE-CHAUSSETTES

양말처럼 몸에 딱 붙는 스커트. 프랑스어로 쥐프는 '스커트', 쇼세트는 '양말'이라는 뜻이다. 대부분 기장이 길며, 니트로 된 것이 많다.

테이퍼드 스커트

TAPERED SKIRT

밑단으로 갈수록 점점 폭이 좁아지는 실루엣의 스커트.

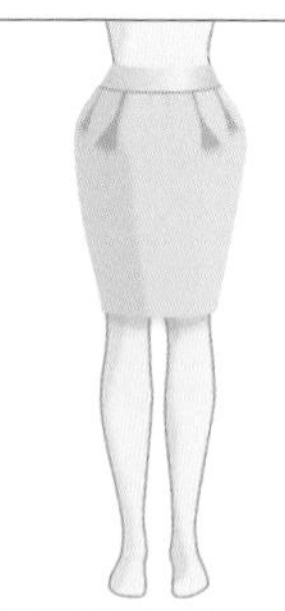

페그톱 스커트

PEG-TOP SKIRT

엉덩이 부분은 불룩하고, 밑단으로 갈수록 폭이 좁아지는 스커트. 페그톱이란 '서양배, 무화과 모양의 팽이'라는 뜻이다. 배럴 스커트보다 볼륨의 위치가 높다.

배럴 스커트

BARREL SKIRT

허리는 얇고, 엉덩이 부분에서 넓어졌다 밑단으로 갈수록 다시 좁아지는 모양의 스커트. 배럴은 '통'이라는 뜻이다. 페그톱 스커트보다 볼륨의 위치가 낮다.

쥐프 앙포르

JUPE AMPHORE

허리는 잘록하고 둥글게 넓어지다 밑단에서 오므라지는 스커트. 암포라(앙포르)는 고대 로마그리스의 손잡이가 둘 달린 음식을 담는 항아리로, 그 모양과 비슷해 쥐프 앙포르란 이름이 붙었다.

코쿤 스커트

COCOON SKIRT

턱 등으로 허리를 넉넉하게 만든, 둥근 실루엣의 스커트. 코쿤은 '누에고치'라는 뜻이다. 체형이 너무 드러나지 않으며, 허리를 잡아주면서도 여유가 있어 움직이기 편하고, 품위가 있다.

엔벨로프 스커트

ENVELOPE SKIRT

랩스커트(몸에 둘러 감아 입는 스커트)의 일종. 허리를 감싸 둘러 앞쪽에서 교차해, 밑단이 맞닿지 않기 때문에 지그재그 모양으로 보인다. 허리를 감아 두른 모양이 봉투(엔벨로프) 같아 이런 이름이 붙었다.

벌룬 스커트

BALLOON SKIRT

허리와 밑단에 개더로 주름을 잡아 가운데를 풍선처럼 부풀린 실루엣의 스커트.

하이 웨이스트 스커트

HIGH WAIST SKIRT

허리선을 실제보다 더 높게 잡은 스커트. 하이웨이스트 라인 스커트라고도 한다. 허리선이 높기 때문에 더 날씬하고 다리가 길어 보인다.

힙본 스커트

HIP BONE SKIRT

허리가 아닌 골반에 걸치듯 입는 스커트의 총칭. 허리를 노출하여 섹시함을 어필하거나, 짧은 치마를 강조하는 효과가 있다. 히프 행어 스커트라고도 한다.

퀼로트 스커트

CULOTTE SKIRT

밑단이 바지처럼 갈라진 여성용 팬츠 스커트, 혹은 폭이 크고 밑단이 넓어지는 실루엣으로 스커트처럼 보이는 반바지를 말한다. 19세기 후반, 말에 오르기 쉽도록 만들어진 승마용 스포츠 스커트로, 바지보다 스커트로 분류하는 경우가 많다. 퀼로트란 프랑스어로 반바지라는 뜻이다. 앞면에 천을 덧대어 앞에서 보면 랩스커트, 뒤에서 보면 바지로 보이는 스타일의 퀼로트 스커트도 있다.

랩 퀼로트 스커트

WRAP CULOTTE SKIRT

언뜻 보면 치마처럼 보이나, 밑단이 갈라진 퀼로트의 앞면에 덮개 천을 달은 스커트(팬츠). 앞에서 보면 랩스커트로 보이고, 뒤에서는 바지로 보인다.

튤립 스커트

TULIP SKIRT

튤립 꽃잎 모양의 스커트. 벌룬 스커트처럼 허리 부분에 여유가 있고, 밑단으로 갈수록 자연스럽게 좁아지는 형태이기도 하고, 꽃잎처럼 밑단이 벌어져 겹쳐진 디자인 등이 있다.

트럼펫 스커트

TRUMPET SKIRT

허리부터 몸에 꼭 맞게 내려오다가 중간부터 개더나 플레어, 플리츠 등으로 밑단이 넓어지는, 트럼펫 같은 실루엣의 스커트. 릴리 스커트라고도 한다.

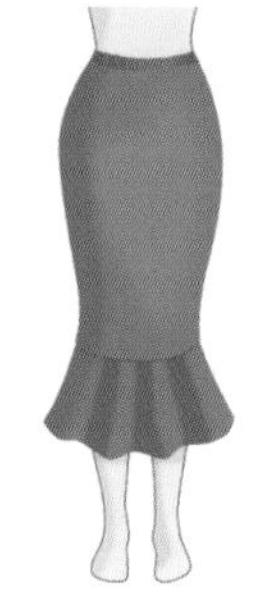

머메이드 스커트

MERMAID SKIRT

밑단이 넓게 펼쳐진 스커트. 인어의 꼬리지느러미가 벌어진 모양과 닮았다고 하여 이런 이름이 붙었다. 현재는 짧은 스커트의 하단에 플레어 등의 퍼짐을 단 것도 머메이드 스커트라고 한다.

피시테일 스커트

FISHTAIL SKIRT

뒷면보다 앞면의 길이가 짧아 앞뒤가 비대칭인 스커트. 우아하게 연출할 수 있다. 물고기의 꼬리지느러미와 닮았다. 원래 뜻은 머메이드 스커트와 같다. 짧게 테일 스커트라고도 부른다.

에스카르고 스커트

ESCARGOT SKIRT

달팽이의 껍데기가 떠오르는, 나사모양으로 천을 길게 이어 달아 만든 스커트. 천의 색이나 소재를 바꾸어 달거나, 플리츠를 비스듬하게 넣는 등 디자인의 베리에이션이 다양하다. 플레어 스커트 중 하나.

시폰 스커트

CHIFFON SKIRT

아주 얇아 비치는 평직으로 짜인 천으로 만든 스커트. 시폰은, 형태가 아닌 소재를 가리키는 말이다. 안감이 비칠 정도로 얇기 때문에, 여러 겹 겹쳐서 만드는 경우가 많다. 시폰은 '누더기, 걸레'라는 뜻의 프랑스어이지만, 복식용어로는 섬세하게 짜인 견직물을 말한다. 현재는 얇은 레이온이나 나일론 등의 화학섬유로 만든 것이 대부분이다.

튤 스커트

TULLE SKIRT

얇고 비치는 그물 모양의 튤 소재, 혹은 그 위에 자수 장식을 넣은 레이스(튤 레이스/p.166)를 사용한 스커트. 비치는 소재이기 때문에, 여러 겹으로 겹쳐 만드는 것이 일반적이다. 푹신푹신한 이미지에 발랄함이 느껴져, 여성미를 어필하고 싶을 때 많이 입는다. 발레리나가 입는 스커트를 튀튀(p.58)라고 하는데, 소재가 튤 레이스인 경우 튤 스커트라고도 부른다.

에이프런 스커트

APRON SKIRT

오버스커트(치마나 원피스의 위에 겹쳐 입는 스커트) 중 하나로, 에이프런을 걸친 것처럼 보이는 스커트를 말한다. 가슴바대가 있어 점퍼스커트(p.68)와 닮은 것도 에이프런 스커트라고 한다.

플랩 스커트

FLAP SKIRT

큼직한 천으로 주머니를 덮은 것처럼, 허리 주변에 두르는 오버스커트. 펑크 패션 등에서 입으며, 스커트보다는 간단하게 플랩이라고도 부른다.

사롱 스커트

SARONG SKIRT

천을 싸매듯이 입는 원통형 스커트. 본래 동남아시아 지방에서 남녀 구분 없이 전통적으로 입는 옷을 모티브로 하여 만들어진 스커트. 리조트, 오리엔탈, 에스닉한 분위기를 낸다.

드레이프트 스커트

DRAPED SKIRT

천을 느슨하게 잡거나 늘어뜨려 생기는, 흐르는 듯한 주름(드레이프)이 드리워진 디자인의 스커트. 천 자체의 무게와 부드러움으로 우아함을 표현한다.

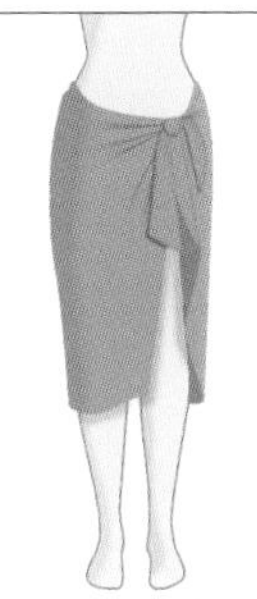

파레오 스커트

PAREO SKIRT

타히티 섬의 민족의상 중 하나, 혹은 이를 본떠 허리에 감아 착용하는 스커트. 수영복 위에 둘러 많이 입는다. '파레오'만으로 표기하기도 한다.

파우 스커트

PA'U SKIRT

하와이의 민족무용인 훌라댄스를 출 때 착용하는, 허리에 고무가 여러 줄 있는 볼륨감 있는 개더스커트. '파우'란 하와이어로 스커트를 말한다. 파우라고만 부르기도 한다.

롱지

LONGYI

미얀마 사람들이 성별 상관없이 일상복으로 입는 전통적인 랩스커트. 또는 그 천 자체를 가리킨다. 원통형의 천에 다리를 넣고 허리 부분을 양쪽에서 매어 고정한다. 남성은 앞면 중심에 천으로 매듭을 묶으며, 여성은 좌우 한쪽으로 치우치게 끈으로 고정하는 스타일이 많다. 일러스트의 롱지는 남성 스타일이다. 여성용은 타메인, 남성용은 파소라고도 한다. 일반적으로 위에는 에인지라는 블라우스 타입의 윗옷을 입는다. 직업이나 민족별로 입는 색과 모양이 정해져 있다.

집시 스커트

GYPSY SKIRT

집시 여성이 입던 길이가 긴 스커트. 주름이 많이 잡힌 여러 단의 개더스커트로, 프릴이 달려있다. 서큘러 스커트(p.53)처럼 펼쳐지는 형태로, 벨리댄스에 착용하기도 한다.

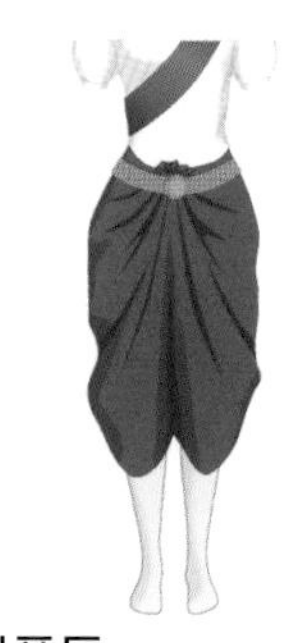

삼포트

SAMPOT

명주실로 만든 긴 직사각형의 천을 하반신에 둘러서 접어 입는 것이 특징으로, 크메르족(캄보디아)의 민족의상이다. 남녀 구분 없이 입으며, 둘러 입는 방식이 다양해서 스커트처럼 되기도, 바지처럼 보이기도 한다.

한복 치마

CHIMA

조선시대 여성의 민족의상으로, 가슴부터 발목까지 오는 스커트. 저고리라고 불리는 윗옷과 함께 치마저고리(p.77)로 착용한다.

라라 스커트

RAH-RAH SKIRT

큼직한 주름이 잡힌 스커트로, 대부분 길이가 짧다. 치어리더가 입는 스커트로 1980년대에 유행했다. 라라(RAH-RAH)는 응원할 때 사용하는 구호 'hurrah(후라)'의 'rah'에서 온 것이다.

스코트

SKORT

일본에서는 주로 테니스 등의 스포츠웨어로 착용하는 짧은 스커트를 말한다. 서양에서는 짧은 바지에 앞부분을 덮는 스커트 형태의 플랩이 달린 퀼로트 스커트를 가리키기도 한다. 언더 스코트는 스포츠용 미니스커트 아래에 입는 속바지를 말한다.

튀튀

TUTU

발레리나가 입는 허리에서 넓어지는 스커트, 혹은 그것을 본떠 만든 것을 말한다. 길이가 짧고 옆으로 퍼진 형태를 클래식 튀튀, 발목까지 오는 긴 종 모양을 로맨틱 튀튀라고 한다.

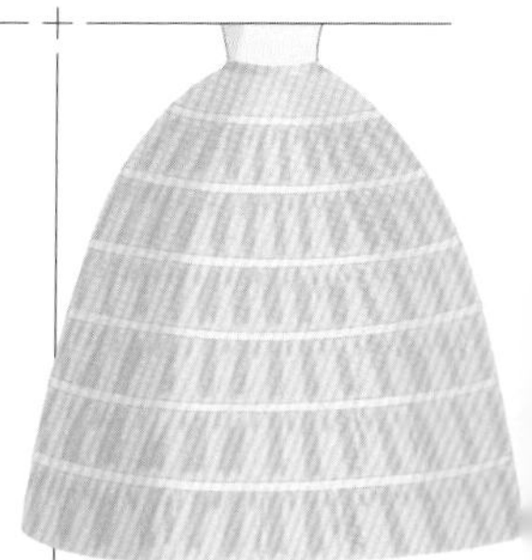

후프 스커트

HOOP SKIRT

우산살 같은 뼈대(후프)를 사용하여 속을 넓힌 스커트의 총칭. 중세 이후 상류층에서 입었다. 원래는 화장실 문화가 위생적이지 않았던 시대에, 서서 소변을 보는 것을 가리기 위해 만들어졌다고 한다.

카고 팬츠

CARGO PANTS

화물선(카고)에서 일하던 승무원이 자주 입던, 두꺼운 면으로 만들어진 작업용 팬츠. 양옆에 포켓이 달려있다.

페인터 팬츠

PAINTER PANTS

페인트칠 하는 사람이 입었던 작업용 팬츠. 해머 루프(쇠망치를 거는 고리/p.139)나 패치포켓 등이 특징이다. 워크 팬츠이기 때문에, 데님이나 히코리(p.158) 등 튼튼한 소재로 만들며, 살짝 통이 넓다.

베이커 팬츠

BAKER PANTS

제빵사(베이커)가 입었던 바지로, 허리에 납작하고 큰 포켓이 달려있다. 카키색의 헐렁한 실루엣이다. 밑위 길이가 긴 것이 많다.

치노팬츠

CHINO PANTS

치노 클로스라는 두꺼운 능직 코튼 천으로 만들어진 바지. 영국 육군의 카키색 군복이나 미 육군의 작업복이 기원이라고 한다. 색은 주로 카키색, 자연색 등으로 되어있다.

데님 팬츠

DENIM PANTS

능직의 데님 천(p.165)로 만든 바지.

리지드 데님

RIGID DENIM

세탁을 해도 줄어들지 않는 방축가공이나 데미지 가공을 하지 않고, 풀을 먹인 그대로 워싱 공정을 거치지 않은 데님. 리지드 데님과 함께, 가공하지 않았다는 의미로 '생지 데님', '로 데님'으로 부르는 경우도 많다.

보이프렌드 데님

BOYFRIEND DENIM

일자로 떨어지는, 남자친구의 바지를 빌린 듯한 실루엣의 데님 팬츠. 길어서 접어올린 듯한 롤업 코디가 많다. 코디네이트에 따라 귀여운 느낌이 돋보일 수 있다.

스키니 팬츠

SKINNY PANTS

다리에 딱 붙는 폭이 좁은 바지.

부시 팬츠
BUSH PANTS

워크 팬츠의 일종으로, 부시(덤불)에 걸리지 않도록 주머니가 옆이 아닌 양쪽 허벅지 앞과 뒤에 붙어있다. 플랫 포켓이 많이 쓰이며, 천은 두꺼운 코튼 등 견고한 것을 사용한다.

스틱 팬츠
STICK PANTS

지팡이(스틱)처럼 얇은 봉으로 보이는 슬림한 스트레이트 팬츠. 주름이 강조되지 않는 깔끔한 슬랙스 디자인을 가리키는 경우가 많다. 스틱 라인 팬츠라고도 한다.

로라이즈 진
LOW-RISE JEANS

밑위를 얕게 잡은 데님. 로라이즈 데님이라고도 한다. 히프 행어와 같은 의미이다. 밑위가 짧고 벨트라인이 내려가 있는 디자인도 로라이즈라고 본다.

하이 웨이스트 팬츠
HIGH WAIST PANTS

허리선을 보통보다 높게 잡은 팬츠. 허리의 잘록한 부분을 강조하는 디자인이 많으며, 허리선이 높기 때문에 날씬하고 다리가 길어 보이는 효과가 있다.

세일러 팬츠
SAILOR PANTS

허리 부분은 딱 붙고, 그 아래쪽은 폭이 넓은 실루엣이다. 단추로 앞을 여미게 되어있다. 해군 병사의 제복에서 유래했다. 노티컬 팬츠라고도 한다.

부츠컷 팬츠
BOOTSCUT PANTS

밑단으로 갈수록 넓어지는 형태의 바지. 부르는 이름이 여러 가지로 플레어 팬츠, 판탈롱이라고도 한다. 좁게 퍼지는 것을 부츠컷, 넓게 퍼지는 것을 벨 보텀 팬츠라고 나누어 부르기도 한다.

고아 팬츠
GOA PANTS

신축성이 높고 촉감이 좋은 라이크라(스판덱스)로 만든 바지를 말하며, 요가 등 피트니스복으로 많이 입는다. 허리 부분이 V자이며, 허벅지는 딱 붙고 밑단으로 갈수록 넓어지는 것이 많다.

시가렛 팬츠
CIGARETTE PANTS

담배처럼 가느다란 스트레이트 팬츠. 다리에 딱 붙지는 않으면서 선이 직선적이기 때문에 다리가 길어 보이는 효과가 있다. 대부분 길이가 긴 것이 많았지만, 7부 크롭(p.66) 스타일도 있다.

레깅스

LEGGINGS

신축성 있는 소재로 만들어진, 발목을 덮는 타이츠 모양의 하의. 스팬츠와 같은 의미이다. 본래는 짧은 게트르를 가리키는 말이었다.

데깅스

DEGGINGS

신축성 있는 데님 소재 혹은 데님처럼 프린팅한 천으로 만든 레깅스.

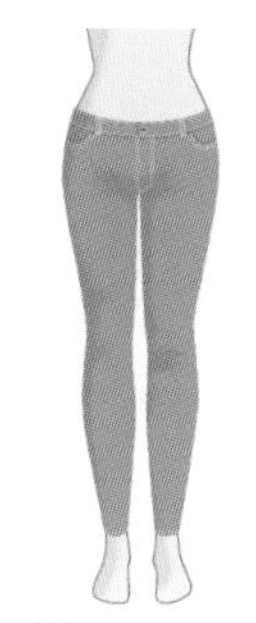

패깅스

PANTS LEGGINGS

신축성 있는 레깅스 같지만, 겉보기에는 스키니 팬츠(p.59)로 보이는 것. 레깅스는 이너웨어 느낌이 강한 반면, 패깅스는 착용감만 레깅스에 가까운 슬림핏 바지이다.

제깅스

JEGGINGS

'진'과 '레깅스'의 합성어. 레깅스처럼 신축성이 있는 소재로 만들어진 바지로, 단추나 지퍼로 앞여밈이 있는 것이 특징이다. 데깅스의 데님 소재와 패깅스를 합친 것이라고 할 수 있다.

트렌카

TRENCA

다리에 꼭 맞는 타이츠 모양의 레깅스 스타일의 바지로, 스티럽(발에 끼우는 고리끈)이 달려있다. 발끝까지 덮는 것을 타이츠라고 하는데 트렌카는 발가락 부분과 발뒤꿈치가 드러나 있는 타이츠라고 할 수 있다.

스티럽 팬츠

STIRRUP PANTS

스티럽이 달린 바지를 말한다. 트렌카도 스티럽 팬츠 중 하나이다. 스티럽은 승마용 등자(鐙子)를 말한다.

퓌조

FUSEAU

스키복 바지에서 유래한 폭이 좁은 타이츠풍의 바지. 퓌조는 '원통형 실패, 방추형'이란 뜻이다. 스티럽이 달린 것도 있다.

테더드 팬츠

TETHERED PANTS

무릎이나 종아리 부근에서 밑단까지를 끈으로 묶어 맨 바지. 테더드란 '그물이나 사슬로 묶다'라는 뜻이다. 현대에는 무릎 밑에서 묶는 바지를 가리키는 경우도 많다.

앵클 타이드 팬츠

ANKLE TIED PANTS

허리는 넉넉하고 아래로 가면서 점점 좁아져 발목을 벨트, 혹은 끈이나 고무로 졸라맨 팬츠를 말한다. 앵클은 '발목, 복사뼈'라는 뜻이다.

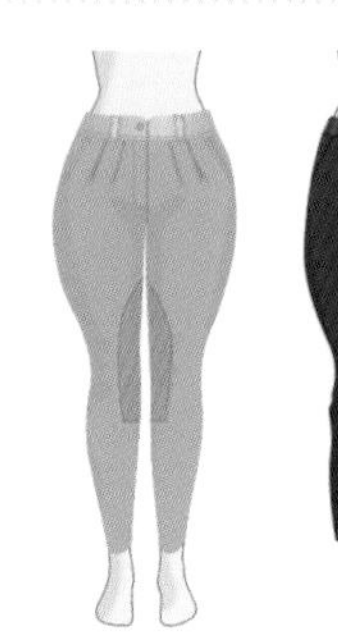

조드퍼즈 팬츠

JODHPURS PANTS

승마용 바지로, 움직이기 쉽도록 무릎 위는 넉넉하게 만들거나 신축성 있는 소재를 사용하고, 부츠를 신기 때문에 무릎 아래로는 다리에 딱 맞는 좁은 실루엣이다. '조드퍼즈'라고만 표기하기도 한다. 무릎 밑부터 꼭 맞는 전체적으로 헐렁한 사루엘 팬츠(p.64)에 가까운 것까지 조드퍼즈 팬츠라고 하기 한다. 하지만 조드퍼즈 팬츠는 바지 밑위가 꼭 맞는 것에 비해 사루엘 팬츠는 배기 바지처럼 밑위 길이가 길다.

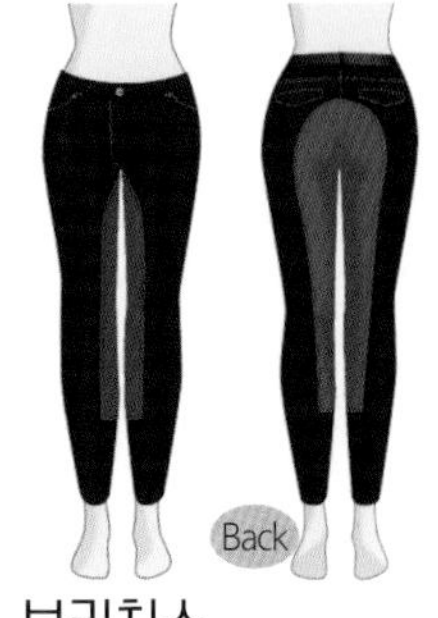

브리치스

BREECHES

'바지, 반바지'라는 뜻으로, 허벅지 부분이 헐렁한(혹은 신축성이 있는) 승마용 반바지를 '라이딩 브리치스'라고 부른다. 본래는 중세 궁정에서 입던 남성용 긴바지를 말한다. 브리치스는 둔부라는 뜻.

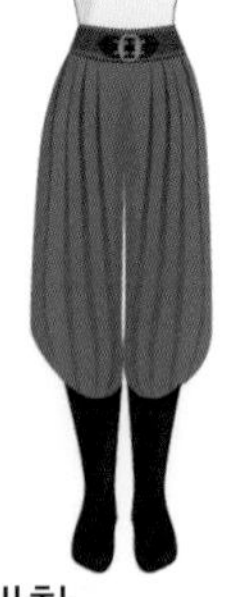

봄바차

BOMBACHA

남아메리카의 목장에서 일하는 카우보이(가우초)들이 입는 작업복의 하나로, 움직이기 쉽도록 허벅지 부분은 넉넉하고 발목은 졸라매는 옷. 허리에 두꺼운 벨트를 매는 것이 많다.

가우초 팬츠

GAUCHO PANTS

남아메리카의 카우보이가 입는, 품이 넉넉한 7부 길이의 와이드 팬츠. 현재는 얇고 부드러운 니트로도 만드는데 여성이 입으면 고상한 느낌을 준다.

스칸츠

SKANTS

치마처럼 보이는 바지. 가우초 팬츠를 나풀거리는 소재로 만들어 치마처럼 보이는 '스카초'도 같은 뜻이다. 밑단으로 갈수록 살짝 넓어지며, 비교적 길이가 길다.

스카판

SKAPAN

길이가 짧고 넓게 퍼지는 치마 안에 비치지 않도록 속바지가 붙은 것.

팡타쿠르

PANTACOURT

길이가 짧고 밑단으로 갈수록 넓어지는, 품이 큰 바지.

팔라초 팬츠

PALAZZO PANTS

길이가 길고 플레어가 들어간 와이드 팬츠. 밑단으로 갈수록 넓어지는 것이 많다. 가볍고 넉넉한 실루엣으로 움직임이 우아해 보이며, 언뜻 보면 치마처럼 보인다.

랩 팬츠

WRAP PANTS

바지의 앞면을 겹쳐 여미거나, 둘러 감아 매는 바지를 말한다. 언뜻 보면 스커트처럼 보이는 실루엣이 많으며, 헐렁해 움직이기 편하다.

옥스퍼드 백스

OXFORD BAGS

밑위 길이가 길며, 밑단까지 일자로 떨어지는 와이드 팬츠. 1920년대 옥스퍼드 대학의 학생들이 착용이 금지된 니커보커즈 팬츠(p.65)를 숨기기 위해 입었다고 한다.

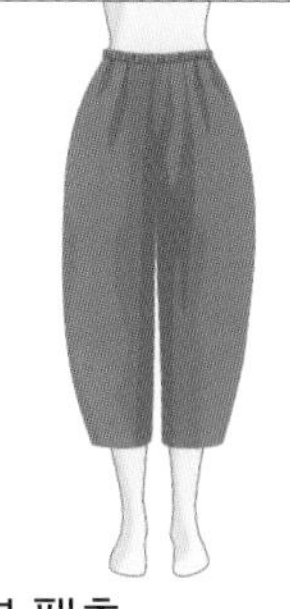

볼 팬츠

BALL PANTS

와이드 팬츠의 하나. 품이 넓고 밑단이 살짝 좁아져 가운데가 퍼져보이는, 둥그런 실루엣의 8, 9부 팬츠.

배기팬츠

BAGGY PANTS

와이드 팬츠의 하나로, 포대(배기)처럼 헐렁한 팬츠. 밑위가 깊고 엉덩이부터 밑단까지가 특히 넓게 만들어졌다. 체형을 드러내지 않는 장점이 있다.

암포라 팬츠

AMPHORA PANTS

긴 항아리(암포라)가 떠오르는 실루엣의 바지. 폭이 좁으며 무릎부터 허벅지까지만 살짝 여유가 있고 밑단으로 갈수록 좁아지는 것이 많다.

슬라우치 룩

SLOUCH PANTS

허벅지 부분이 넉넉하고 무릎부터 밑단까지 좁아지는 실루엣의 바지. 다리 부분에 여유가 있어 착용감이 좋고 움직이기 쉬운 만큼, 살짝 루즈해 보일 수 있다.

이지 팬츠

EASY PANTS

허리를 벨트 대신 끈이나 고무줄로 가볍게 매어 입는, 넉넉하고 편안한(이지) 바지의 총칭. 리조트 웨어나 룸웨어로 많이 입으며 허리를 죄는 것이 불편한 사람에게 인기이다.

조거 팬츠

JOGGER PANTS

밑단으로 갈수록 좁아지는 바지. 발목까지 오는 길이로 밑단에 밴드가 있어 발목을 잡아준다. 보들보들한 소재로 만들어져, 운동화를 신은 발치를 아름답게 보이게 한다. 일반적으로 저지 소재의 트레이닝 팬츠로 알려져 있다.

페그탑 팬츠

PEGTOP PANTS

엉덩이 부분을 부풀리고 밑단으로 향할수록 폭이 좁아지는 바지. 페그탑은 '서양 배나 무화과 모양의 팽이'라는 뜻이다.

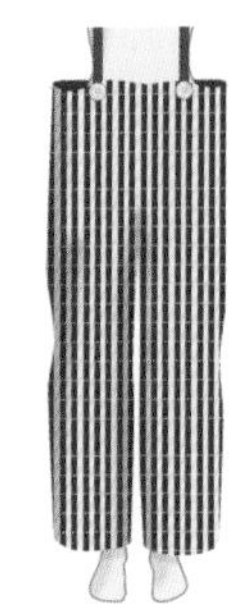

크라운 팬츠

CLOWN PANTS

허리가 헐렁하고 서스펜더가 달린 바지. 어릿광대(크라운)가 많이 입는 모양이다. 주트 팬츠라고도 한다.

본디지 팬츠

BONDAGE PANTS

펑크패션의 대표적인 바지로, 양 무릎 사이를 벨트로 이어 구속, 속박의 느낌을 준다. 붉은 색 배경의 체크무늬, 혹은 검정색이 대표적이다.

로우 크로치

LOW CROTCH

바지의 가랑이 부분(크로치)가 내려간(로우) 바지. 소재와 실루엣에 따라 로우 크로치 데님, 로우 크로치 스키니 등으로 나누어 부른다.

사루엘 팬츠

SARROUEL PANTS

폭이 넓으며, 밑위가 깊어 아래로 드리워진 것이 특징이다. 샬와와 비슷하게 발목이 딱 맞게 좁은 것도 있으나 본래는 바짓가랑이가 나누어지지 않고, 발을 내놓기 위해 구멍만 뚫려 있었다.

샬와

SHALWAR

폭이 넓으며 밑위가 깊어 아래로 드리워진 것이 특징이다. 파키스탄의 민족의상이다. 1980년대에 가수 MC 해머가 입어 유명해졌으며, 사루엘 팬츠와 구분 없이 해머 팬츠라고도 한다.

※ 인도에서는 살와라고 부른다.

알라딘 팬츠

ALADDIN PANTS

품이 크고 밑위가 깊어 아래로 드리워지며, 발목까지 헐렁한 것이 특징인 바지. 사루엘 팬츠와 비슷하다.

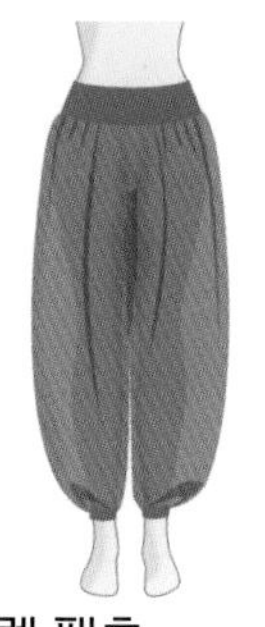

하렘 팬츠

HAREM PANTS

허리에 개더를 많이 잡아 헐렁한 실루엣으로, 발목 정도의 길이에서 밑단을 끈으로 묶도록 된 바지. 벨리 댄스 의상으로도 사용되며, 비치는 소재로 된 것도 있다.

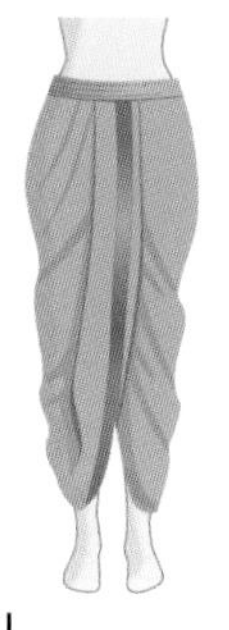

도티

DHOTI

한 장의 긴 천을 가랑이 사이로 둘러 허리에 고정해 착용하는 힌두교 남성의 로인클로스. 인도나 파키스탄 지방의 민족의상으로, 쿠르타 셔츠(p.46)로 불리는 옷깃 없는 윗옷과 함께 착용한다.

파이어리트 팬츠

PIRATE PANTS

허벅지 부분에 여유를 주어 부풀리고, 무릎 밑을 조이거나 묶는 슬림한 실루엣의 바지. 해적을 떠올리게 하는 활동적인 모양의 바지를 가리키는 말로 쓰인다. 프랑스어로는 '코르세어 팬츠'라고도 한다.

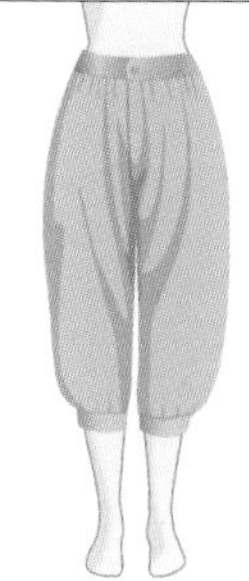

주아브 팬츠

ZOUAVE PANTS

무릎 밑~발목 정도 기장의 품이 큰 바지로 밑단이 좁다. 1830년대 알제리나 튀니지 사람들로 편성된 프랑스 육군 보병인 주아브병이 착용했던 제복 바지가 모티브이다.

니커보커즈

KNICKERBOCKERS

밑단에 개더로 주름을 잡아 스트랩으로 졸라매는, 무릎 아래 길이의 바지. 자전거용으로 보급되었다. 길이를 길게 해 공사현장의 작업복으로도 착용한다.

더블 레이어드 팬츠

DOUBLE LAYERED PANTS

길이가 다른 바지를 겹쳐 입은 코디, 혹은 그렇게 보이게 만들어진 바지를 말한다.

컷오프 팬츠

CUTOFF PANTS

밑단을 잘라 뜯어낸 듯한 느낌을 주는 바지. 밑단을 자른 그대로 실을 풀어 프린지(p.143)처럼 처리한 것이다. 바지의 길이는 정해져있지 않다.

쓰리쿼터 팬츠

THREE QUARTER PANTS

바지 길이가 무릎 밑(7부) 정도인 바지를 말한다. 쓰리 쿼터는 3/4을 의미한다. 스포츠웨어나 캐주얼로 만들어진 것이 많으며, 저지 소재로 된 것은 운동복으로 많이 착용한다.

크롭트 팬츠

CROPPED PANTS

7부 길이로 무릎 밑에서 옷단을 잘라낸 듯한 디자인의 바지. 컷오프 팬츠의 하나이다. 카프리 팬츠, 사브리나 팬츠, 팡타쿠르와 비슷하다.

카프리 팬츠

CAPRI PANTS

무릎 밑에서 종아리 중간 길이로, 홀쭉하고 딱 붙는 바지. 1950년대에 유행했다. 카프리란 이름은 이탈리아의 휴양지인 카프리 섬에서 유래했다. 이것보다 살짝 길이가 길면 사브리나 팬츠라고 부른다.

사브리나 팬츠

SABRINA PANTS

종아리 중간에서 발목 위까지 오는, 8부 길이의 몸에 꼭 맞는 바지. 카프리 팬츠보다 살짝 긴 편이다. 영화 '사브리나'에서 주인공을 연기한 오드리 헵번이 입었던 것에서 이름이 붙었다.

칼립소 팬츠

CALYPSO PANTS

길이가 7부 정도의 슬림한 휴양지룩 느낌의 바지. 칼립소란 카리브해의 트리니다드 섬의 민족음악으로, 이 춤을 출 때 입는 바지를 모티브로 했다. 밑단에 슬릿이 있는 경우도 있다.

클램디거즈

CLAM DIGGERS

길이가 종아리 정도로 오는 바지. 썰물 때 개펄에서 물고기나 조개를 잡을 때 짧은 데님바지를 입었던 것에서 이름이 유래했다. 클램이란 바지락, 대합 등 쌍각류 조개를 총칭하는 말이다.

페달 푸셔

PEDAL PUSHER

6부 정도의 길이로 전체적으로 호리호리하나, 움직이기 쉽도록 여유를 준 바지. 본래는 자전거를 탈 때, 페달을 밟기 쉽도록 만든 바지를 가리키는 말이었다.

스테테코

STETECO

원래는 바지 안에 입는 무릎을 가리는 길이의 속옷이다. 품이 넓어 피부에 딱 붙지 않는 점이 팬티와 다르다. 땀을 잘 흡수하며 방한과 함께 산뜻한 촉감이 목적이다. 최근에는 실내복으로도 착용한다.

레이더호젠

LEDERHOSE

티롤 지방에서 입는, 어깨 끈이 달린 가죽 소재의 남성용 반바지.

쿼터팬츠

QUARTER PANTS

허벅지(2,3부) 정도 길이의 바지. 쿼터는 1/4을 의미한다. 스포츠웨어나 캐주얼웨어가 많으며, 저지 소재로 만든 것은 학교 체육복으로 많이 볼 수 있다.

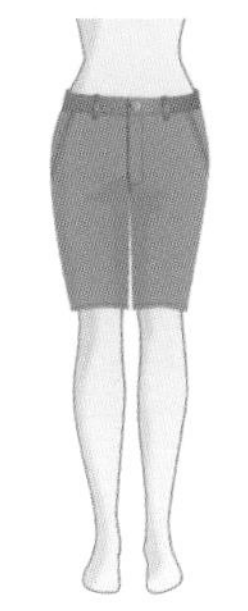

버뮤다 팬츠

BERMUDA PANTS

무릎 위로 오는 바지. 비교적 폭이 좁다. 버뮤다 제도에서 많이 입는 리조트룩에서 유래했다.

낫소 팬츠

NASSAU PANTS

허벅지와 무릎 중간 길이의 바지. 자메이카 팬츠보다 길고 버뮤다 팬츠보다 짧으며, 이 세 개를 '아일랜드 쇼츠'라고 합쳐 부른다. 주로 여름 리조트룩으로 입는다.

자메이카 팬츠

JAMAICA PANTS

허벅지의 반을 가리는 길이로, 짧고 꼭 끼는 바지. 여름 리조트룩으로 많이 입는다. 서인도제도의 리조트지인 자메이카에서 많이 입던 바지에서 유래했다.

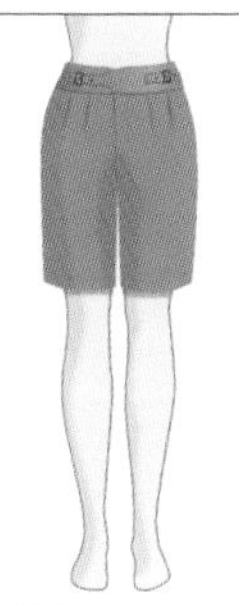

구르카 쇼츠

GURKHA SHORTS

허리 부분에 두꺼운 벨트가 달린, 밑위가 긴 쇼트팬츠. 19세기 옛 영국령 인도군 구르카병의 제복 반바지에서 유래한 것이다. 1970년대 이후 미국에서 아웃도어용으로 널리 알려졌다.

핫팬츠

HOT PANTS

아주 짧은 쇼트팬츠. 딱 붙는 타이트한 사이즈로 많이 입는다.

블루머즈

BLOOMERS

전체적으로 헐렁하고 허리와 밑단을 고무줄로 조여 개더를 잡은 짧은 바지. 현재는 스포츠웨어 중 여성용 짧은 바지를 가리킨다. 배구나 육상경기에서 유니폼으로 착용하기도 한다.

콤비네종

COMBINAISON

소매가 달린 윗옷과 바지가 하나로 붙은 한 벌을 의미한다. 지금은 패션 전반에 사용되어, 소매가 없는 것에도 사용한다. 영어로는 콤비네이션.

롬퍼스

ROMPERS

아래위가 붙은 옷으로, 원래는 유아용 놀이옷을 가리키는 말이다. 현재는 위아래 세트 옷을 말하기도 하는데, 원래는 원피스를 말한다.

카슈쾨르 원피스

CACHE COEUR ONE-PIECE

몸에 두르듯 여미는 원피스. 가슴부분이 교차해 여며지며, 끈이나 리본, 단추 등으로 고정시킨다. 이름은 '감추다(카슈)'와 '심장(쾨르)'로, '가슴을 가리다'라는 뜻이다.

찰스턴 드레스

CHARLESTON DRESS

로우 웨이스트의 이음선이 있는 드레스. 비즈나 드레이프 등으로 장식한 것이 많다. 1920년대 미국에서 유행했던 찰스턴 댄스에서 유래한 이름이다.

셔츠 원피스

SHIRT DRESS

셔츠나 블라우스를 길게 늘린 형태의 원피스 드레스. 셔츠 칼라와 길게 트인 앞여밈, 커프스가 달린 소맷부리로 된 것이 많다. 턱이나 플리츠가 있는 것도 있다. 셔츠 드레스, 셔츠웨이스트 드레스라고도 한다.

튜닉

TUNIC

허리에서 무릎 정도 길이의 긴 윗옷, 혹은 짧은 원피스를 말한다.

점퍼스커트

JUMPER SKIRT

셔츠나 블라우스 등의 위에 입는, 상의와 치마가 이어진 모양의 소매가 없는 원피스.

올인원

ALL-IN-ONE

위아래가 하나로 이어진 옷의 총칭으로, 흔히 츠나기(주로 작업복으로 쓰인다)라고 부른다. '일체형의'라는 뜻이다. 살로페트나 오버올은 안에 상의를 입어야하지만, 올인원은 입지 않아도 된다.

오버올
OVERALL

살로페트
SALOPETTE

가슴바대에 밴드형의 끈을 단 원피스로 된 바지나 스커트를 말한다. 원래 스웨터나 셔츠의 위에 입어 오염을 방지하기 위한 것이었다. 영어로는 오버올, 프랑스어로는 살로페트라고 한다. 해머 루프(p.139)나 스케일 포켓 등의 장식은 원래 오염을 막기 위해 입는 작업복이었기 때문이다. 견고한 데님 소재가 기본이지만, 다양한 색과 소재를 사용하기도 한다. 체형과 상관없이 배를 죄지 않아 임부복으로도 인기가 많다.

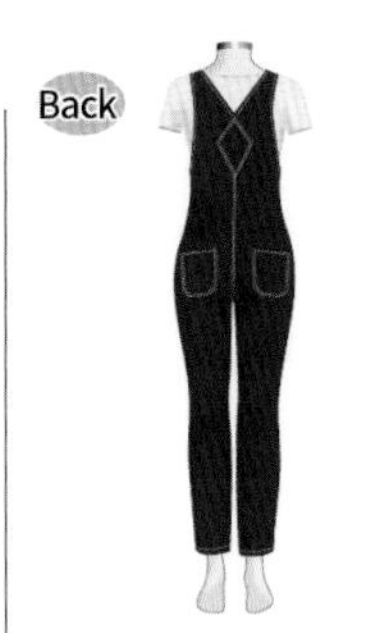

하이백 오버올
HIGH BACK OVERALL

뒷면의 엉덩이부터 어깨끈까지가 하나로 된 스타일의 오버올. 본래는 작업복이었지만 지금은 체형을 가려주며 귀엽고 어려보이는 느낌을 준다.

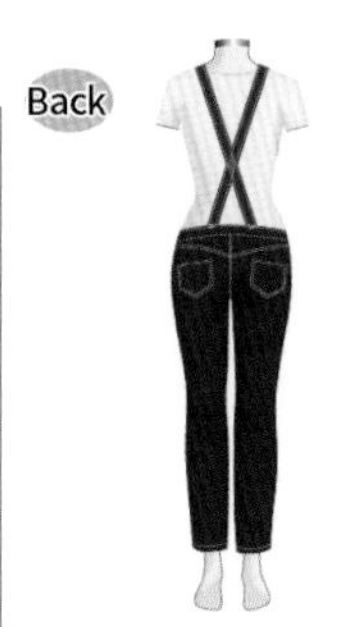

크로스 백 오버올
CROSS BACK OVERALL

어깨끈을 등에서 교차시키는 스타일의 오버올

웨이더
WADER

낚시나 아웃도어 작업 시, 물속에서도 걸을 수 있도록 허리나 가슴까지 늘린 긴 장화. 길이와 용도에 따라 부츠, 팬츠, 오버올에 전부 속한다.

점프 슈트
JUMP SUIT

주로 앞여밈이며, 위아래가 하나로 붙은 옷. 1920년대 항공복으로 만들어져, 그 후 낙하산부대의 제복이 되었다. 올인원, 콩비네종, 커버올과 같은 뜻으로 사용한다.

색 드레스
SACK DRESS

허리에 이음선이 없고 자루 같이 생긴 헐렁한 원통형의 드레스. 색(SACK)은 '부대 자루'를 의미한다. 입고 벗기 쉬우며 움직이기 편하고 체형도 커버해 주어 인기가 많다. 1958년부터 세계적으로 유행했다. 별칭으로 슈미즈 드레스라고 한다.

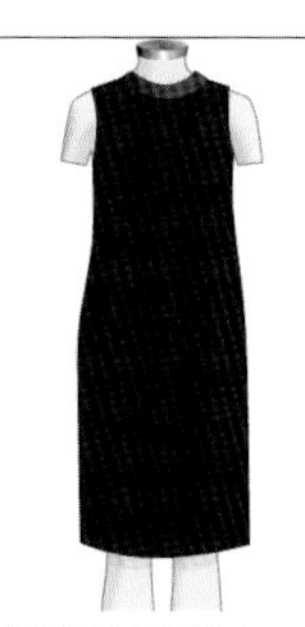

시프트 드레스
SHIFT DRESS

허리에 이음선이 없는 직선적인 실루엣의 드레스. 색 드레스와 거의 같은 실루엣이지만, 색 드레스보다 더 체형을 드러낸다.

선드레스

SUNDRESS

등과 어깨를 노출시킨 여름용 드레스. 일광욕을 할 때 입는 드레스라 이런 이름이 붙었다. 면 등의 통기성이 좋은 소재에 시원한 색과 프린트를 많이 사용한다.

무무

MUUMUU

하와이 여성이 입는 민족의상의 하나로, 짧은 소매와 허리를 조이지 않은 긴 드레스. 알로하 셔츠처럼 채도가 높은 선명한 무늬, 프릴 장식을 단 것이 많다.

이노센트 드레스

INNOCENT DRESS

수도원의 수녀의 복장에서 나온 드레스. 흰색의 비브 요크(p.139)와 스탠드칼라(p.18)가 특징이다.

짐 슬립

GYMSLIP

스퀘어 넥(p.10)과 박스 플리츠 스커트로 된, 소매가 없는 튜닉(점퍼스커트)으로, 여학생 교복으로 많이 쓰인다.

시스드레스

SHEATH DRESS

몸에 꼭 맞는 실루엣의 드레스의 통칭이지만, 원래는 가슴과 허리 부분에 다트(p.143)가 들어간, 무릎 길이의 반팔 드레스. 시스는 '칼집'을 뜻한다.

엠파이어 드레스

EMPIRE DRESS

깊게 파인 넥과 퍼프 슬리브가 특징인 드레스. 현재는 일반적으로 하이웨이스트의 이음선이 있는 원피스나 드레스를 가리킨다. 흰색에 길이를 길게 해 웨딩드레스로도 입는다. 허리선이 높아 몸집이 작은 사람에게 적합하다.

버블 드레스

BUBBLE DRESS

거품(버블)처럼 부푼 모양이 특징인 드레스. 전체적으로 둥글게 부푼 실루엣이지만, 개더 등으로 스커트 부분만 부풀린 것도 있다.

튜브 드레스

TUBE DRESS

튜브 모양의 가느다란 실루엣의 드레스.

프린세스 드레스

PRINCESS DRESS

허리 부분에 이음선이 없고 세로로 절개선이 들어가 있는 드레스이다. 상반신은 딱 맞고 허리부터 퍼지는 실루엣을 프린세스 라인이라고 부르는데 코트 등에도 사용한다. 웨딩드레스에서 많이 볼 수 있으며 최근에는 이음선의 위치나 만드는 방법이 아닌, 상반신이 붙고 허리에서부터 밑으로 넓어지는 실루엣의 드레스면 프린세스 드레스라고 하는 경우가 많다. 프린세스 라인 드레스라고도 부른다.

로브 데콜테

ROBE DÉCOLLETÉE

넥이 깊고 목덜미와 가슴, 등을 드러낸, 옷자락이 땅에 닿을 정도의 풀렝스(FULL-LENGTH) 드레스. 이브닝드레스 중 가장 대표적이며, 대례복인 망토 드 쿠르를 입지 않는 현대에는 가장 격식 있는 여성 예복으로 여겨진다. 민소매, 혹은 짧은 소매가 기본으로, 팔꿈치 위로 오는 긴 장갑(오페라 글러브/p.99)을 주로 착용한다. 모자는 쓰지 않으며, 머리장식으로 티아라를 많이 쓴다. 만찬회나 무도회, 왕실 행사에서 등에서 볼 수 있다.

로브 몽당트

ROBE MONTANTE

여성의 오후 외출용 드레스 중 가장 격식 있는 복장. 스탠드칼라, 긴 소매에 등과 어깨가 드러나지 않는 드레스. 모자를 쓰며, 부채를 들거나 장갑을 끼는 것이 가장 정식이다. 몽당트란 프랑스어로 '오르다, 서다'라는 의미로, 스탠드칼라를 가리키는 것이다.

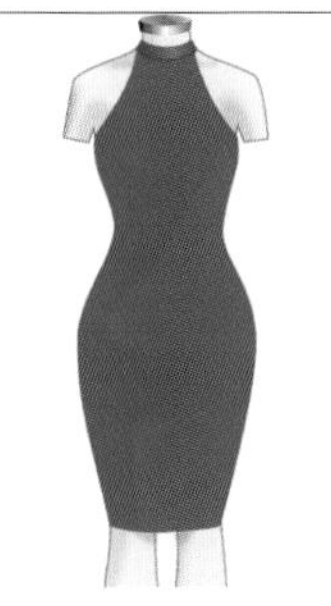

아워글라스 드레스

HOURGLASS DRESS

모래시계(아워글라스)와 비슷한 실루엣의 드레스. 가슴과 엉덩이의 풍만함, 가는 허리를 강조한다. 허리를 조인 슈트 등도 아워글라스 실루엣이라고 할 수 있다.

머메이드 드레스

MERMAID DRESS

무릎까지는 몸의 곡선이 뚜렷하게 보이고, 무릎 아래부터는 플레어나 개더 등으로 퍼지게 만든 드레스. 이러한 실루엣을 머메이드 라인이라고도 한다. 프랑스어로 인어를 의미하는 '세이렌 드레스'라고도 한다.

후프 드레스

HOOP DRESS

스커트의 안쪽에 고리 모양의 프레임을 넣어 돔 형태로 만들거나, 밑단을 넓게 만든 드레스.

사리

SĀRĪ

인도나 네팔, 방글라데시 등의 여성 민족의상. 폭 1~1.5m 정도인 긴 천을 몸에 휘감아 착용한다. 일반적으로 아래에 촐리(p.42)와 페티코트를 착용하며, 5~11m 정도의 천을 허리에 감고, 나머지는 어깨로 두른다.

치파오

旗袍

보통 차이나 드레스로 불리는 중국 만주족 여성의 전통의상. 스탠드칼라와 치마의 긴 트임이 특징으로, 길이가 긴 원피스이다. 원래는 위아래가 나누어진 투피스 타입으로 헐렁한 실루엣이었지만, 시간이 흐르며 몸에 딱 맞는 폭이 좁은 원피스로 변했다. 현재는 중국 전역에서 착용하며, 또렷한 무늬나 자수장식이 들어간 것이 많다. 여성의 곡선을 우아하게 보여주는 옷으로, 중국이나 중화가의 토산품으로도 인기가 많다.

아오자이

ÁO DÀI

베트남의 민족의상. 긴 기장과 치마의 긴 트임이 특징이다. 헐렁한 바지와 함께 착용하며 남성용도 있다. 원래는 색깔별로 정해진 의미가 있지만, 지금은 의미와 상관없이 다양한 색을 입는다.

델

DEEL

몽골의 남녀가 착용하는 민족의상. 왼쪽 옷섶이 위로 오게 여미며, 스탠드칼라이다. 중국 의상인 치파오와 비슷하다.

코카서스 지방의 드레스

CIRCASSIAN TRADITIONAL DRESS

코카서스 지방에서 혼례복 등으로 착용하는 민족의상. 원통형의 모자와 함께 입으며, 빨강 혹은 파란 색 천에 눈부시게 화려한 장식이 있는 것이 많다.

쿠르타

KURTA

파키스탄에서 인도 북동부의 걸친 펀잡 지방에서 착용하는 전통 남성복 상의. 폭이 가느다란 스탠드칼라에 긴 소매, 풀오버 스타일이다. 헐렁한 실루엣으로 허벅지에서 무릎 정도 길이인 튜닉(p.68)과 비슷하다. 바람이 잘 통해서 피부를 모두 가리지만 시원하고 쾌적하다. 바지와 함께 '쿠르타 파자마'라고 불리며, 일본 파자마의 어원이라고도 한다. khurta라고도 표기한다.

注: 길이가 긴 상의라 이 책에서는 원피스로 분류했다

각티

GÁKTI

스칸디나비아 반도 북부와 러시아 북부의 라플랜드 지역의 원주민인 사미의 민족의상. 스웨덴어로는 콜트(KOLT)라고 한다. 자수가 들어간 리본으로 장식하며, 색이 다양하다. 남성용은 여성용보다 길이가 짧다.

사라판

SARAFAN

끈이 달린 점퍼스커트와 닮은, 종 모양의 러시아 여성 민족의상. 루바슈카(p.46) 위에 입는다. 페르시아어로 '머리부터 발까지 입다'라는 뜻이다.

수크만

SUKMAN

점퍼스커트로 된 불가리아 여성의 민족의상. 띠로 묶는 앞치마를 함께 두르는 것이 많다. 밑에 입는 '스목'은 블라우스가 아니라 원피스 형식의 튜닉이다.

피나포어 드레스

PINAFORE DRESS

앞치마와 비슷한 원피스의 총칭. 원래는 옷 위에 겹쳐 입는 가정복이었지만, 지금은 아동복이나 메이드복, 로리타 패션 등에서 인지도가 높다.

카미즈

KAMEEZ

아프가니스탄 유목민의 민족의상. 헐렁한 실루엣과 넓은 소매, 허리선이 높으며, 자수와 비즈 등의 화사한 장식이 특징이다. 밑에 파턱(Partūg)이라는 바지를 함께 입는다.

우이필

HUIPIL

멕시코, 과테말라의 여성이 입는 판초가 원형인 관두의(한 장의 천을 반으로 접어, 어깨에 맞춰 원 모양으로 잘라 넥과 소매구멍을 남기고 양 옆을 꿰맨 것)로 된 민족의상. 소매나 옷깃이 달린 것도 있다.

부부

BOUBOU

말리, 세네갈 등 서아프리카 지역에서 남녀가 입는 관두의로 된 민족의상. 면으로 된 긴 직사각형의 천에 구멍을 내 머리를 넣고, 앞뒤로 늘어뜨려 양 옆을 꿰매거나 고정한 것. 바람이 잘 통한다.

다시키

DASHIKI

서아프리카의 민족의상. 주로 V넥이며, 목둘레나 밑단에 자수 장식이 있다. 컬러풀하고 강렬한 색의 헐렁한 풀 오버 스타일의 옷이다.

바이아 지방의 드레스

BAHIAN DRESS

브라질의 바이아 지방(사우바도르)에서 입는 민족의상. 흰색 바탕에 선명한 색을 조합한 것이 많으며, 머리에는 터번 같은 모자, 액세서리를 착용한다.

카르탄

CAFTAN

중앙아시아 등지의 이슬람 문화권에서 착용하는 옷. 길이가 길며 긴 소매로, 거의 직선으로 재단한 것이다. 앞여밈이 기본으로, 띠를 두르는 등 다양하게 입는다. 넥에 민족적인 자수를 한 것이 많다.

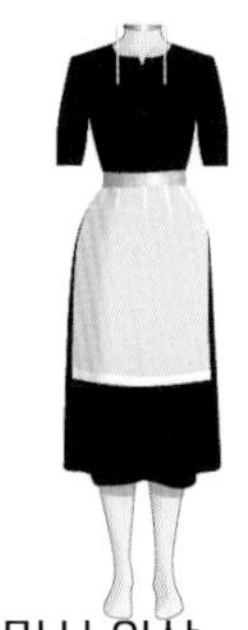

아미시 의상

AMISH COSTUME

아미시란 기독교의 일파로, 자동차나 전기 등 근대 문명을 거부하고 간소한 생활을 하는 집단을 말한다. 단색의 원피스와 앞치마, 보닛(p.116)으로 된 의상을 입는다.

코트아르디

COTEHARDIE

상반신은 몸에 딱 맞는 실루엣이고 바닥에 닿을 정도로 긴(남성용은 허리 정도) 드레스, 겉옷을 말한다. 14세기부터 입었다. 넓고 깊게 파인 넥과, 옷의 앞판과 소매 바깥쪽에 소맷부리부터 팔꿈치 부근까지 단추가 줄지어 달려있는 것이 특징이다.

키톤

CHITON

고대 그리스의 의복. 천을 재단하지 않고 한 장의 긴 직사각형 천을 드리워 드레이프해 핀이나 브로치로 어깨를 고정하고, 벨트나 끈을 허리에 묶는다. 여성용은 발끝에 닿을 정도로 긴 것이 많다.

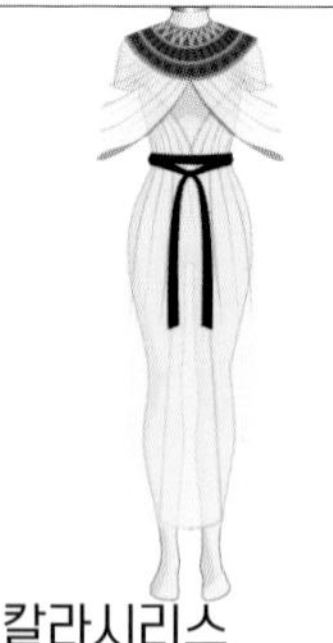

칼라시리스

KALASIRIS

고대 이집트의 상류층들이 입었던, 반투명하고 폭이 좁은 원피스, 겉옷을 말한다. 어깨를 덮으며, 허리에 띠를 둘러 입는 것이 많다.

기모노

KIMONO

일본의 민족의상으로 직선으로 재단한 천을 꿰매 만들어, 띠를 둘러 착용한다. 기모노는 일본에서 단순히 '의류'를 뜻하는 단어였지만, 현대에서는 일본 고유의 옷을 가리키는 말이 되었다.

유카타

YUKATA

속옷을 입지 않는 일본의 약식 복장. 여름 축제나 일본 여관에서 목욕 후나 취침 시, 혹은 일본 무용을 연습할 때 등에 입는다. 목면을 일반적으로 사용하며, 보통 나막신을 신는다.

모자 : 마린 캡 (p.116)
톱 : 보더 (p.160)
스커트 : 스트레이트 스커트 (p.52)
신발 : 슬립온 (p.104)

헤어 액세서리 : 슈슈 (p.122)
원피스 : 세일러 칼라 (p.19) / 딥 커프스 (p.38) /
새시 벨트 (p.133)
가방 : 아코디언 백 (p.126)
신발 : 스니커즈 (p.104)

갈리시아의 민족의상

GALICIAN TRADITIONAL COSTUME

스페인 갈리시아 지방의 민족의상. 빨강이나 검정을 바탕색으로 한 것이 많다. 케이프와 앞치마가 특징이다.

리투아니아의 민족의상

LITHUANIAN TRADITIONAL COSTUME

리투아니아에서 입는 민족의상의 하나. 마르스키니아이(MARSKINIAI)라는 자수를 놓은 셔츠, 샤쉐라는 자수 장식의 허리끈, 앞치마, 베스트가 특징이다.

폴레라

POLLERA

카미사라는 블라우스와 폴레라라는 스커트로 구성된 중남미(주로 파나마)의 민족의상. 흰색 얇은 목면에 레이스나 프릴 장식을 여러 겹 단다. 보라색, 빨간색, 초록색 등 단색의 아플리케로 장식한다.

촐리타

CHOLITA

볼리비아, 페루 등 남아메리카 안데스 지방의 민족의상을 입은 원주민 여성을 가리키는 말이다. 민족의상은 주름이 많고 밑단 폭이 넓은 긴 스커트에 숄을 걸치고 중산모(p.112)를 쓴다.

던들

DIRNDL

독일 바이에른 지방에서 오스트리아 티롤 지방에 걸쳐 입는 여성 민족의상. 블라우스 위에 개더로 주름을 잡아 허리를 조인 딱 붙는 조끼를 입고, 그 위에 앞치마를 두른다.

미데르

MIEDER

스위스의 민족의상. 산골짜기마다 지역색을 드러내면서도 공통적으로 어깨끈이 달린 조끼를 입는데, 이 조끼를 말한다. 또는 민족의상 그 자체를 가리킨다. 던들과 거의 같은 구성이다.

부나드

BUNAD

주로 관혼상제에 여성이 입는, 노르웨이의 민족의상. 축하할 일이 있을 때 등 지금도 많이 입는다. 민족이나 지역에 따라 색과 자수의 모티브 디자인 등이 다르다. 겨울왕국의 주인공 의상에도 참고한 의상.

키라

KIRA

부탄의 여성이 입는, 발목 정도 길이의 전통 민족의상. 이어 꿰맨 한 장의 천을 몸에 둘러 착용한다. 키라란 '몸에 두르는 것'이라는 뜻이다.

편자비 드레스

PUNJABI DRESS

주로 인도, 파키스탄에서 입는 카미즈(상의), 샬와(바지), 듀파타(스톨)로 구성된 남아시아 지방의 민족의상. 현지에서는 일반적으로 '샬와 카미즈'나, '펀자비 수트'라고 부른다. 하의는 헐렁한 샬와 외에도, 슬림 실루엣의 바지나 밑단이 퍼지는 바지 등 다양하게 입는다.

치마저고리

CHIMA JEOGORI

한국의 민족의상으로 '치마'가 가슴에서 발목까지 오는 스커트, '저고리'가 남녀가 착용하는 상의이다. 여성용 저고리는 길이가 짧다. 한복.

한푸

HAN FU

명나라 이전, 중국에서 폭넓게 입던 소매가 긴 한족의 민족의상. 일본 옷과 비슷한 형태이다. 근래에는 도사나 승려복, 일부 학생복이나 예복 등으로 입는 정도였으나 한푸 부흥 운동이 일어 다시 보이고 있다.

작은 얼굴 코디

얼굴과 가까운 곳에 밝고 따뜻한 색을 쓴다

어두운 색 니트의 경우, 몸은 가늘어 보이지만 얼굴은 상대적으로 크게 보이기 쉽습니다.

밝은 니트에 목을 드러내고, 헤어스타일로 얼굴이 드러나는 면적을 좁히는 것만으로도 얼굴이 작아 보이는 효과가 뛰어납니다.

상반신이 부어 보일 수 있으므로 슬림한 실루엣의 어두운 색 하의를 입으면, 니트 아래로 드러나는 몸의 윤곽이 날씬해 보입니다.

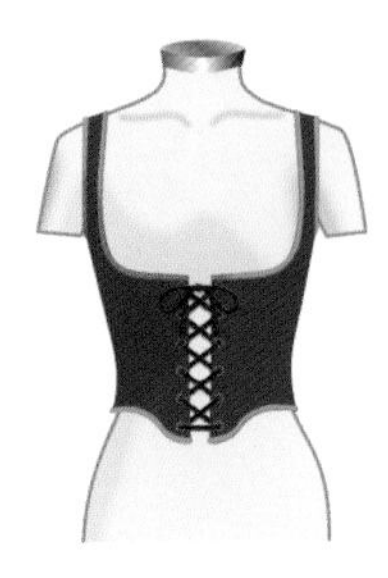

보디스

BODICES

앞판이 두개로 나누어져있어 끈으로 조여 몸에 꼭 맞게 입는, 허리까지 오는 길이의 여성용 조끼. 15세기 유럽의 귀족 여성이 실내복으로 입던 베스트가 원형이라고 한다. 지금은 조끼로 착용하는 것 외에도 체형 보정을 위한 이너웨어로도 사용한다.

윈드 베스트

WIND VEST

바람막이용 조끼를 말한다. 소매 부분에 접어 넣을 수 있는 후드가 달린 것이 많으며, 최근에는 간단한 스포츠용 겉옷으로 많이 입는다. 차지하는 부피가 작기 때문에 가벼운 소재로 만들어 작게 접을 수 있는 제품들이 많이 나왔으며, 외출 중 체온 조절에 편리하다.

헌팅 베스트

HUNTING VEST

사냥할 때 입는 베스트로, 화약통 등을 넣을 수 있는 여러 개의 포켓이 달려있다.

트레일 베스트

TRAIL VEST

트레킹이나 트레일 러닝, 낚시 등을 할 때 입는 발수성이 있는 베스트. 모자가 달린 것, 안 달린 것 모두 있다.

틸던 베스트

TILDEN VEST

V넥과 밑단에 한 줄, 혹은 여러 줄의 두꺼운 선이 들어간 베스트. 원래 두꺼운 조끼였지만 활동성과 여러 철 입을 수 있도록 얇게 만들어진 것도 많이 나오고 있다. 틸던이라는 이름은 미국의 유명 테니스 선수인 빌 틸던이 애용하던 것에서 유래했다. 테니스 베스트, 크리켓 베스트 등으로도 불린다. 트래드감과 함께 스포티함을 드러낼 수 있다. 다만, 교복으로 많이 사용하기 때문에 앳되어 보일 수도 있다.

니트 베스트

KNIT VEST

니트로 만든 조끼로 V넥으로 된 것이 많다. 슬리브리스 스웨터라고도 한다.

다운 베스트

DOWN VEST

깃털(다운/페더)을 넣은 방한용 베스트. 퀼팅이나 압력가공한 합성수지로 만든 것이 대부분이다. 소매가 달린 다운재킷(p.85)도 있다.

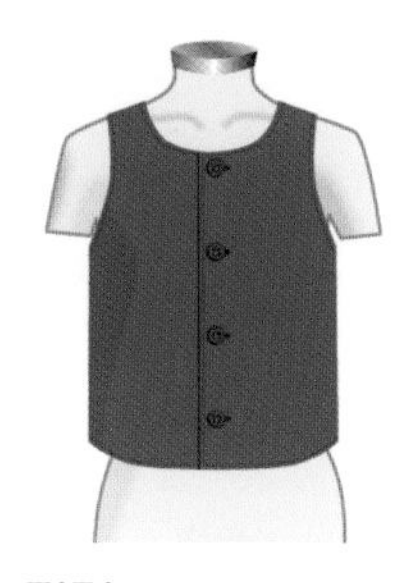

저킨

JERKIN

가죽으로 만든, 칼라가 없는 아우터용 조끼. 16~17세기 서구에서 만들어졌다. 1차 세계대전부터 군용으로 사용되었다.

라펠드 베스트

LAPELED VEST

재킷 같은 깃이 달린 베스트. 라펠은 밑 옷깃을 뜻한다.

오드 베스트

ODD VEST

겉옷과 다른 천으로 만들어진 베스트. 홑겹으로 만들어진 것도 많으며, 특징이 있는 디자인이 많다. 팬시 베스트라고도 부른다.

웨이스트 코트

WAISTCOAT

베스트를 뜻하는 영국식 명칭. 프랑스어로는 질레라고 한다. 처음 만들어진 17세기 후반에는 소매가 붙은 것도 있었지만, 18세기 중반, 소매가 사라져 현재의 베스트로 변화했다.

질레

GILET

프랑스어로 소매가 없는 조끼를 말하며, 미국에서는 베스트, 일본어로 조끼, 영국에서는 웨이스트 코트라고 한다. 원래 모두 같은 의미였으나 베스트는 겉옷의 의미가 강해져 장식이나 포켓 등이 달린 것을 가리키며, 질레라고 표기하는 경우 겉옷 안에 입는 조끼라는 뜻이 강해 심플한 것 주로 지칭한다.

이튼 재킷

ETON JACKET

영국 이튼스쿨의 교복 재킷 스타일. 짧은 길이에 앞판의 단추를 채우지 않고 입는다. 베스트를 입고, 폭이 넓은 이튼칼라(p.17)와 검은 넥타이, 줄무늬 바지를 입는 것이 기본이다.

블레이저

BLAZER

캐주얼하며 스포티한 느낌을 주는 재킷의 총칭. 금속 단추와 가슴포켓에 소속을 나타내는 엠블럼 와펜 등이 특징이다.

색 재킷

SACK JACKET

헐렁한 느낌이 특징인, 허리선이 들어가지 않은 재킷. 착용감이 편하고 체형이 드러나지 않는 아우터이다. 캐주얼하지만 전통적인 인상이 강하다. 이지 재킷과 비슷하다.

벨보이 재킷

BELLBOY JACKET

호텔 입구에서 손님의 짐을 들어주는 직원이 입는 재킷. 스탠드칼라에 길이가 짧으며 허리선이 들어가 몸에 꼭 맞는다. 금색 단추가 많이 달려있는 것이 많다. 페이지보이 재킷이라고도 한다.

미드리프 재킷

MIDRIFF JACKET

길이가 횡격막 부근에 오는, 매우 짧은 재킷.

노퍽재킷

NORFOLK JACKET

가슴, 어깨, 등에 걸친 숄더 벨트와, 허리 벨트가 몸판과 같은 천으로 달려 있는 것이 특징이다. 원래 수렵용으로 입었었다. 현재 경찰이나 군대에서 이것을 모티브로 한 제복을 입기도 한다.

스모킹 재킷

SMOKING JACKET

원래는 흡연을 하는 등 허물없는 자리에서 착용하는 호화로운 가운을 가리키는 말이다. 길이가 짧은 재킷으로, 턱시도의 원형이라고 한다. 숄칼라(p.23), 턴업 커프스(p.34), 토글 버튼(p.144)이 특징이다. 미국에서는 턱시도 재킷과 같은 뜻으로 쓰이며, 프랑스에서는 스모킹, 영국에서는 디너 재킷으로도 부른다. 또 턱시도를 모티브로 한 여성용 재킷을 가리키는 말이기도 하다

나폴레옹 재킷

NAPOLEON JACKET

나폴레옹이 입던 군복을 모티브로 한, 궁정복을 연상케 하는 장식이 달린 재킷. 앞면에 단추가 세로 두 줄로 늘어서 있으며, 금색 실 장식, 스탠드칼라, 에폴렛(p.140) 등이 특징이다.

테일러드 재킷

TAILORED JACKET

신사복으로 만들어진 앞면이 넓은 재킷. 단추가 2열인 더블브레스트(좌)와, 단추가 한 줄인 싱글브레스트(우)가 있다. 테일러란 '재단사', 테일러드는 '테일러메이드'와 같은 뜻이다. 테일러드 재킷과 슈트(의 재킷)는 원래 같은 것이지만, 테일러드 재킷은 재킷만을 가리켜 캐주얼하게 입는 것도 포함하는 반면, 슈트는 비즈니스 상황 등에서 포멀하게 입는 것을 가리키는 말로 쓰인다. 여성용도 많다.

턱시도

TUXEDO

남성이 밤에 입는 약식 예복. 검정이나 감색의 싱글브레스트, 배견으로 덮은 숄칼라와 피크트 라펠로 된 허리 길이의 재킷이다. 검은색 보타이와 베스트나 커머밴드, 옆솔기 선에 한 줄의 실크 장식이 있는 바지와 함께 입는다. 영국에서는 디너 재킷이라고 한다.

연미복

TAILCOAT

남성이 밤에 입는 예복. 앞면이 웨이스트(허리의 가장 잘록한 부분)길이로 짧고, 뒷자락이 길게 두개로 갈라져있다. 배견(p.142)으로 된 피크트 라펠(p.23)로, 앞을 여미지 않고 착용한다. 나비넥타이, 실크해트와 맞춰 입는다. 뒷자락이 제비 꼬리와 닮아(SWALLOW-TAILED) 이런 이름이 붙었다. 스왈로우 테일드 코트, 이브닝드레스 코트라고도 부른다.

모닝코트

MORNING COAT

주간에 입는 남성 예복. 싱글브레스트, 피크트 라펠, 하나의 단추로 된 무릎길이의 재킷이다. 앞면의 밑단이 옆구리 방향으로 대각선으로 크게 커트되어있다. 커터웨이 프록 코트라고도 부른다.

스펜서재킷

SPENCER JACKET

제비꼬리 부분이 없는 연미복과 같은 형태로, 웨이스트 길이의 몸에 꼭 맞는 재킷.

매스 재킷
MESS JACKET

여름에 약식 예복으로 입는 상의의 하나. 짧은 길이에 숄칼라(p.23)나 피크트 칼라(p.23)가 달린 하얀색 재킷을 가리키는 말로 많이 쓰인다. 매스란 군인사들이 서로 어울리며 음식을 먹는 장소라는 뜻이다.

카르마뇰
CARMAGNOLE

프랑스혁명 당시 상 퀼로트(혁명당원)가 입던 길이가 짧고, 넓은 칼라가 달린 상의를 말한다. 프랑스혁명 때 유행했던 노래와 춤도 카르마뇰이라고 부른다.

노 칼라 재킷
NO COLLAR JACKET

옷깃이 없는 재킷의 총칭. 안에 입는 옷도 옷깃이 없는 것을 입는 경우가 많으며, 테일러드 스타일과 비교해서 조금 더 여성들이 많이 입는다. 테두리 장식에 베리에이션이 많다.

페플럼 재킷
PEPLUM JACKET

허리선 아래에 플레어나 주름 장식을 단 재킷. 허리부터 밑단까지가 넓어지기 때문에 허리가 가늘어 보이며, 엉덩이를 커버해주어 날씬하게 보인다.

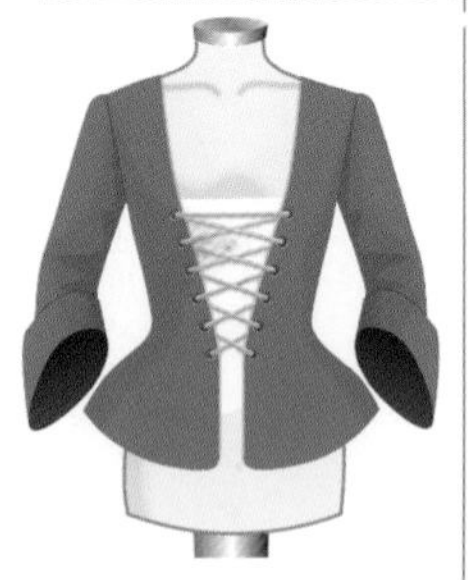

카자캥
CASAQUIN

18세기경 입던 짧은 여성용 재킷으로, 넓게 퍼지는 스커트와 함께 착용한다. 카라코(CARACO)와 비슷하나 카라코는 길이가 길다. 재킷을 뜻하는 프랑스어 'casaque'에서 파생되어 카자캥이 되었다고 한다.

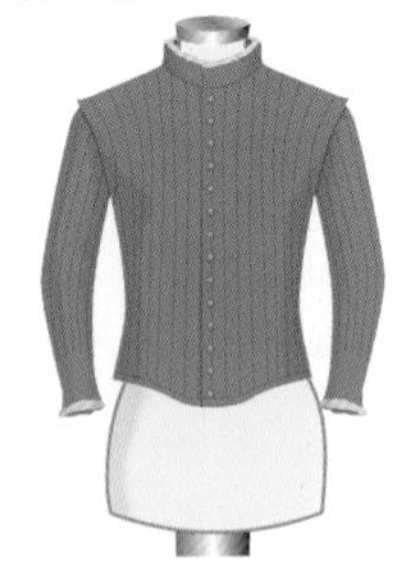

더블릿
DOUBLET

중세~17세기 중반에 걸쳐 서구에서 착용한 남성용 재킷. 딱 붙는 실루엣으로 소매가 달렸으며 허리 길이이다. 스탠드칼라, 솜 등을 넣은 누빔, 밑단의 V자 커팅 등 시대에 따라 변했다. 프랑스어로는 '푸르푸앵(POURPOINT)'이라고 한다.

사파리 재킷
SAFARI JACKET

아프리카에서 수렵이나 탐색, 여행 시에 쾌적함과 기능성을 위해 만들어진 것이다. 양쪽 가슴과 옆구리의 패치 포켓, 에폴렛(p.140), 벨트가 특징이다. 카키색 계열이 많다.

필드 재킷
FIELD JACKET

군대에서 야전용으로 병사가 착용하는 겉옷의 디자인을 본떠 만든 상의. 방수성과 카모플라쥬 프린트, 기능적인 포켓 등이 특징이다.

플라이트 재킷

FLIGHT JACKET

지퍼로 여미는, 가죽으로 만들어진 점퍼 형태의 재킷. 군대의 파일럿들이 입는 아우터 디자인을 본떠 만든 것이다. 원래는 조종석이 노출된 항공기에 타기 위한 방한복이었다.

MA-1

MA-1

대표적인 플라이트 재킷. 1950년대 미국 공군이 입던, 나일론으로 만들어진 재킷. 최근에는 이를 모티브로 한 재킷에 사용하는 명칭이다. 봄버 재킷, 보머 재킷이라고도 한다. 동결을 대비해 가죽에서 나일론으로 바뀌었으며, 기내가 좁기 때문에 허리와 옷깃, 소맷부리는 고무뜨기로 되어있다. 움직이기 쉽도록 기능적인 디자인이 많이 쓰였다. 뒷면이 앞면보다 짧다. 영화 '레옹'의 마틸다가 착용하여, 여성들도 많이 입게 되었다.

에비에이터 재킷

AVIATOR JACKET

비행사용으로 만들어진 길이가 짧고 지퍼로 된 가죽 재킷. 윗옷깃이 퍼로 되어 있는 것이 많다. 라이더 재킷과 비슷한 점이 많다.

라이더 재킷

RIDER'S JACKET

오토바이를 탈 때 입는 가죽으로 된 짧은 길이의 재킷. 소맷부리나 앞여밈에 지퍼 등을 달아 바람이 들어가지 않게 하며, 굴러 넘어졌을 때 부상을 줄이기 위해 견고하게 만든다.

카 코트

CAR COAT

20세기 초의 모터링 코트에서 시작된 드라이버용 겉옷이 모티브. 가죽 소재로 길이가 짧고, 신사복에 쓰이는 칼라가 달린 것이 많다. 오픈 스포츠카를 탈 때 빈티지 느낌을 내면서 방한도 되는 아이템.

덱 재킷

DECK JACKET

배에서 갑판 작업할 때를 위한 군용 방한복, 혹은 이를 모티브로 한 아우터. 옷깃을 세워 고정하도록 스트랩이 달려있으며, 소맷부리의 안쪽에 고무뜨기로 짜인 천(시보리)을 덧대어 바깥 공기가 들어가지 않도록 디자인 된 것이 특징이다.

미디재킷

MIDDY JACKET

세일러 칼라가 달린 재킷으로, 해군 사관생도의 제복이 모티브이다. 해군 사관 후 보 생(MIDSHIPMAN)의 약칭으로 세일러 재킷이라고도 부른다. 단순하게 중간 길이의 재킷을 말하기도 한다.

코사크 재킷
COSSACK JACKET

기병이 착용하던 것을 모티브로 한, 길이가 짧은 재킷. 숄칼라(p.23)나 스텐칼라(p.16)로 되어있으며, 주로 가죽 소재이다.

동키 재킷
DONKEY JACKET

동키 코트
DONKEY COAT

영국의 탄광이나 항만에서 일하는 노동자가 작업용으로 입는 두꺼운 멜턴으로 만든 아우터. 고무뜨기 니트로 된 큰 칼라, 버튼다운, 물건 운반 시 보강 및 방수 목적으로 어깨에 덧댄 패치가 특징이다. 일본에서는 스탠드가 높고 칼라가 큰 고무뜨기로 된 옷깃을 동키 칼라(p.25)라고 부르며, 어깨에 덧댄 패치와 함께 특징 중 하나이다. 이 칼라와 패치 중 하나가 달린 것이 일반적이다. 스패니시 코트라고도 한다.

웨스턴 재킷
WESTERN JACKET

미서부의 카우보이가 즐겨 입던 상의, 또는 이를 모티브로 한 재킷을 말한다. 주로 스웨이드로 만들며, 프린지 장식, 어깨나 가슴, 등 곡선의 요크(이음선)가 특징이다.

매키노
MACKINAW

격자무늬의 두꺼운 울로 된 쇼트 코트. 본래는 더블브레스트에 플랩 포켓, 같은 천으로 된 벨트 등이 특징이었으나, 현재는 이런 특징을 보기 힘들다. 미국 미시간 주의 매키노에서 이름이 유래했다.

데님 재킷
DENIM JACKET

데님 소재로 만들어진 점퍼. 진 점퍼로 많이 불렸으나 최근에는 대부분 데님 재킷으로 부른다.

커버올즈
COVERALLS

주로 대님이나 히코리 등의 견고한 천으로 만든, 데님 재킷보다 길고 포켓이 많은 작업용 아우터. 일본식 영어이다. 원래 영어의 'coverall'은 위아래가 붙은 옷을 의미하지만, 일본에서는 작업용 재킷을 가리키는 경우가 많다.

스타장
STADIUM JUMPER

스타디움 점퍼의 줄임말로, 야구선수가 유니폼 위에 입는 방한복이다. 일본식 영어 표현으로, 아메리칸 캐주얼의 대표 아우터이다. 가슴이나 등에 팀 로고가 들어간 것이 많다.

피스트

PISTE

풀오버 스타일의 바람막이. 운동(주로 축구, 배구, 핸드볼 등) 할 때 방한복이나 트레이닝복으로 입기 때문에 포켓이나 지퍼 등은 달려있지 않다. 피스트는 프랑스어로 활주로, 독일어로는 스키장을 의미해, 스키 선수가 착용하는 재킷을 피스트 재킷이라고 부르게 되었다.

아노락

ANORAK

추위, 비, 바람 등을 막기 위해 입는 모자가 달린 아우터. '야케'라고도 부른다. 남자 이누이트 족이 입는 가죽 상의인 'anoraq'이 기원이다. 극지방에서는 안에 모피가 덧대어져있다.

다운재킷

DOWN JACKET

깃털(다운/페더)을 넣어 만든 방한용 겉옷. 퀼팅이나 압력가공 합성수지로 만든 것이 대부분이다. 소매가 없는 다운 베스트 (p.79) 도 있다.

인민복

MAO SUIT

중화인민공화국에서 대부분의 성인 남녀가 1980년대 초까지 입던, 단추로 여미는 상의와 바지로 된 국민복이라고 할 만한 옷. 상의는 되접은 스탠드칼라로, 양쪽 가슴과 옆구리에 포켓이 달려있다.

해킹 재킷

HACKING JACKET

싱글브레스트, 둥글게 커트한 앞자락, 뒷면의 센터 벤트(트임), 비스듬히 달린 포켓이 특징인 트위드 재킷. 승마복이 기원이다. 비스듬한 포켓은 말을 타고 있을 때 물건을 꺼내기 쉽도록 고안된 것이다.

캐네디언 코트

CANADIAN COAT

캐나다의 임업 종사자들이 입던, 옷깃과 소맷부리 등에 모피나 보아를 단 코트를 말한다.

박스 코트

BOX COAT

각이 진 상자처럼 보이는 코트의 총칭. 허리선이 없고, 어깨부터 밑단까지 직선적인 실루엣이다. 원래는 마부가 입는 두꺼운 민무늬의 오버코트를 가리키는 말로, 박스 오버코트를 줄인 것이다.

리퍼 코트

REEFER COAT

여밈의 방향을 바꿀 수 있는 두꺼운 소재의 더블브레스트 코트. 선원의 방한복이 기원이다. 리퍼란 '축범(항해 중 돌풍에 대처하는 방법의 하나)하는 사람'을 뜻한다. 피 코트라고도 한다. 피(PEA)는 닻의 갈고리 부분을 가리킨다.

랜치 코트

RANCH COAT

원래는 털이 그대로 붙은 양가죽을 안감으로 사용해 만든 겉옷, 혹은 그것을 본떠 만든 보아가 달린 외투. 랜치는 대목장을 의미하며, 미국 서부의 카우보이가 방한용으로 입던 것에서 이름이 붙었다.

토퍼코트

TOPPER COAT

상반신을 덮을 정도의 길이인 여성용 방한 코트. 밑단이 퍼지는 형태가 많다.

케이프

CAPE

소매가 없는 짧은 망토 같은 아우터의 총칭으로, 클로크도 케이프의 일종이다. 원형이나 직선으로 재단하며, 길이, 소재, 디자인의 변화가 다양하다.

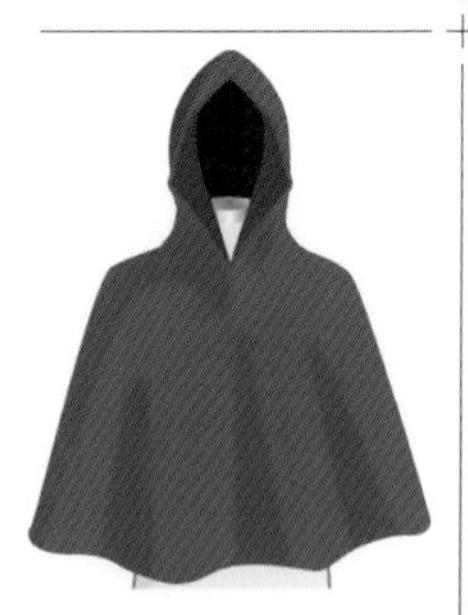

쿠쿨루스

CUCULLUS

게르만족과 갈리아인이 입던, 후드가 달린 작은 망토. 후드의 꼭대기 부분이 뾰족한 디자인이 대표적이다.

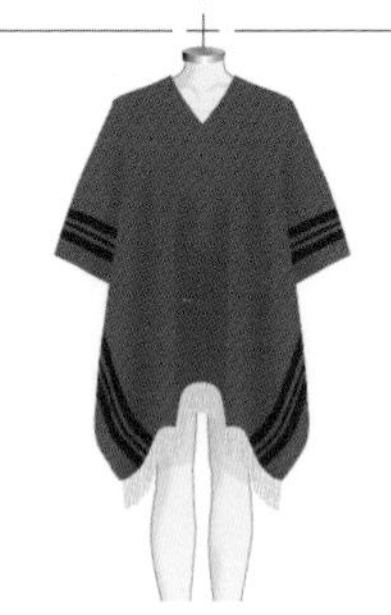

판초

PONCHO

천의 중앙에 머리를 꺼낼 수 있도록 구멍을 낸 게 전부인 심플한 겉옷. 원래 안데스 지역의 원주민들이 일상복 위에 입던 아우터이다. 발수성과 단열성이 뛰어난 알파카나 라마 등의 털로 만든 두꺼운 모직으로, 추위와 바람을 막는다. 허리까지 오는 길이로, 컬러풀하고 독특한 민족적 기하학 무늬 장식이 되어있는 것이 많다. 앞이 트여있고 짧은 소매가 달린 외투도 입었을 때 외관이 판초와 비슷해 케이프가 아닌 판초라고 부르기도 한다. 아우터로 인기가 많다.

클로크

CLOAK

케이프, 망토의 하나로, 소매가 없는 외투이다. 길이가 비교적 길며, 종 모양의 실루엣으로 몸을 감싸는 형태이다. 프랑스어로 종 모양을 뜻하는 클로슈(CLOCHE)에서 유래했다.

카파

CAPA

후드가 달린 망토. 케이프는 포르투갈어와 스페인어의 '카파'(CAPA)가 변한 것이다. 일본의 캇파의 어원이라고 한다.

코디건

COADIGAN

카디건처럼 앞여밈이 없거나 깊게 파인 코트, 또는 코트처럼 보이는 롱 카디건. 코트와 카디건의 중간을 가리키는 말로 만들어진 합성어로, 2015년 가을 겨울부터 사용하기 시작했다.

더플 코트

DUFFLE COAT

대부분 두꺼운 울 소재에, 모자와 토글 버튼(p.144)이 달린 것이 특징인 코트. 제2차 세계대전에서 영국 해군이 방한복으로 채용해 입었으며, 그 후 시장에 보급되었다. 본래는 북유럽 어부의 작업복이었다. 토글 코트, 콘보이 코트라고도 부른다.

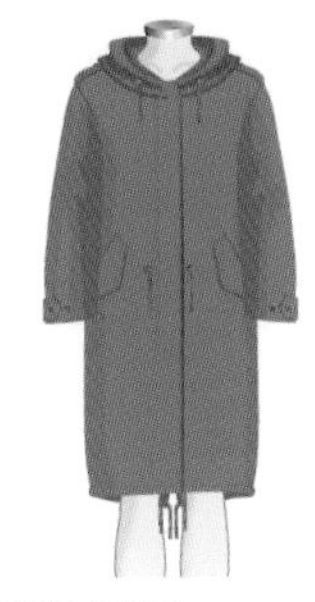

모즈 코트

MODS COAT

미군이 착용하던 밀리터리 파카 디자인을 모티브로 만든 아우터. 국방색, 뒷자락이 긴 피쉬테일 디자인, 후드 등이 특징이다.

코바트 코트

COVART COAT

코바트라는 천으로 만든 코트. 숨김 단추(플라이 프런트/p.139), 소맷부리와 밑단 스티치, 슬릿이 들어가 있다. 짧은 길이와 견고한 스티치는 원래 승마용이었던 영향이다. 윗옷깃은 같은 천으로 된 것도 있지만 주로 벨벳으로 만든다.

가나슈

GARNACHE

중세 시대 착용했던, 판초의 가슴부분에 혀 모양의 장식 랑게트와 큰 케이프 소매를 단 겉옷(좌). 후드가 달린 것도 많다. 현재 가나슈라고 불리는 것은 랑게트가 없는 것이 대부분이다(우).

스왜거 코트

SWAGGER COAT

비교적 짧은 7부 정도 길이의, 플레어가 있어 밑단으로 갈수록 퍼지는 모양의 코트. 스왜거는 '과시하다, 으스대며 걷다' 등의 의미이다. 1930년대와 1970년대에 유행했다.

인버네스 코트

INVERNESS COAT

스코틀랜드 인버네스 지방에서 만들어진 긴 외투. 소매가 없는 긴 코트에 어깨 전체를 가리는 짧은 케이프를 덧대어 이중으로 되어있다. 비바람이 불 때 백파이프를 보호하고 연주하는 것이 목적이다. 셜록 홈즈 코트로 유명하다.

체스터필드 코트

CHESTERFIELD COAT

격식 있는 오버코트. 긴 길이, 숨김 단추(플라이 프런트/p.139), 노치트 라펠(p.23) 옷깃이 특징이다. 지금은 단추가 보이는 것도 많다.

트렌치코트

TRENCH COAT

제1차 세계 대전 때 진흙 트렌치(참호)에서 입었던, 뛰어난 기능성의 보급용 군용 코트의 특징을 본떠 만든 아우터. 어깨와 옷깃, 손목에 스트랩을 달아 방한 정도를 조절할 수 있다.

프록 코트

FROCK COAT

검은색의 더블브레스트(지금은 싱글브레스트도 많다)로, 무릎까지 오는 길이에 단추가 4~6개 달린 코트. 모닝코트 이전에 주간에 착용하던 남성용 예복으로, 스트라이프 바지와 함께 많이 입었다.

나폴레옹 코트

NAPOLEON COAT

나폴레옹의 군복을 모티브로 만든 코트. 앞판에 세로 2줄로 늘어선 단추, 끈 장식, 스탠드칼라, 에폴렛(p.140) 등이 주된 특징이다. 2열의 단추로 바람 방향에 따라 앞여밈을 바꿀 수도 있다.

랩 코트

WRAP COAT

단추나 지퍼 등을 달지 않고 끈 등을 몸에 둘러 감아 앞에서 여며 입는 코트. 같은 소재로 된 새시 벨트 등으로 고정시키는 것이 많으며, 하늘하늘한 라인이 우아하다.

트리밍 코트

TRIMMING COAT

테두리 장식이 둘러진 코트. 트림(TRIM)이란 '다듬다, 장식하다'라는 뜻이다.

르댕고트

REDINGOTE

허리가 조여진 코트의 총칭. 르댕고트는 프랑스어로, 영어의 'riding coat'(승마 코트)에서 따온 이름이다.

발마칸

BALMACAAN

발 칼라(p.16)에 래글런 슬리브(p.26)의 여유 있는 소매가 달린 코트. 스코틀랜드의 지방에서 유래한 이름이다. 첫 번째 단추를 채워 옷깃을 여며 입어도(좌), 열고 입어도(우) 좋다.

얼스터 코트

ULSTER COAT

오버코트의 전형적인 형태로, 방한성이 높다. 더블브레스트로 6~8개의 단추가 있으며, 길이는 무릎 밑이 기본이다. 얼스터 칼라(p.24)라고 불리는 윗옷깃과 밑 옷깃의 폭이 같거나, 윗옷깃이 살짝 큰 칼라를 사용하는 것이 특징이다. 백 벨트나 허리 벨트가 있으며 앞여밈이 깊다. 두꺼운 모직으로 된 것이 많다. 아일랜드의 얼스터 지방에서 만든 두꺼운 모직물로 만든 것이 이름의 유래이다. 코트의 원조로도 여겨지며, 트렌치코트는 얼스터 코트를 개량한 것이 자리매김한 것이다.

폴로 코트

POLO COAT

더블브레스트의 얼스터 칼라로, 6개의 단추, 등 쪽의 벨트가 특징인 긴 코트이다. 대부분 패치포켓이 붙으며, 소매가 되접혀 있다. 폴로 선수가 대기할 때 입었던 것, 폴로 경기 관전자가 입었던 것이 원형이지만, 명칭 자체는 1910년 미국의 브룩스 브라더스가 이름을 붙여 팔던 것이 정착한 것이다.

텐트 코트

TENT COAT

허리를 조이지 않고 어깨에서 밑단까지 완만하게 넓어지는 삼각형 실루엣의 코트. 피라미드 코트, 플레어 코트라고도 부른다.

코쿤 코트

COCOON COAT

입었을 때 누에고치 모양으로 둥근 실루엣이 되는 코트. 코쿤은 고치라는 뜻이다. 몸을 감싼 듯한 형태를 코쿤 실루엣이라고 하며, 스커트에도 코쿤 스커트(p.54)가 있다.

배럴 코트

BARREL COAT

몸통이 불룩한 통(배럴) 같은 실루엣의 코트. 코쿤 코트와 거의 비슷하다.

더스터 코트

DUSTER COAT

초봄 등에 먼지를 피하기 위해 입는 길고 헐렁한 얇은 코트. 원래는 말을 타고 초원을 달릴 때 입는 아우터로, 등 쪽에 슬릿이 있었다. 레인코트와 겸하여 입기도 하며, 방수, 발수소재가 많다.

매킨토시

MACKINTOSH

고무를 입힌 방수소재로 만든 코트, 혹은 그런 천 자체를 말한다. 1823년 영국에서 찰스 매킨토시가 두 장의 천 사이에 천연고무를 발라 방수기능을 갖춘 소재를 발명하며 레인코트로 정착했다.

슬리커

SLICKER

방수천으로 만든 헐렁한 실루엣의 긴 레인코트. 고무로 방수가공을 한, 19세기 초 뱃사람이 입던 방수코트에서 착안한 것이다.

초하

CHOKHA

코카서스 지방 남성이 입는, 가슴 부분에 탄띠를 두른 울 소재의 긴 코트. 전통적인 민족의상으로 전투복으로도 입었었다. '바람 계곡의 나우시카' 의상의 모티브라고 한다.

에라세이드

EARASAID

스코틀랜드의 하일랜드 지방 여성이 입는 민족의상 아우터. 커다란 격자무늬나 줄무늬 천을 브로치와 벨트로 고정해 입는다.

추바

CHUBA

온주라는 블라우스 위에 입는 티베트의 민족의상 코트. 한쪽 팔만 넣어 입는 것도 있다.

쥐스토코르

JUSTAUCORPS

17~18세기에 유럽 남성이 착용하던 상의. 보통, 안에 질레(베스트)와 무릎 길이의 퀼로트를 입는다. 소맷부리에 레이스를 덧달거나, 전체에 눈부신 장식을 하는 것이 많다. 아피라고도 부른다.

지푼

ZIPUN

17세기경, 러시아의 농부가 입던 윗옷. 밑단으로 갈수록 조금 넓어진다.

우플랑드

HOUPPELANDE

14세기 후반부터 15세기에 걸쳐 유럽에서 착용하던 아우터. 남성의 실내복이었지만 점차 여성도 입게 되었다. 밑단이 땅에 끌릴 정도로 긴 것이 많으며, 폭이 넓어 보통 벨트로 조여 착용한다.

지오르네아

GIORNEA

르네상스 시대 피렌체에서 입던, 옆이 없고 앞뒤로 늘어뜨린 오버 드레스. 늘어뜨린 채로 두거나, 벨트를 둘러 착용한다. 프랑스어로는 'journade'라고 표기한다.

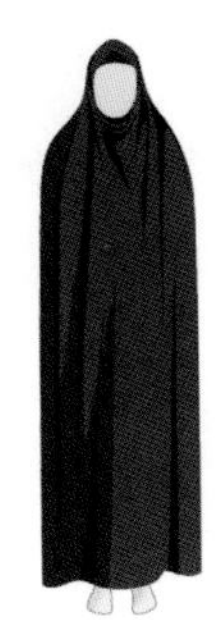

차도르

CHADOR

이슬람교 여성이 외출 시에 착용하는, 얼굴 이외의 전신을 덮어 가리는 베일 형의 겉옷. 이란에서 많이 볼 수 있으며, 보통 검은색이다.

부르카

BURKA

이슬람교 여성이 외출 시에 착용하는, 전신을 덮어 가리는 겉옷. 눈 부분도 망사 형태의 천으로 가려져 있다. 아프가니스탄에서 많이 볼 수 있다.

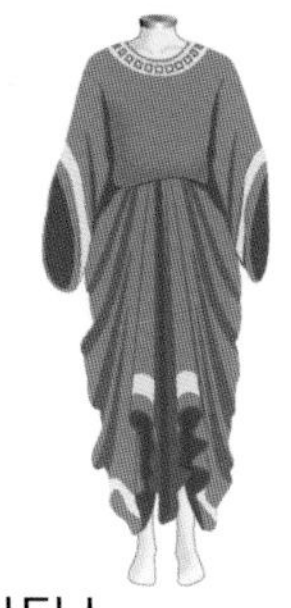

칸디스

KANDYS

고대 페르시아 등에서 입던, 발목까지 오는 헐렁한 의류. 상류계층이 주로 착용했으며, 소맷부리가 나팔처럼 넓게 되어있다.

달마티카

DALMATICA

유럽에서 중세시대까지 입던 헐렁한 T자형의 의류. 기독교의 제복으로도 입는 스타일로, 크로아티아의 달마티아 지방의 민족의상을 기원으로 해 달마티카란 이름이 붙었다.

펠로니온

PHELONION

사제가 감아 입는 소매가 없는 제복. 일본정교회에서는 펠론, 가톨릭교회에서는 샤쥐블이라고 한다.

알바

ALBA

기독교 성직자, 신도가 입는 발목까지 오는 헐렁한 로브를 말한다.

캐속

CASSOCK

가톨릭교 신부가 평상복으로 입는 검은 옷. 스탠드칼라에 발목 길이이며 장식이 없다. 보통 흰색의 로만 칼라(p.22)를 밑에 착용한다.

방도 비키니

BANDEAU BIKINI

상의가 삼각이 아니라 가로로 긴 띠 모양으로, 튜브톱 형태인 비키니. 귀여운 인상을 줄 수 있으며, 가슴을 더 예쁘게 보일 수 있다. 가슴 모양이 무너지거나 망가지기 쉬웠지만, 최근에는 와이어나 패드 등으로 가슴 모양을 망가뜨리지 않고 볼륨감이 유지되도록 고안되었다. 1970~80년대 한 때 유행했다. 상의가 움직이지 않도록 끈이 달린 것이나, 프린지나 프릴 등의 장식이 달린 것도 많다.

트위스트 방도 비키니

TWISTED BANDEAU BIKINI

튜브톱 형태의 방도 비키니 중 하나로, 앞부분이 비틀린 디자인.

V 와이어 방도

V WIRE BANDEAU

튜브톱 형태의 방도 비키니 중 하나로, 앞부분에 와이어로 V자의 트임이 들어간 디자인. 트임이 있어 단순한 방도 비키니보다 가슴 라인이 아름답게 보인다.

리본 비키니

BOW BIKINI

리본이 달린 비키니의 총칭. 상의 정면에서 리본을 묶게 되어 있는 것부터 디자인으로 커다란 리본이 달려있는 것까지 다양하게 볼 수 있다. 보 비키니라고도 한다.

삼각비키니

TRIANGLE BIKINI

상의 천이 삼각형으로 된 비키니. 보통 어깨끈이 달려있으며, 상의의 아래 끈은 고정하지 않고 치수를 조절하게 된 것이 많다. 충격에 약해 어느 정도 가슴 볼륨이 있어야 한다.

마이크로 비키니

MICRO BIKINI

상하의 모두 매우 작은 천으로 만들어진 비키니의 총칭. 기준이 정해진 것은 아니나, 극히 좁은 면적의 비키니를 말하는 경우가 많으며, 나체로 있는 것을 금지하는 법률에 대응하여 만들어진 것이라고 한다.

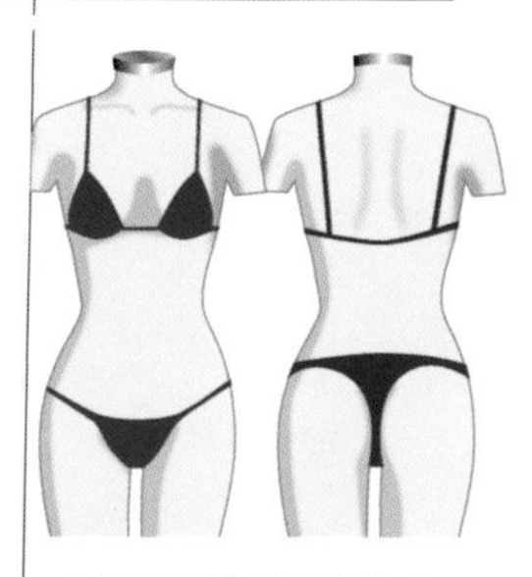

브라질리언 비키니

BRAZILIAN BIKINI

브라질이 발상인 상하의 모두 작은 천으로 만들어진 비키니. 마이크로 비키니의 하나로, 선명한 비비드 컬러나 프린트로 된 것이 많으며, 엉덩이 라인을 강조하는 경향이 강하다.

타이 사이드 비키니
TIE SIDE BIKINI

하의의 옆 부분을 묶어 고정하는 비키니. 타이 사이드는 옆을 묶는 것을 의미한다. 묶어서 고정하는 끈 타입이 대부분이므로, 끈 비키니라고도 한다.

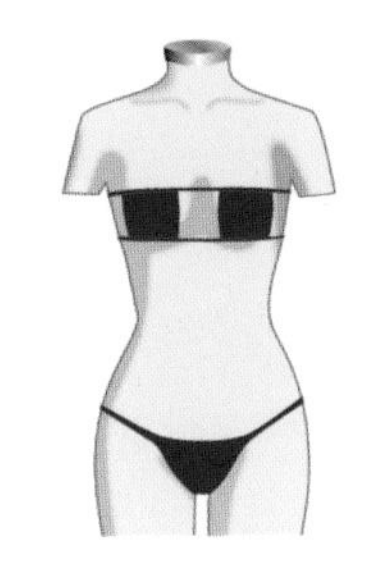

안대 비키니
GANTAI BIKINI

상의를 사각형 천으로 만들어 안대처럼 보이는 비키니. 고정력은 약하기 때문에 수영복으로서 실용성은 낮다. 화보 촬영 등에서 몸을 보여주기 위해서 사용한다.

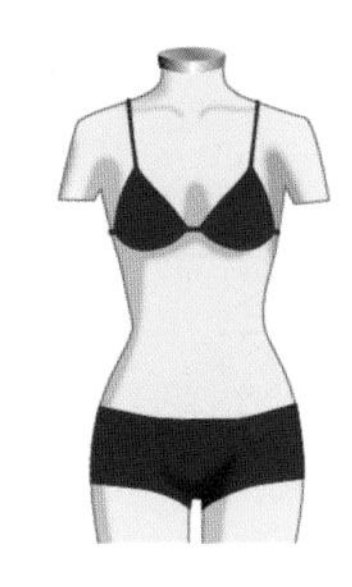

보이레그
BOYLEG

여성용 쇼트 팬츠로, 바지 길이가 짧은 핫팬츠(p.67) 같은 형태이다. 밑단이 남성용 속옷처럼 거의 수평으로 커트되어있다. 수영복뿐 아니라 이너웨어도 같은 이름으로 불린다.

로 라이즈
LOW-RISE

여성용 팬츠로, 밑위 길이가 얕은 것을 가리킨다. 허리 부분에 시선을 집중시키기 때문에 허리 굴곡을 매력적으로 보여준다. 히프 행과 거의 같은 의미이지만 밑위 길이가 더 짧다. 수영복뿐만 아니라 바지 전체에 사용하는 말이다.

모노키니
MONOKINI

뒷모습은 비키니, 앞은 원피스인 수영복. 상하의의 가운데를 이은 스타일과, 원피스 수영복의 한가운데가 뚫린 스타일이 있다. 비키니의 상하의를 쇠장식이나 체인으로 잇던 것이 원형이다.

탱키니
TANK-TOP BIKINI

상의가 탱크톱이나 캐미솔 모양으로, 하의와 나뉘어져있는 세퍼레이트 타입. 상의 디자인이 자유로워, 하이웨이스트나 이음선 등의 디자인으로 다리가 길어 보이는 효과와 가슴을 강조하는 이점이 있다.

홀터넥 비키니
HALTER NECK BIKINI

끈을 목 뒤에서 묶거나 걸어 고정한 비키니. 와이어 등으로 상의가 움직이지 않게 하며, 가슴의 모양에 상관없이 안정감이 있다. 수영복 외에도, 목 뒤에서 매듭을 묶는 것을 홀터넥이라고 부른다.

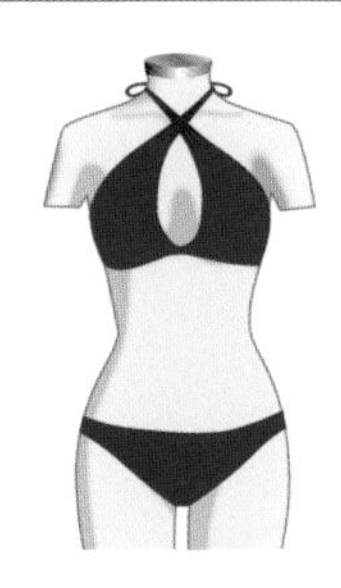

크로스 홀터넥
CROSS HALTER BIKINI

끈을 목 앞에서 교차하여, 목 뒤에서 묶거나 걸어 고정하는 비키니. 충격에 강하며, 가슴의 형태에 상관없이 안정감이 있고, 섹시해 보인다.

오프숄더 비키니

OFF-SHOULDER BIKINI

상의를 어깨끈으로 고정하지 않고 어깨를 드러내는 디자인의 비키니. 데콜테 라인을 강조한다. 오프숄더 자체는 상의 넥(p.12)에서 많이 볼 수 있다.

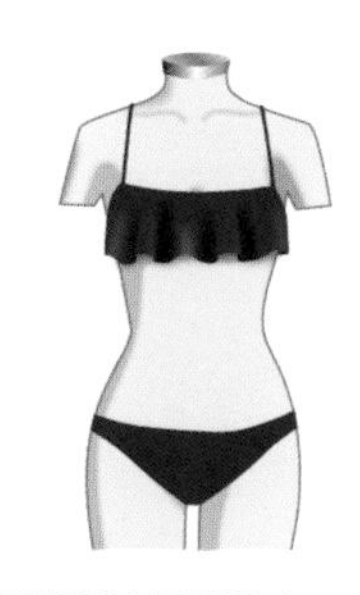

플레어 비키니

FLARED BIKINI

상의나 하의를 프릴형의 천으로 덮은 디자인의 비키니. 가슴 부분이 퍼져 보이기 때문에, 상대적으로 허리라인이 가늘어 보이는 효과가 있다.

프린지 비키니

FRINGE BIKINI

끈이나 끈형의 천을 묶거나 술 모양으로 장식해 단 비키니. 프린지(p.143)로 가슴에 볼륨감을 주고 섹시해 보인다.

탱크 슈트

TANK SUIT

탱크톱이나 러닝셔츠 모양의 긴 상의와 쇼트 팬츠를 함께 입는 수영복. 클래식한 형태로, 최근에는 아동복에 많이 쓰인다.

부르키니

BURKINI

이슬람교 여성을 위해 고안된 수영복. 얼굴과 손목, 발목만 드러나며, 느슨해 신체에 밀착되지 않는다. 일러스트에서는 상의만 그렸지만, 하의는 스팬츠 형태이다. 부르카(p.91)와 비키니의 합성어이다.

프리 백

FREE BACK

여성용 수영복의 등 부분 스트랩(어깨끈)이 견갑골 사이에서 V자로 모여 고정된 형태의 수영복. 프랑스의 arena 사가 운동성을 중시한 경기용 수영복으로 개발한 것이라고 한다.

레이싱 백

RACING BACK

여성용 수영복의 등 부분 암홀을 넓게 커트하여 등의 중앙을 얇게 해, 팔의 가동성을 높인 경기용 수영복에서 볼 수 있는 디자인. 가슴을 고정해주면서 가동성도 높다.

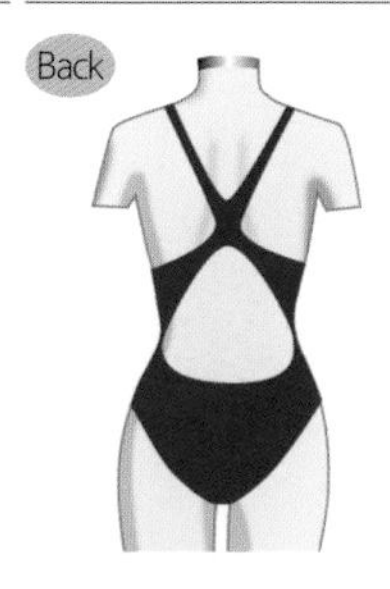

플라이 백

FLY BACK

등 스트랩을 견갑골 밑쪽에서 가운데에 하나로 고정하고, 그 밑도 뚫린 수영복을 말한다. 경기용 수영복으로, 등 쪽 천의 면적을 줄이기 위해 개발되었다.

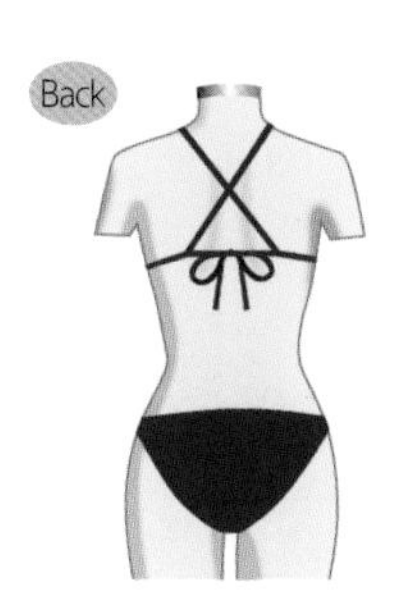

백 크로스 스트랩

BACK CROSS STRAP

스트랩을 등에서 교차한 디자인. 수영복이나 이너웨어, 톱, 원피스 등에서 볼 수 있다. 또 교차 부분에 버클을 다는 등의 베리에이션이 있다.

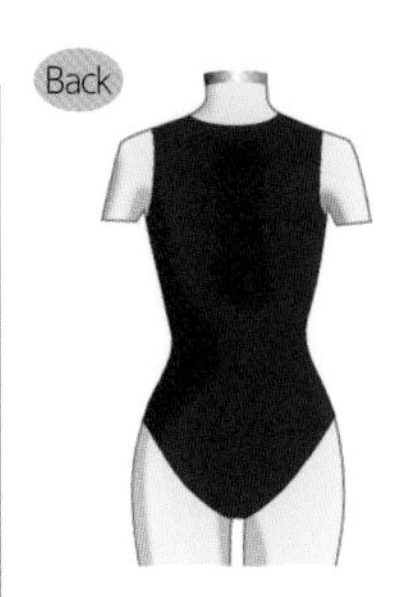

I 백

I BACK

등을 덮는 형태로, 노출을 줄인 백 스타일.

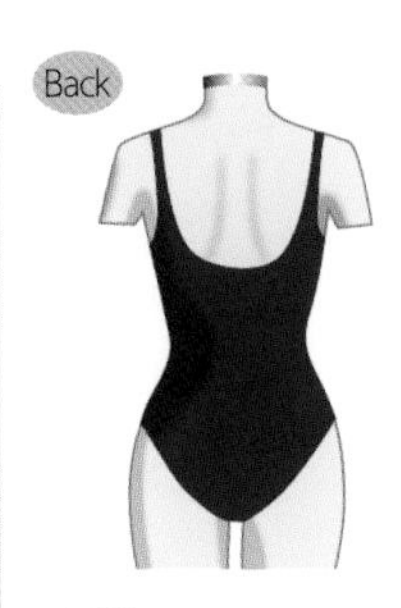

U 백

U BACK

등을 파고 스트랩을 나누어 연결한 가장 기본적이고 일반적인 백 스타일. 탈착이 쉽다.

Y 백

Y BACK

스트랩이 등 중앙에서 연결된, 받쳐주는 힘이 강하며 끈이 잘 움직이지 않는 백 스타일.

크로스 백

CROSS BACK

스트랩을 교차하여 입고 벗기 쉬우면서 잡아주는 힘이 큰 백 스타일. A백이라고도 한다.

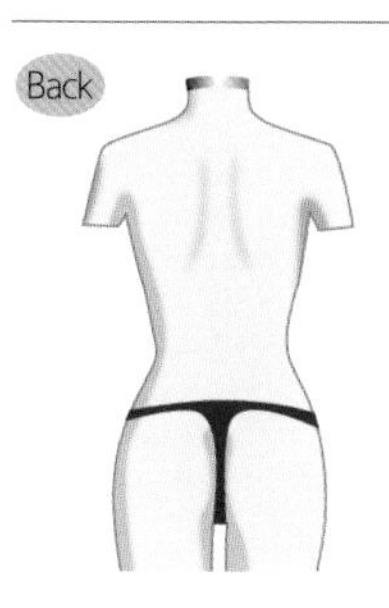

탕가

TANGA

천의 면적(특히 뒷면)이 극히 작은 수영복이나 속옷. 뒤쪽 형태를 가리킬 때는 T백이라고 한다. 리오의 카니발 등에서 입는 복장기도 하다. 속옷을 뜻하는 말로 많이 쓰인다.

래시가드

RASH GUARD

주로 수상스포츠 시에 햇볕으로 인한 화상이나 찰과상, 해파리 방어, 보온을 목적으로 한 상의. 여성의 경우 수영복 위에 입는 것이 일반적이다. 스판 소재로 되어 피부에 밀착해 찰과상을 막아주어 잠수복 안에 입기도 한다. 수중에서의 저항이 낮도록 딱 붙는 실루엣이 일반적이지만 해변에서 걸을 수 있게 후드가 달리거나, 앞여밈이 있어 아우터로도 입을 수 있게 된 것이 있다. 래글런 슬리브(p.26)가 많다. 래시는 발진을 의미한다.

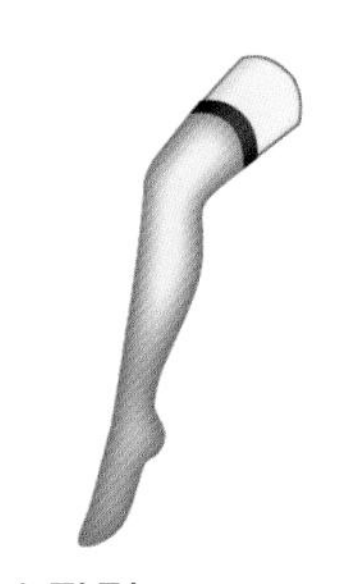

스타킹

STOCKINGS

얇은 천으로 된 긴 양말을 말한다. 주로 무릎 위로 오는 길이의 양말을 가리키며, 짧은 것은 삭스라고 한다.

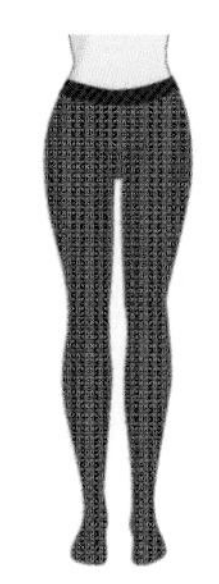

타이츠

TIGHTS

다리에 꼭 붙는, 발끝부터 허리까지 오는 레그웨어. 나일론 등의 신축성이 높은 천으로 주로 보온, 가동 폭이 극도로 넓은 발레나 체조 등의 운동을 위한 용도로 쓰인다. 스타킹은 양말, 타이츠는 바지로 구분하지만 형태가 비슷해 실의 굵기(30데니어 이상을 타이츠)로 분류하기도 한다.

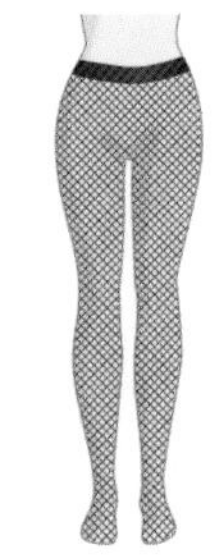

망사 타이츠

FISHNET TIGHTS

그물, 격자 모양으로 짜인 타이츠를 말한다. 러셀 편직기를 사용한 것은 러셀 타이츠라고도 부른다.

삭스

SOCKS

발끝부터 발목 위까지를 덮는 양말의 총칭. 주로 보온, 통기, 땀 흡수, 충격 완화를 위해 착용한다.

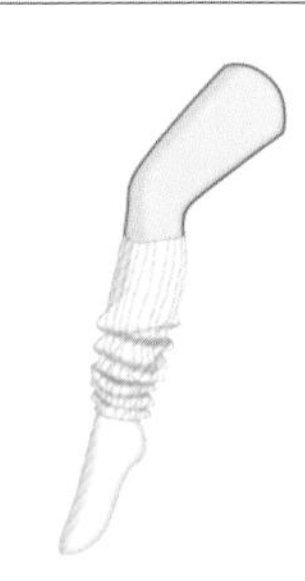

루즈 삭스

LOOSE SOCKS

느슨하게 신는, 볼륨감과 길이가 있는 양말. 또는 그렇게 양말을 신는 것. 1990년대부터 일본 여고생 사이에서 유행했다. 흘러내리지 않도록 양말 고정용 풀을 먹여, 무릎 밑에서 고정한다.

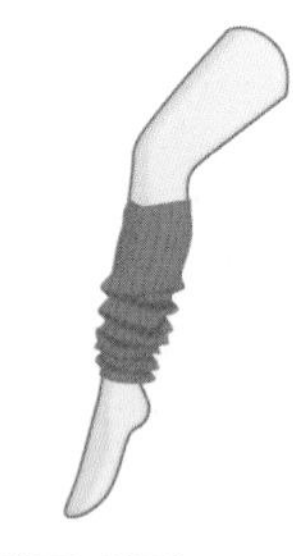

레그 워머

LEG WARMERS

양말의 일종으로 무릎 밑이나 허벅지부터 발목까지를 관형으로 덮는 보온용 의료(衣料). 원래는 발레 연습복.

풋 커버

FOOT COVER

발등이 크게 트여 발끝과 뒤꿈치 부분만 감싸는 아주 얕은 양말. 보온, 통기, 땀 흡수, 충격 완화를 위해 신으며, 펌프스(p.107)나 플랫 슈즈(p.106)를 신을 때 겉에서 양말이 보이지 않도록 만들어진 것이다.

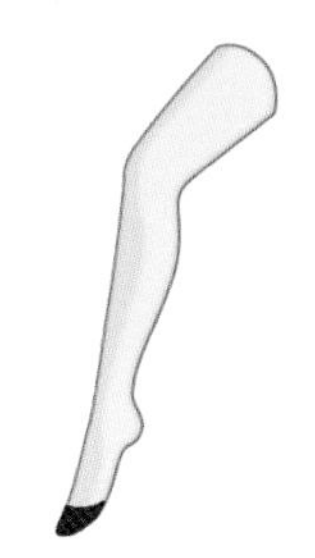

토 커버
TOE COVER

발가락 부분만 감싸는 형태의 레그웨어. 뒤꿈치에 거는 스타일도 있다. 토 쿠션이라고도 한다.

발가락 양말
TOE SOCKS

양말 끝이 장갑처럼 다섯 개로 나누어진 양말을 말한다.

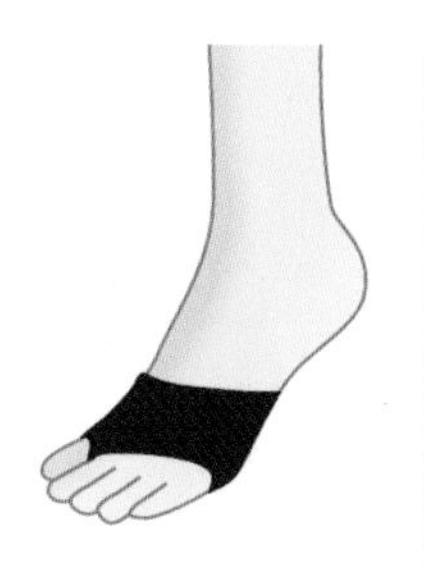

통 삭스
THONG SOCKS

엄지와 검지발가락 사이만 꿰맨 양말. 버선처럼 발끝이 엄지발가락과 나머지 발가락 두 갈래로 나누어진 것을 가리키기도 한다.

날씬해 보이는 코디 ❶

쇼트팬츠보다 크롭트 팬츠

활기찬 이미지를 강조하려면 쇼트팬츠가 좋지만, 날씬해 보이려면 크롭트 팬츠, 사브리나 팬츠, 카프리 팬츠 (p.66)처럼 무릎 아래로 내려오는 슬림한 바지가 전체적으로 세련되어 보입니다. 바지 색감에 변화를 주면 코디네이트의 폭도 늘어나요.

쇼티

SHORTIE

손목 정도로 오는 짧은 길이의 장갑을 말한다. 방한을 위해 끼기도 하지만, 패션으로 착용하기도 한다. 'shorty'라고도 표기한다.

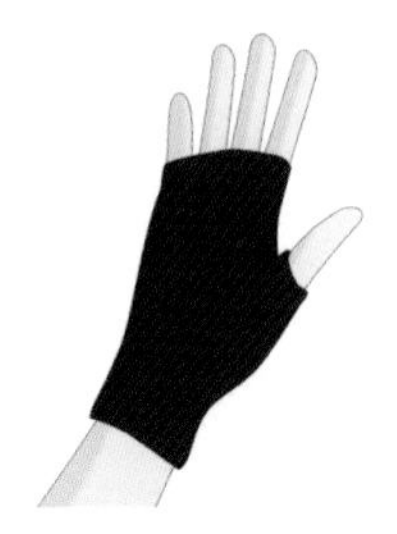

데미 글러브

DEMI GLOVE

손가락 끝이 없는 장갑. 데미란 프랑스어로 '반, 불완전'이란 뜻이다. 재질이나 용도가 다양하며, 손끝을 사용하는 작업용으로 기능성을 중시하여 만든 것부터 손가락 끝만을 노출한 것 등이 있다.

오픈핑거 글러브

OPEN FINGERED GLOVE

손가락이 노출된 장갑을 말하며, 방한이 아닌 보호, 그립력을 높이기 위해 사용한다. 격투기 같은 스포츠에서도 자주 볼 수 있다. 핑거레스 글러브, 하프 핑거, 하프 미튼, 하프 미트와 같은 의미이다.

커터웨이 글러브

CUTOUT GLOVE

손등이나 관절 부분을 장식 혹은 가동성을 위해 컷아웃(도려냄)한 장갑을 말한다.

미튼

MITTEN

손가락을 넣는 부분이 엄지손가락만 나뉘어져 있고 나머지 손가락은 한 곳에 넣는, 두 갈래로 나누어진 장갑. 엄지장갑, 손모아장갑 등으로도 부른다.

건틀릿

GAUNTLET

손목 부분이 벌어져 있는 길이가 긴 장갑이나, 갑옷의 손 보호용 장갑을 말한다. 손목에서 팔로 갈수록 넓어지는 형태를 가리키기도 한다. 패션으로는 중세시대 기병이 전투 시에 착용했던 금속으로 된 팔토시의 손목을 보호하는 부분을 모티브로 하여 만든 장갑을 가리키는 것이 많다. 오토바이나 펜싱, 승마 등에서 사용하는 길이가 긴 장갑도 같은 이름으로 부른다.

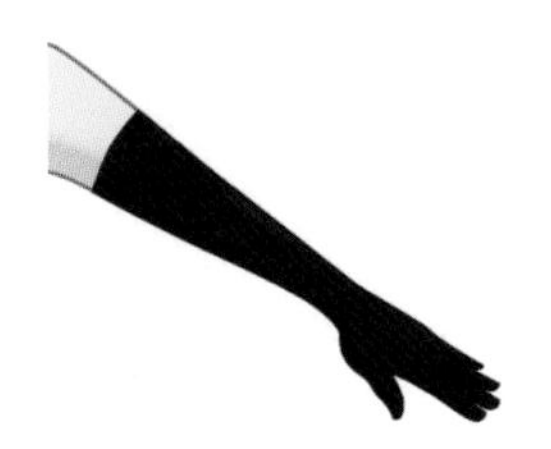

암 롱

ARM LONG

소매가 없는 드레스나 이브닝드레스, 칵테일 드레스와 함께 착용하는 팔꿈치까지 오는 긴 장갑. 우아하고 기품 있어 보인다. 새틴이나 가죽으로 된 것 등 소재는 다양하다. 엘보 글러브, 오페라 글러브, 이브닝 글러브 등 길이가 긴 장갑의 명칭은 여러 가지이며, 용도에 따라 다르다.

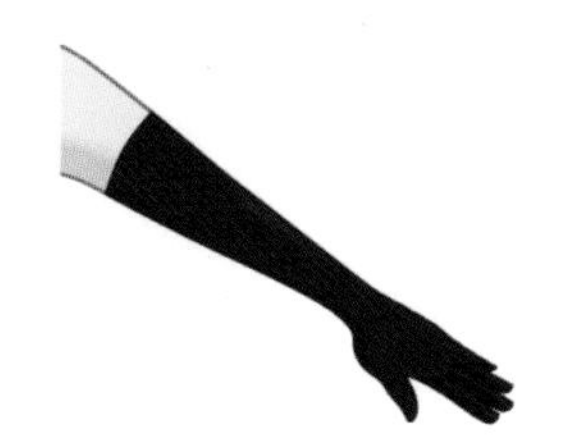

오페라 글러브

OPERA GLOVE

공연 관람용 로브 데콜테(p.71) 등, 소매가 없는 이브닝드레스와 함께 착용하는 팔꿈치 위로 올라오는 가장 긴 종류의 장갑. 암 롱과 거의 같은 의미로 쓰이며, 이브닝 글러브라고도 한다. 여성의 예복 중 하나로 착용하기 때문에 화려한 것이 적고, 심플하고 채도가 낮은 것이 대부분이다. 중세 유럽에서 왕족, 귀족 여성 등이 예배 시에 착용했던 스타일이 기원이라고 한다.

무스커테르 글러브

MOUSQUETAIRE GLOVE

손목이 꽉 끼게 만들어진 길이가 긴 장갑으로, 손목 부분이 트여 있어 단추나 물림쇠 등으로 꼭 여미게 되어있다. 무스커테르란 프랑스어로 '총사'를 의미하며, 18세기 프랑스에서 제정된 제복이 모티브이다.

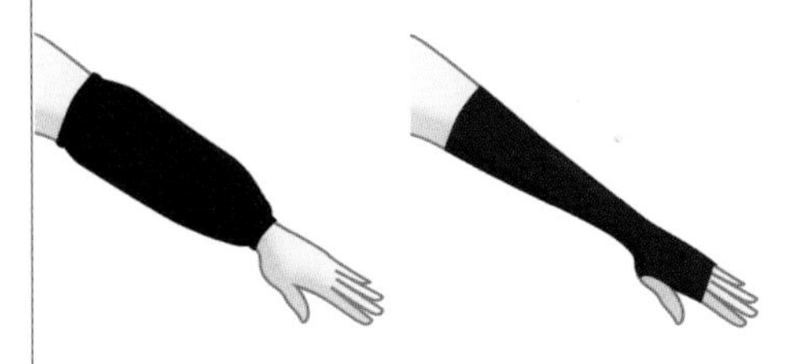

암 커버

ARM COVER

관 형태의 천 양쪽에 밴드를 넣어 오므린 것. 소매를 더럽히지 않기 위해 사용한다.(좌). 또 길이가 긴 장갑도 암 커버라고 부른다(우). 암 롱과 거의 같은 형태이나 지금은 피부가 햇볕에 타는 것을 막기 위해 팔에 착용하는 액세서리의 하나로 쓰이는 경우가 많다. 팔 전체를 덮으며, 보통 손끝만 사용하기 편하도록 드러나 있다.

부티
BOOTEE

발목보다 짧은 길이의 여성용 부츠. 신발 입구가 비스듬한 것이 많다. 짧은 앵클 부츠라고 할 수 있으며, 귀여운 느낌을 주어 인기가 많다. 발목을 드러내 다리가 얇아 보이는 효과가 있다.

레이스업 부츠
LACE-UP BOOTS

신발끈을 교차해 위로 올려 묶는 부츠. 다리에 꼭 맞게 고정할 수 있으나, 신고 벗기 불편하다. 단순히 장식을 위해 끈을 교차시키기도 한다.

웨스턴 부츠
WESTERN BOOTS

카우보이의 승마용 신발에서 유래했다. 카우보이 부츠라고도 한다. 신발 입구 양 옆이 높고 길이가 길며 토(발끝)가 살짝 튀어나와있고, 전체적으로 장식이 많다.

웰링턴 부츠
WELLINGTON BOOTS

가죽이나 고무로 만들며, 신발의 몸통부분(샤프트) 길이가 긴 부츠. 장화에 해당한다. 레인부츠를 가리키는 말로 쓰이기도 한다. 프랑스의 에이글 사나 영국의 헌터 사에서 만든 것이 유명하다.

헤시안 부츠
HESSIAN BOOTS

18세기경 독일 남부의 헤세병이 신던, 신발 입구 부분에 술 장식이 달린 군용 장화. 웰링턴 부츠의 원형이라는 설도 있다.

캐벌리어 부츠
CAVALIER BOOTS

17세기 기수가 신던 부츠를 모티브로 한 것이다. 버킷 톱이라고 불리는 입구 윗부분이 벌어진 모양으로, 되접은 것이 많다. 버킷 톱이라고도 불린다.

무통 부츠
MOUTON BOOTS

무통(양 가죽)으로 만든 부츠. 흔히 어그 부츠라고 많이 부른다.

사이드 고어 부츠
SIDE GORED BOOTS

양 옆에 신축성 있는 소재로 고어를 넣어 신고 벗기 쉽도록 만든 부츠. 주로 발목까지 오는 길이이다. 첼시 부츠라는 이름이 일반적이다.

워크 부츠

WORK BOOTS

작업 시에 신는 튼튼한 부츠. 그중에서도 두꺼운 가죽으로 된 레이스업 부츠를 가리키는 것이 많다. 데님과 잘 어울리며, 여성용으로도 시중에 많이 나와 있다.

엔지니어 부츠

ENGINEER BOOTS

작업할 때 신는 안전화나 그 디자인을 본떠 만든 신발. 안쪽에 발을 보호하기 위한 캡이 삽입되어 있으며, 물건이 걸리지 않도록 끈이 아닌 벨트와 버클로 고정한다. 통굽으로 되어 있는 등 여러 가지가 고안되어 있다.

페코스 부츠

PECOS BOOTS

발끝이 넓고 둥글며, 넓은 신발 창, 입고 벗기 쉽도록 사이드의 풀 스트랩과 신발끈이 없는 것이 특징인 반 부츠이다. 페코스 부츠는 레드윙 사의 등록상표이다.

데저트 부츠

DESERT BOOTS

발끝이 둥글고 발목까지 오는 길이의 부츠. 2~3쌍의 신발끈 구멍이 있어 좌우로 교차시켜 고정한다. 신발창은 고무로 되어 있다. 사막을 걸을 때 모래가 들어가지 않도록 신발 등 부분과 바닥을 (※)스티치 다운으로 꿰매 고정한다.

처커 부츠

CHUKKA BOOTS

발끝이 둥글고 발목까지 오는 부츠. 2~3쌍의 신발끈 구멍이 있어 좌우로 교차시켜 고정한다. 캐주얼한 복장과 어울린다. 모양은 데저트 부츠와 비슷하지만 신발창을 고무가 아닌 가죽으로 만든 것이 많다.

조드퍼 부츠

JODHPUR BOOTS

발목을 가죽끈으로 묶는 스타일의 1920년대 경 만들어진 승마용 반 부츠. 제2차 세계대전 때에는 비행사들이 많이 신었다. 사이드 고어 부츠를 조드퍼 부츠라고 부르기도 한다.

멍크 슈즈

MONK SHOES

발끝 부분은 간소하며, 발등을 벨트와 버클로 고정한다. 수도승(멍크)이 신었던 신발이 모티브이다. 멍크 스트랩이라고도 부른다. 포멀한 느낌은 아니지만, 슈트에서 캐주얼까지 코디의 폭이 넓다.

싸이하이 부츠

THIGH HIGH BOOTS

허벅지 부근까지 오는 매우 긴 부츠. '니하이'는 무릎이 가려질 정도의 길이를 말하며, 허벅지 중간 정도까지 오는 길이를 '싸이하이'라고 하는 것이 일반적이나, 기장을 강조하기 위해 싸이하이라고 표기하는 니하이도 많다.

※ 신발 등 부분의 가죽을 바깥으로 끌어들여, 바느질선이 보이도록 밑창을 꿰매는 봉제방법.

버튼 업 부츠

BUTTON UP BOOTS

끈이 아닌 여러 개의 단추를 채워 올리는 부츠를 말한다. 19세기에서 20세기 초에 걸쳐 유럽과 미국에서 유행했다. 그랜드파 부츠, 버튼드 하이 슈즈라고도 불린다.

샌들 부츠

SANDAL BOOTS

발끝이나 발꿈치가 드러난 부츠. 또는 발목까지 오는 부츠풍 샌들을 말한다. 샌들과 부츠가 합쳐진 의미의 합성어이다. 본 샌들도 샌들 부츠의 일종으로 취급하기도 한다.

샌들

SANDAL

발을 전체적으로 덮지 않고 끈이나 밴드 등으로 발을 고정해, 노출 부분이 많은 신발의 총칭. 주로 외출용이며, 스트랩을 뒤꿈치에 걸어 고정하지 않는 것은 '뮬'이라고 부른다. 고대 이집트 시대, 뜨거운 사막에서 발을 보호하기 위해 만들어졌다.

본 샌들

BONE SANDAL

여러 개의 가죽 스트랩으로 발을 고정하는 샌들. 고대 로마의 검투사(글래디에이터)가 신던 칼리가를 모티브로 한 신발을 글래디에이터 샌들이라고 부르며, 본 샌들과 비슷한 것이다.

칼리가

CALIGA

로마군 병사나 검투사가 신던 샌들. 여러 개의 밴드 형태 가죽으로 되어있어, 신발이 잘 벗겨지거나 움직이지 않는다. 본 샌들(글래디에이터 샌들)의 모티브가 되었다.

구르카 샌들

GURKHA SANDAL

가죽 띠를 엮어 갑피 부분을 만든 것으로, 통기성이 좋으면서 고정력이 큰 가죽으로 된 샌들. 네팔인들로 구성된 영국군 용병인 구르카병이 신었던 샌들을 모티브로 했다.

우라치

HUARACHE SANDAL

멕시코의 전통 신발로, 가죽끈을 엮어 만든 샌들이다. 얇은 굽과 바스켓 엮기로 만든 갑피가 특징이다. 리조트용이나 캐주얼로도 사용한다.

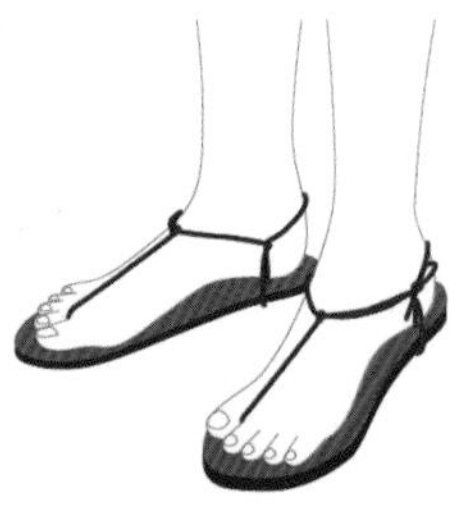

우라치 베어풋 샌들

HUARACHE BAREFOOT SANDAL

얇은 굽에 발목과 발등을 고정하는 끈을 달은 것이 전부인 샌들. 직접 손으로 만든 것도 많으며, 러닝용 샌들로도 사용한다.

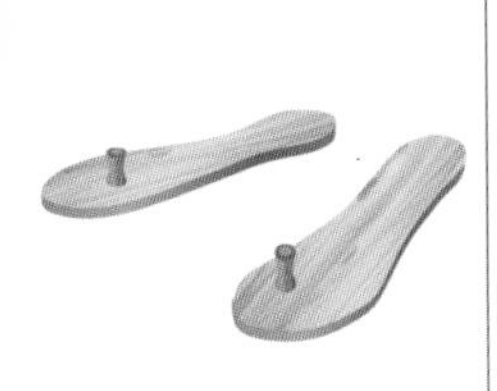

간디 샌들

GANDHI SANDAL

원래는 나무 판자에 돌기를 고정한 것으로, 엄지와 검지 발가락 사이에 끼워 신는 샌들을 말하는 것이었으나, 끈이 간단하게 달린 샌들을 가리키는 말로 쓰이기도 한다. 마하트마 간디가 애용했다고 하나, 확실치는 않다.

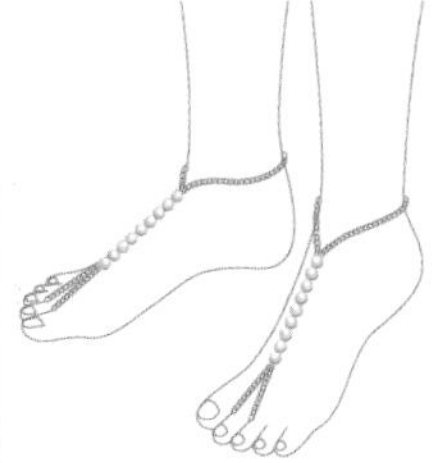

베어풋 샌들

BAREFOOT SANDAL

발가락에 걸어 발등부터 발목 부분을 꾸미는 장신구. 또는 발등과 뒤꿈치가 많이 보이게 한 샌들의 총칭. 샌들과 함께 착용해 맨발을 화려하게 꾸밀 때 사용한다.

비치 샌들

BEACH SANDAL

해변에서 맨발로 착용하는 나막신(쪼리) 형태의 굽이 낮은 샌들. 통 샌들이라고도 한다. 걸을 때 퍼덕퍼덕하는 소리가 나서 영어로는 '플립 플랩'이라고 부른다.

바부슈

BABOUCHE

뒤꿈치 부분이 드러나는 모로코의 전통 가죽 신발. 슬리퍼와 비슷한 모양이다. 또렷한 색채와 자수 등의 장식이 들어간 것이 많다.

에스파드리유

ESPADRILLE

알파르가타

ALPARGATA

리조트에서나 여름에 신는 샌들 형식의 신발로, 주트(麻)를 엮은 줄로 바닥을 만든 것이 특징이다. 신발 등 부분은 캔버스 천으로 된 것이 많다. 프랑스에서는 여름 실내화로도 사용한다. 프랑스어로는 에스파드리유, 스페인어로는 알파르가타라고 부른다. 끈이 달린 전통적인 스타일은 스페인에서 많이 신고, 프랑스에서는 끈이 없는 캐주얼한 것이 많다.

카이테스

CAITES

멕시코 부근에서 착용하는 샌들. 바닥은 마(麻), 신발등은 가죽으로 만든다.

사보 샌들

SABOT SANDAL

발끝부터 발등 부근까지를 덮고, 그 윗부분은 드러낸 디자인의 샌들. '사보'는 나막신을 의미하며, 원래는 가벼운 나무를 파서 만든 나막신을 뜻하는 말이었다. 나무나 두꺼운 코르크로 만든 창에, 가죽이나 천으로 신발등 부분을 달아 만드는 것이 일반적이다.

썸 루프 샌들

THUMB LOOP SANDAL

엄지발가락을 넣는 부분이 고리로 되어있는 샌들. 고정하는 힘이 크지 않아 굽이 낮은 플랫 샌들에 많이 쓰인다. 엄지발가락을 고정하는 부분의 이름을 따 '썸 홀더'라고도 부른다.

뮬

MULE

발을 전체적으로 덮지 않고 발끝만 고정한 것으로, 뒤꿈치를 잡아주는 밴드 등이 없는 샌들.

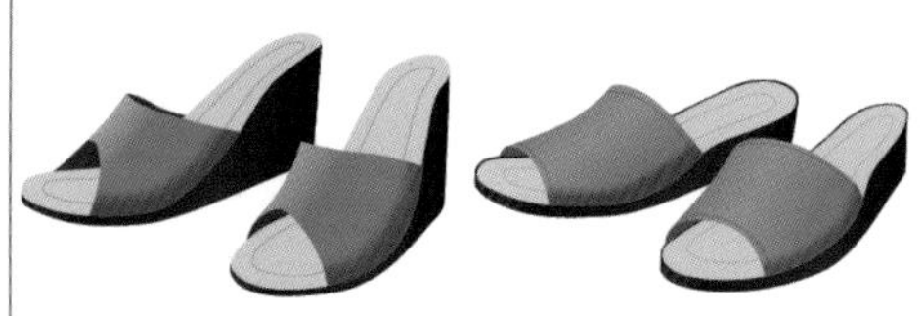

헵 샌들

HEP SANDAL

발끝이 뚫려있고 뒤꿈치에 벨트나 끈이 없는 뮬 스타일 샌들. 신발창이 웨지 솔 (p.110) 이다. 헵번 샌들의 줄임말로, 오드리 헵번이 영화에서 신었던 것에서 유래했다. '헵'으로 짧게 줄여 쓰기도 한다.

슬립온

SLIP-ON

신발끈 등의 고정하는 것 없이 신을 수 있는 신발의 총칭. 신발 입구에 고무밴드가 덧대어있어 신축성이 있다.

스니커즈

SNEAKERS

바닥이 고무로 된 천 또는 가죽으로 만든 신발. 주로 스포츠용이다. 천으로 만든 것은 캔버스 슈즈라고도 한다. 일반적으로 땀을 흡수하는 소재를 안쪽에 사용하며, 발등에서 끈을 묶어 고정한다. 밑바닥의 고무창이 운동할 때에 마찰력을 높여준다.

옥스퍼드 슈즈

OXFORD SHOES

발등을 신발 끈으로 묶어 신는 단화, 가죽 신발의 총칭. 영국의 옥스퍼드 대학 학생들이 1600년대에 착용했던 것에서 이름이 붙었다.

스펙테이터 슈즈

SPECTATOR SHOE

1920년대 사교장이었던 스포츠 관전을 할 때 신사들이 신던 신발. 스펙테이터는 '관객'이라는 뜻이다. 남성용은 검정과 흰색 또는 갈색과 흰색으로 된 것이 일반적이다.

윙클 피커즈

WINKLE PICKERS

끝이 뾰족한 구두로, 영국에서 50년대부터 주로 로큰롤 팬들이 신었던 것이다. 지금은 펑크 로커가 자주 신는 이미지로 정착했다.

블루처

BLUCHER

신발의 등 부분을 양쪽에서 감싸듯이 끈으로 조여 신는 가죽 구두로, 끈으로 묶는 구두 중 가장 대중적이다. 프로이센군의 블뤼허 장군이 고안한 것으로, 블뤼허의 영어 발음에서 이름을 따왔다.

밸모럴

BALMORAL

신발 입구가 V자로 되어있으며 주로 끈을 묶어 신는 가죽 구두. 19세기 중기, 빅토리아 여왕의 부군인 앨버트공이 밸모럴 성에서 디자인 한 것에서 이름이 유래했다고 한다.

브로그

BROGUE

메달리언(p.111) 이나 퍼포레이션(구멍을 연속으로 뚫는 가공) 등, 여러 장식을 한 가죽 구두를 말한다. 윙 팁 (p.111) 슈즈의 원형으로 여겨진다.

새들 슈즈

SADDLE SHOES

발등 부분에 색이나 재질이 다른 가죽을 사용해 안장(새들)을 붙인 것 같은 디자인의 구두. 끈으로 여미며 길이가 짧다. 다른 소재를 조합해 만드는 콤비 슈즈의 일종이다. 영국에서 예전부터 많이 사용하던 디자인이다.

킬티 텅

KILTIE TONGUE

구두의 앞쪽에 가위밥을 넣은 장식과 매듭을 붙인 가죽 덮개, 또는 가죽 덮개로 장식한 구두를 말한다. 골프 슈즈 등에 자주 쓰인다. 숄 텅이라고도 부르며, 킬트 스커트의 주름과 닮은 혀 모양의 덮개 때문에 이런 이름이 붙었다.

길리

GILLIE

스코틀랜드의 민족 무용을 출 때 신는 구두. 스트랩 홀이 들쭉날쭉하게 파도 모양으로 된 것이 특징이다. 원래는 수렵이나 농업 시에 착용했다. 발목까지 끈으로 고정해 신는 것도 있다.

데크 슈즈

DECK SHOES

요트나 보트의 갑판 위에서 착용하기 위해 만든 구두. 바닥에 빗금이나 물결 모양을 새겨 미끄러지지 않도록 가공한 것이다. 배 위에서 착용할 수 있도록 방수성이 좋은 오일 레더로 만들었다.

모카신
MOCCASIN

발등을 U자로 꿰맨 단순한 디자인의 슬립온(p.104) 구두. 또는 그런 모양으로 가죽을 꿰매는 재봉 방법을 말한다. 원래는 한 장의 사슴 가죽으로 바닥부터 발을 감싸는 모양으로 발등 부분을 꿰맨 것을 말한다.

왈라비
WALLABIES

발등이 모카신보다 더 큰 U자형으로, 끈을 양쪽에서 조여 고정하는 형태의 구두. 원래는 영국의 크록스 사가 1966년 판매를 시작한 부츠의 상품명이다.

로퍼
LOAFER

끈으로 고정시키지 않고 신을 수 있는 슬립온 타입 구두 중 하나. 일러스트처럼 발등 부분에 동전이 들어갈 만한 홈이 있는 것을 '페니 로퍼'나 '코인 로퍼'라 하며, 술 장식이 되어 있는 것을 '태슬 로퍼'라고 한다.

태슬 로퍼
TASSEL LOAFER

'게으른 사람'이라는 뜻의 로퍼 중, 태슬 장식을 달은 것. 태슬(p.144)은 술 장식을 말한다. 미국에서는 변호사들이 많이 신는다는 이미지가 있다.

어스 슈즈
EARTH SHOE

뒤꿈치보다 발가락 쪽이 높게 들린 형태의 밑창이 특징이다. 요가의 마운틴 포즈를 기준으로 설계되었다. 바른 자세를 도와주고 관절의 스트레스를 덜도록 만들어진 것이다.

풀레느
POULAINE

폴란드에서 만들어진, 발끝이 뾰족하게 위로 향한 실루엣의 구두. 중세~르네상스에 걸쳐 서양에서 신었다. 이 신발을 주로 신던 귀족들은 노동을 하지 않았기 때문에 실용성이 낮은 형태로 만들었다는 설이 있다.

플랫 슈즈
FLAT SHOES

주로 여성용으로 굽이 없거나 아주 낮아 밑이 평평한 모양의 구두. 또는 그런 구두창을 말한다. 앞부리가 둥근 펌프스 스타일이 많으며, 굽이 없기 때문에 발이 쉽게 피로해지지 않는다. 발레 슈즈가 대표적이다.

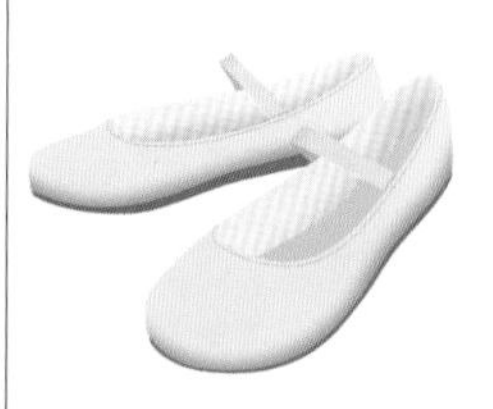

발레 슈즈
BALLET SHOES

발레를 출 때 신는 신발. 또는 그것을 본떠 만든 신발. 부드러운 소재를 사용해 납작하게 만든다.

커터슈즈

CUTTER SHOES

굽이 2㎝ 이하로 낮은 펌프스 스타일의 구두. 발등이 모카신처럼 된 것과 펌프스처럼 된 것 두 종류가 많지만 다른 베리에이션도 다양하다. 사브리나 슈즈와 비슷하다.

사브리나 슈즈

SABRINA SHOES

굽이 낮고 얕은 펌프스 스타일의 구두. 영화 '사브리나'에서 오드리 헵번이 신었던 것에서 유래했다. 부드러운 소재로 된 것이 많다. 커터슈즈와 비슷하다.

오페라 슈즈

OPERA SHOES

오페라 관람 시나 이브닝 파티 때 신는 신사용 오페라 펌프스가 모티브인 구두. 현재는 여성용으로도 많이 나와 있다. 검정 새틴이나 에나멜 소재에, 발끝 부분에 견으로 된 리본이 붙어있는 것이 기본적인 모양이다.

메리제인

MARY JANE

스트랩으로 고정하는 구두로, 그중에서도 뒤꿈치가 낮고 굽이 조금 두꺼우며, 광택이 있는 검정색의 펌프스가 전형적이다. 메리제인이란 이름은, 만화 '버스터 브라운'에서 이 구두를 신었던 주인공 여동생의 이름이다.

T스트랩 슈즈

T-STRAP SHOES

발등 부분을 고정하는 스트랩이 T자로 된 구두. 종류에 따라 T스트랩 샌들, T스트랩 펌프스 등으로 나눠 부른다.

펌프스

PUMPS

끈이나 고리가 없고 발등이 노출된 구두의 총칭.

오픈 토

OPEN TOE

주로 펌프스 등, 발등을 덮는 구두의 앞코가 트여진 것. 또는 그런 구두를 말한다. 포멀한 곳에서는 발끝이나 발꿈치를 노출하는 구두는 선호하지 않는다. 오픈 토를 신을 때 트인 부분에서 스타킹이 보이는 것도 바람직하지 않다.

핍토

PEEP TOE

핍이란 '훔쳐보다, 훔쳐 봄'이란 뜻이다. 주로 펌프스에 발끝이 작게 트여있는 것, 또는 앞코가 트인 구두를 말한다. 오픈 토보다 트임이 작다. 일반적으로 포멀한 장소에는 적당하지 않다.

라운드 토

ROUND TOE

완만한 곡선으로 된 발끝 부분(토 라인) 모양. 또는 발끝이 둥근 구두 자체를 가리킨다. 신기 쉬우며, 유행을 타지 않는다. 포멀, 캐주얼 어떤 상황에든 어울리는 베이직한 구두이다.

포인티드 토

POINTED TOE

구두 끝이 뾰족한 것. 또는 끝이 뾰족한 구두 자체를 가리킨다. 스타일리쉬 하며 차가운 인상이 강하다. 시각적으로 발이 길고 볼이 좁아 보이는 효과가 있다.

아몬드 토

ALMOND TOE

발끝이 아몬드처럼 홀쭉한 모양. 또는 그런 발끝 모양의 구두 자체를 가리킨다. 포인티드 토와 라운드 토의 중간 모양이다. 밸런스가 좋아 코디하기 쉽다.

오벌 토

OVAL TOE

오벌(계란) 형의 토 라인. 또는 오벌형 디자인으로 된 구두 자체를 가리킨다. 에그 토라고도 한다.

스퀘어 토

SQUARE TOE

발끝이 각이 진 모양. 또는 그런 구두 자체를 가리킨다. 엄지와 검지 부분이 거의 같은 길이로 만들어져 있다. 클래식한 인상이 강하며, 비즈니스룩과 포멀한 장소에 어울린다.

도르세이 펌프스

D'ORSAY PUMPS

측면을 커트하여 발의 노출을 늘린 펌프스를 말한다. '댄디'의 대명사인 19세기 아티스트, 알프레도 도르세이 백작의 이름을 땄다. 세퍼레이트 펌프스와 같은 의미.

세퍼레이트 펌프스

SEPARATE PUMPS

발가락을 덮는 부분과 발꿈치를 덮는 부분이 나누어진 펌프스. 붙잡아주는 힘을 늘리기 위해 발꿈치 쪽에 보통 펌프스에는 없는 백 스트랩을 단 것도 있다. 도르세이 펌프스와 같은 의미로 쓰기도 한다.

슈티

SHOOTY

부티(p.100)와 펌프스의 중간 모양으로, 복사뼈가 겨우 보일 정도로 신발 등 부분이 깊은 펌프스. 슈즈와 부티의 합성어이다. 등 부분의 면적이 커 디자인적 특징을 드러낼 수 있다.

백 스트랩 슈즈

BACK STRAP SHOES

아킬레스건 부분에 벨트나 가죽끈을 둘러 버클 등으로 고정하는 슈즈. 펌프스나 샌들 스타일이 많다. 사이즈 조절이 되며 걸을 때 잘 벗겨지지 않는다. 발꿈치를 노출해 발목을 말끔하게 보여줄 수 있지만, 포멀한 장소에는 어울리지 않는다. 슬링 백 슈즈, 오픈 백 슈즈, 백 벨트 슈즈, 백 밴드 슈즈 등 다양한 이름으로 불린다.

크로스 스트랩 슈즈

CROSS STRAP SHOES

발등에서 교차되는 스트랩, 또는 X자의 스트랩이 달린 디자인의 구두를 말한다.

로킹호스 슈즈

ROCKING HORSE SHOES

발끝 부분이 위로 들린, 나무로 된 아주 두꺼운 밑창을 가진 구두. 목마(로킹호스)를 떠오르게 한다. 밑창이 무겁기 때문에 구두를 발목에 고정시키는 밴드가 달린 것이 많다.

초핀

CHOPINE

14~17세기 이탈리아와 스페인에서 유행했던 밑창이 두꺼운 구두. 긴 스커트와 함께 신었다. 하이힐의 기원이라고도 하며, 후에 하수 설비가 없던 시대 파리에서 길가의 오물에 옷이 더럽혀지는 것을 막으려고 하이힐을 신게 되었다는 설도 있다.

패튼

PATTEN

유럽에서 중세~20세기 초에 걸쳐 외출 시 신발이 오물이나 진창에 더럽혀지지 않도록 신발 위에 신은 오버슈즈. 나막신 같은 형태나, 고리 모양의 쇠붙이가 달린 것 등이 있었다.

오버게이터

OVERGAITER

바지의 틈으로 눈이나 비, 진흙 등이 들어오는 것을 막고, 보온성을 높이기 위해 신발 위에 걸치는 덮개. 신발 위에 벨트로 고정한다. 등산용으로 많이 쓰이며, 게이터라고 부르기도 한다.

스톰

STORM

밑창 부분을 두껍게 덧대는 처리 방법. 또는 두껍게 덧댄 밑창 부분을 말한다. 플랫 신발이나 굽이 있지만 밑창이 얇을 때 등에도 사용한다.

플랫폼 슈즈

PLATFORM SHOES

발꿈치 부분과 발끝 부분이 양쪽으로 높은 신발. 또는 그런 밑창을 말한다. 발꿈치부터 발끝까지가 이어져 밑창의 두께가 같은 것을 가리키기도 한다. 플랫폼은 '단, 연단'을 의미한다.

웨지 솔

WEDGE SOLE

밑창이 발의 굴곡대로 커트되어있지 않고 평평한 모양으로 되어있는 것. 웨지는 '쐐기 모양'을 뜻한다.

핀 힐

PIN HEEL

핀처럼 얇고 뾰족한 굽. 또는 그런 굽의 신발을 말한다. 섹시함을 강조할 수 있다. 스틸레토 힐이라고도 하며, 단검(스틸레토)처럼 굽이 길고 얇아 이런 이름이 붙었다.

이탈리안 힐

ITALIAN HEEL

얇고 곧게 긴 굽. 또는 굽의 뒤가 안쪽으로 곡선을 이루는 여성용 신발의 굽. 또는 그런 굽의 신발

청키 힐

CHUNKY HEEL

비교적 두꺼운 굽. 또는 두꺼운 굽의 신발을 가리킨다. 굵은 굽을 말하기도 하지만, 두꺼운 밑창이라는 뜻으로 청키 플랫폼이라는 표현을 쓰기도 한다.

피나포어 힐

PINAFORE HEEL

발바닥이 한 장으로 이어진 신발창. 또는 그런 구두를 말한다.

콘 힐

CONE HEEL

굽이 붙은 쪽이 두껍고 바닥으로 향할수록 얇아지는 형태로, 끝이 둥근 굽의 모양. 또는 그런 구두를 가리킨다. 아이스크림콘에서 이름이 유래했다.

스풀 힐

SPOOL HEEL

땅에 닿는 부분과 윗부분에 비해 가운데가 얇은 모양의 굽. 또는 그런 굽의 구두를 말한다. 실패(스풀)의 모양과 닮아 이런 이름이 붙었다.

쿠반 힐

CUBAN HEEL

굽의 뒷부분이 내려갈수록 앞을 향해 비스듬히 떨어지는 형태의 두꺼운 굽. 웨스턴 부츠 등에 사용된다.

바나나 힐

BANANA HEEL

곡선의 굽에 땅에 닿는 부분이 살짝 가늘다. 밑창이 두꺼운 편이며, 이름 그대로 바나나와 닮은 굽을 말한다.

스패니시 힐

SPANISH HEEL

굽 앞쪽은 수직으로 떨어지고 뒤쪽은 곡선으로 내려오는 굽. 기타 중 헤드가 이 굽과 비슷한 모양인 것이 있는데, 동일한 이름으로 부른다.

플레어 힐

FLARED HEEL

땅으로 향할수록 넓어지는 굽. 또는 그런 굽의 신발을 말한다.

커브 힐

CURVED HEEL

안쪽으로 곡선을 그리는 굽. 또는 그런 굽의 신발을 말한다.

스택 힐

STACK HEEL

가죽이나 판자 등 얇은 소재를 층층이 쌓아 만든 굽. 줄무늬 프린트가 있는 것도 있다.

메달리언

MEDALLION

구두의 발끝 주변에 작은 구멍(펀칭)을 여러 개 뚫은 장식을 말한다. 원래는 구두 안쪽의 습기를 없애기 위한 것이다. 휘장이나 메달을 장식한 것을 가리키기도 한다.

윙 팁

WING TIP

구두의 발끝 주위에 W자의 이음선이나 자수를 놓은 것으로, 그 모양이 날개와 비슷해 이런 이름이 붙었다. 펀칭 장식인 메달리언과 같이 쓰이는 경우가 많다.

트레몬트 해트

TREMONT HAT

좁은 챙(브림)과 위로 갈수록 좁아지는 크라운(모자의 윗부분)이 특징인 모자. 크라운의 가운데를 접지 않고, 뾰족한 채로 쓴다.

홈부르크 해트

HUMBURG HAT

챙 전체가 말려 올라가있고 챙의 가장자리에 실크 테이프를 둘러 장식한 모자. 크라운 중앙에 접은 선이 있다. 남성용 정장에도 함께 착용한다.

중산모(볼러)

BOWLER

딱딱한 펠트로 만들어진, 정수리가 둥글고 일반적으로 짧은 챙이 위로 들린 형태의 모자. 주로 남성이 착용하며, 예복으로 쓰인다. 19세기 초 영국의 윌리엄 볼러가 만들어 볼러 해트라고도 부르고, 승마장에서 많이 착용해 더비 해트라고도 불린다. 또, 하드 펠트 해트라고도 한다.

캉캉 모자(보터)

BOATER

짚으로 만든 모자. 원통형으로 평평한 크라운, 수평의 챙이 특징이다. 원래는 남성용이다. 리본이나 끈으로 매듭짓는 것이 많다. 예전에는 니스나 풀을 먹여 두드리면 '땅땅'(캉캉) 소리가 날 정도로 딱딱하여, 혹은 캉캉 춤을 출 때 착용해 캉캉 모자라고 불리게 됐다고 한다. 선원 혹은 수병이 잘 손상되지 않고 가벼운 모자로 고안하여 만들었다고 한다. 영어로는 보터, 프랑스어로는 카노티에라고 한다.

헌팅 캡

HUNTING CAP

짧은 앞차양이 있고 뒤통수 쪽이 점점 길어지는 모양의 수렵용 모자. 19세기 중반 영국에서 만들어졌다. 머리에 꼭 맞아 잘 벗겨지지 않아 골프칠 때 착용하는 사람도 많다. 셜록 홈즈가 이 모자와 비슷한 디어스토커(p.117)를 썼기 때문인지 탐정이나 형사가 쓰는 이미지가 강하다. 차양의 폭이나 크기로 인상이 달라진다. 카스케트(p.115)도 헌팅 모자 중 하나이다.

베레

BERET

둥글고 납작하며 챙이나 가장자리가 없는, 울이나 펠트 소재의 부드러운 모자. 바스크 지방의 농민이 승려의 모자를 따라 만든 것이 기원이라고 여겨져, 바스크 베레라고도 한다. 정수리 부분에 손잡이나 술 같은 장식이 달린 것이 많다. 아랫부분에 트리밍(테두리 장식)이 되어있는 것을 아미 베레라고 나누어 부르기도 한다. 미 육군 특수부대가 착용하여 '그린 베레'가 특수부대의 별명이 되었다. 피카소나 로댕 같은 화가나 데즈카 오사무 등 만화가가 애용하여, 예술가 이미지가 강하다.

태머섄터

TAM-O'-SHANTER

약간 큰 베레모의 정수리 부분에 털 방울이 달려있는 모자. 스코틀랜드의 민족의상이 기원이다.

네루 해트

NEHRU HAT

원통형으로 되어 위가 평평한, 인도의 네루 수상이 애용했던 모자.

티롤리안 해트

TYLOLEAN HAT

좁은 챙에 앞이 내려가고 뒤쪽은 접어 올린, 펠트로 만든 모자. 티롤 지방 농부가 쓰던 모자가 기원이다. 옆쪽을 깃털로 장식한 것이 많다. 알파인 해트라고도 부르며, 등산용으로 많이 쓰인다.

솜브레로

SOMBRERO

펠트나 짚으로 만들어진, 모자 윗부분이 높고 챙이 매우 넓은 멕시코 모자. 자수나 끈 등으로 장식한 것이 많다. 스페인어로 '그늘'을 의미하는 'sombra'에서 붙은 이름이다.

센터 크리스

CENTER CREASE

크라운의 중앙이 눌려 들어간 모자. 산 모양으로 높고 챙이 좁으며, 두꺼운 폭의 리본을 두른 것이 많다. 소프트 해트, 페도라 등으로 부르기도 한다. 중절모.

스냅 브림 해트

SNAP BRIM HAT

챙이 늘어진 모자. 챙(브림)의 틀에 탄력이 있어, 편하게 접어 구부려 쓰는 것이 가능하다. 소프트 해트라고도 한다.

파나마 해트

PANAMA HAT

토키야풀(파나마모자풀)의 잎을 찢어 만든 끈으로 짠, 챙(브림)이 달린 모자. 가볍고 견고하며 통기성이 좋아, 여름 리조트에서 많이 쓴다. 유연한 것이 특징이다. 에콰도르가 원산지이며 이름은 출하항인 파나마에서 유래했다.

가르보 해트

GARBO HAT

폭넓은 챙이 늘어져 부드러운 인상의 모자. 여배우 그레타 가르보가 즐겨 써 이런 이름이 붙었다. 슬라우치 해트와 거의 비슷하다.

실크 해트

SILK HAT

신사용 예복의 모자. 원통형 크라운에 윗면은 평평하며 챙의 양쪽이 위로 올라가있다. 크라운에 접은 줄이 있으면 홈부르크 해트(p.112)라고 한다. 톱 해트라고도 부른다.

가우초 해트

GAUCHO HAT

남아메리카 초원지역의 목동인 가우초들이 쓰는 모자. 위로 갈수록 조금씩 좁아지는 크라운과 넓은 챙이 특징이다.

캐플린(카플리느)

CAPELINE

'챙이 넓은 모자'의 총칭. 프랑스어이다. 크라운에 크고 부드러운 챙이 달린 것과, 끝이 안쪽으로 말리듯 들어간 것이 대표적이다. 짚이나 삼베로 된 것이 많다.

베르제르 해트

BERGERE HAT

폭이 넓고 부드러운 챙과 작고 낮은 크라운이 특징인 짚으로 만든 모자. 지금은 다양한 소재로 만든다. 턱밑에서 끈을 묶어 고정한다. 마리 앙투아네트가 착용했던 것으로 유명하며, 밀크메이드 해트라고도 부른다.

브레톤

BRETON

얕은 챙이 위로 말려 올라간 모양, 또는 그런 형태의 모자를 말한다. 특히 앞챙이 위로 올라가고, 뒤쪽은 내려간 것을 가리키는 경우가 많다. 원래는 프랑스의 브르타뉴 지방 농민이 쓰던 모자이다.

클로슈

CLOCHE

챙이 좁고 밑을 향하며, 종 모양으로 크라운이 살짝 얕은 여성용 모자. 리본을 두른 것이 많다. 챙이 얼굴을 덮기 때문에 차광성이 좋다.

머슈룸 해트

MUSHROOM HAT

챙이 아래로 쳐지고 살짝 안쪽으로 들어간, 실루엣이 버섯(머슈룸)과 닮은 모자의 총칭.

크루 해트

CREW HAT

6장에서 8장을 이어 붙여 만든 둥근 크라운과 스티치 장식을 한 챙이 특징. 일본 어린이집이나 유치원에서 유아가 쓰는 노란색 모자가 크루 해트다. 메트로 해트라고도 한다.

카스케트

CASQUETTE

헌팅 모자 중 하나. 여러 장을 이어 만든 크라운에, 앞차양이 붙은 캡 모자이다. 크라운이 헐렁하고 볼륨이 있는 것을 헌팅 캡과 구별해 부르기도 한다. 모즈 스타일의 대표 아이템이다.

아폴로 캡

APOLLOCAP

미국항공우주국(NASA) 스태프가 쓰는 작업용 모자가 모티브. 챙이 긴 야구모자 형태로, 챙에 월계수 자수가 있는 것이 특징이다. 소방서나 경찰, 경비회사 등에서 제복으로 쓰이는 경우도 많다.

제트 캡

JET CAP

앞면에 한 쪽, 윗면에 두 쪽, 좌우로 한 쪽씩 총 5쪽으로 만들어진 얕은 크라운에 넓은 챙이 달린 캡. 좌우에 통기를 위한 구멍이 뚫린 것이 많으며, 스트리트 패션에서 많이 볼 수 있다. 파이브 패널이라고도 부른다.

카우보이 해트

COWBOY HAT

미국 서부의 카우보이가 쓰는 모자. 챙이 넓고 위를 향하며, 크라운 중앙에 접은 선이 있다. 서부 개척시대 웨스턴 해트의 일종이다. 캐틀맨(CATTLEMAN) 스타일이 가장 대표적이다.

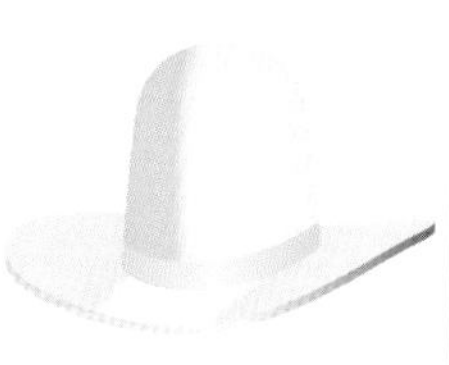

텐갈론 해트

TEN-GALLON HAT

챙이 위를 향하고 크라운이 둥근 웨스턴 해트의 일종. 큰 분류로 웨스턴 해트에 속하지만 실제로 카우보이들이 자주 쓰는 모자는 아니다.

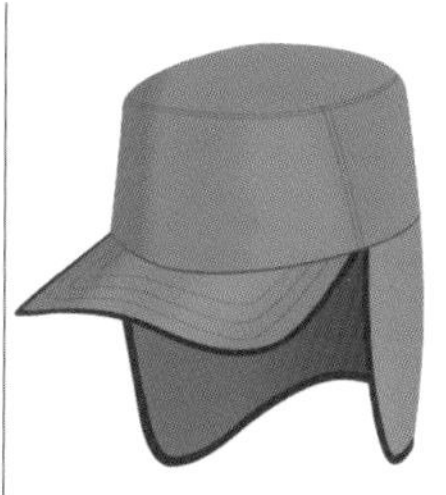

케이프 해트

CAPE HAT

머리 뒷부분을 가리는 천이 덧붙은 모자를 말한다. 덧댄 천이 케이프와 비슷해 이런 이름이 붙었다.

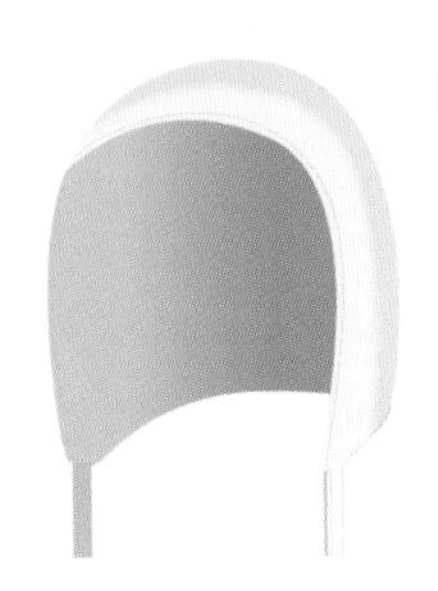

비긴

BIGGIN

두건처럼 머리에 꼭 맞는 실루엣으로, 모자에 달린 끈을 턱 아래에 묶어 고정하는 모자이다. 주로 아이들이 하며, 나이트캡을 가리키기도 한다. 벨기에의 베긴 수녀원의 두건이 기원이라고 한다.

만틸라

MANTILLA

레이스나 실크로 되어 어깨까지 내려오는 것이다. 여성용으로 스페인에서는 뒷머리에 빗을 꽂아 높게 하여 쓴다. 만티야라고도 부른다.

보닛

BONNET

바볼레

BAVOLET

보닛은 18~19세기 유럽의 대표적인 부인모이다. 부드러운 천 소재로 앞챙(브림)이 달린 것도 있지만 원래는 챙이 없는 모자이다. 정수리부터 뒷머리까지를 덮고 이마를 드러내며, 턱 아래에서 끈으로 고정한다. 남성용도 있었다. 원래는 기혼자들이 쓰던 것이지만 최근에는 로리타 패션, 아동복 등에서 볼 수 있다. 바볼레는 보닛의 목 부분에 다는 베일을 말한다.

크레츠헨

KRÄTZCHEN

나폴레옹 시대 프러시아 병사가 쓴, 챙이 없는 동그란 모자. 펠트 소재가 많으며, 나폴레옹 시대 이후에도 각국 군대에서 사용되었다. 크레츠헨에 챙을 단 것이 경관 모자의 원형이라고 한다.

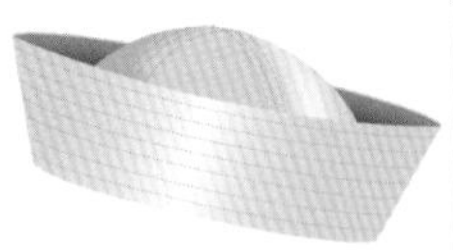

세일러 해트

SAILOR HAT

해군 병사의 모자로 일러스트처럼 챙을 전부 위로 접어 쓰는 것이 일반적이다. 고브 해트라고도 한다. 챙을 밑으로 내리면 헬멧 같은 크루 해트(p.115) 형태가 된다.

마린 캡

MARINE CAP

선원이나 유럽의 어부가 착용하는 모자. 교복 모자나 경관 모자와 비슷하며, 머리 부분이 부드러운 소재로 되어있다.

라이딩 캡

RIDING CAP

승마용 둥근 모자. 말에서 떨어졌을 때 머리를 보호하기 위해 헬멧처럼 단단하게 만든다. 겉면은 벨벳이나 벅스킨으로 된 것이 많다. 자키 캡이라고도 한다.

폭스 헌팅 캡

FOX HUNTING CAP

여우 사냥할 때 쓰던 수렵용 모자. 라이딩 캡의 원형이라고 한다. 이름이 비슷해 헌팅 캡과 혼동되기도 하지만, 다른 것이다.

디어스토커

DEERSTALKER

큰 귀덮개를 윗부분에서 리본으로 고정하게 만든 사냥용 모자. 앞뒤로 차양이 있어, 뒤쪽에 있는 나뭇가지 등으로부터 머리를 보호할 수 있다.

사이클 캡

CYCLING CAP

얇고 짧은 차양이 붙은 자전거용 모자. 고개를 숙여도 시야를 가리지 않도록 차양이 위로 접혀 올라가 있다. 땀이 눈에 들어가는 것을 막거나, 헬멧 밑에 꼭 맞게 착용하기도 한다. 사이클링 캡이라고도 한다.

케피

KÉPI

경찰이나 군대 등에서 사용하는 위가 평평하고 차양이 짧고 수평인 모자. 1830년대 프랑스 육군 제복의 모자이다. 프랑스의 학생모나 경관모, 우편배달부의 모자 등 관제 모자의 총칭이다.

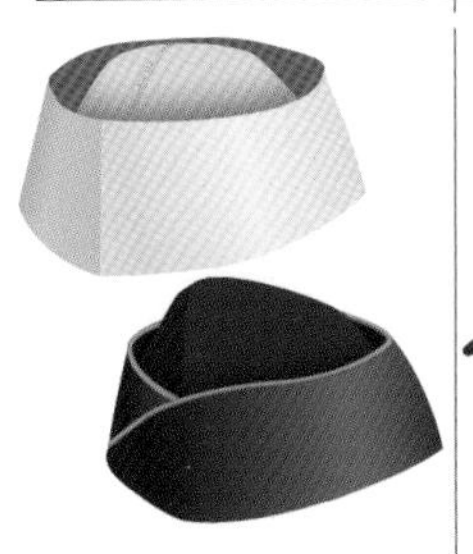

오버시즈 캡

OVERSEAS CAP

군대에서 해외 파병용으로 사용된 모자로, 차양이 없고 작게 접을 수 있는 것이 특징이다. 개리슨 캡이라고도 한다.

선 바이저

SUN VISOR

직사광선에서 눈을 보호하기 위한 햇빛 가리개용 모자로, 앞 챙과 벨트가 있다. 골프나 테니스 같은 운동을 할 때 많이 사용한다. 아이 셰이드, 선셰이드라고도 한다.

이튼 캡

ETON CAP

짧은 앞 차양이 달린 머리에 꼭 맞는 둥근 모자로, 영국 이튼 칼리지의 모자가 기원이다.

모터보드 캡

MORTARBOARD CAP

14세기부터 대학이나 아카데미의 모자로 사용되는, 위가 판판한 모자. 미장이가 회반죽을 받쳐 드는 흙받기(모터보드)와 닮은 모양이라 이런 이름이 붙었다.

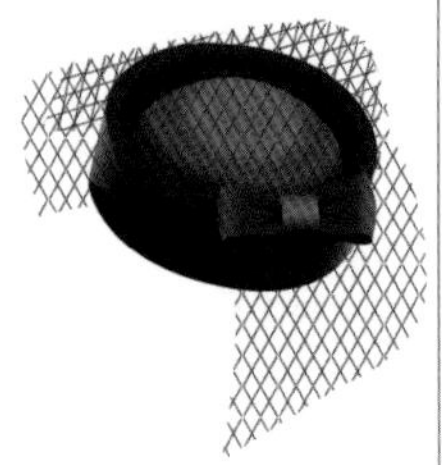

토크

TOQUE

얕은 원통형의 모자로, 중세 귀족들이 착용했다. 베일이 달린 것이 많다.

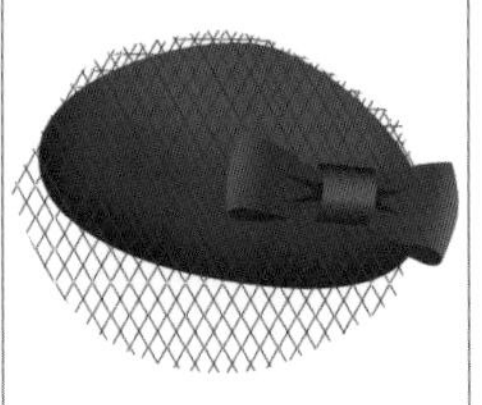

칵테일 해트

COCKTAIL HAT

칵테일 드레스와 맞춰 착용하는 모자의 총칭. 드레스와 같은 소재로 만들어 레이스나 리본, 깃털 등의 장식을 한 것이 많다. 토크도 칵테일 해트로 많이 사용한다.

타부슈

TARBOOSH

챙(브림)이 없는 원통형의 모자로, 이슬람교도가 터번 대신 착용한다. 페즈, 셰시아라고도 한다.

글렌개리

GLENGARRY

스코틀랜드 글렌개리 계곡의 주민들이 착용하는 모자. 챙이 없고 울이나 펠트로 만든다. 군모로도 착용한다.

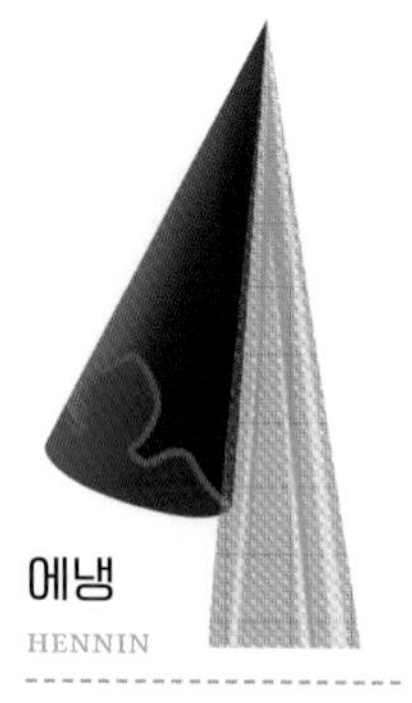

에냉

HENNIN

길쭉하게 높은 원뿔형 모자로, 중세 14세기경 유행했다. 에냉은 '각'이라는 뜻으로, 긴 베일을 늘어뜨리거나 마(麻) 천을 씌운 장식을 하기도 한다.

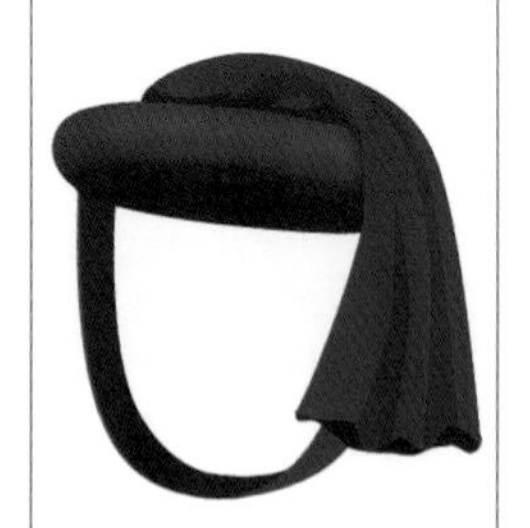

샤프롱

CHAPERON

중세 유럽에서 쓰던 것으로 두건 형으로 천을 길게 늘어뜨려 착용한다.

케푸페레

KEPUFERE

독일의 슈발름슈타트(SCHWALMSTADT) 부근의 미혼 여성이 쓰는 작은 컵 모양의 빨간 머리 장식을 말한다. 그림 동화 빨간 망토는 이 케푸페레와 연관이 있다고 한다.

클라운 해트

CLOWN HAT

서커스 등에서 어릿광대가 쓰는 모자로, 메가폰처럼 원뿔형으로 된 모양이 일반적이다.

워치 캡

WATCH CAP

해군 병대가 망을 볼 때 쓰는 니트 모자. 시야가 최대로 확보되도록 챙이 없으며, 머리 부분에 딱 붙는 것이 특징이다.

탬

TAM

코튼으로 짠 니트 모자. 특히 래스터패리언 컬러(빨강, 노랑, 초록, 검정)로 만들어진 것을 래스터 모자라고 하며, 레게 애호가들이 많이 착용한다.

플라이트 캡

FLIGHT CAP

비행기나 바이크를 운전할 때 착용하는, 방한·방풍을 위해 귀까지 덮는 모자. 트래퍼, 파일럿 캡, 비행모라고도 부른다. 귀덮개가 달려있으며 보통 고글과 함께 쓴다.

쿨리 해트

COOLIE HAT

넓게 퍼지는 원뿔형의 우산 모양 모자. 19세기 육체노동을 하던 중국의 노동자(쿨리)가 쓰던 것에서 이름이 붙었다. 현재는 나일론으로 만들며 낚시할 때 등에도 쓴다. 머리보다 높기 때문에 통기성이 좋다.

칠바 해트

CHILLBA HAT

넓게 퍼지는 원뿔형 우산 모양 모자로, 작게 접히는 부드러운 소재로 만들어진 것이 많다. 미국의 KAVU 사에서 만든 것이 유명하다. 우산과 머리 사이에 틈이 있어, 통기성이 좋다.

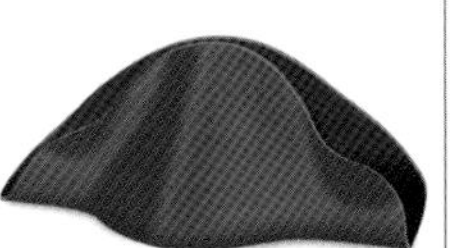

나폴레옹 해트

BICORNE

나폴레옹이 착용하여 유명해진 모자. 양쪽을 잡고 접은 모양의 뿔이 두개 있는 모자. 이각모, 콕트 해트, 바이콘, 비콘 등으로 부르며, 쓰는 법도 가로와 세로가 있다.

피리지앵 캡

PHRYGIAN CAP

원뿔형으로, 중간부터(주로 앞쪽으로) 휘어 흘러내리듯 된 부드러운 모자. 주로 빨간색이다. 고대 로마에서 해방된 노예가 착용했던 것으로, 이후 해방의 상징으로 여겨져 프랑스 혁명 시대에는 상퀼로트(혁명을 추진했던 사회계층)가 많이 썼다. 리버티 캡(LIBERTY CAP) 으로도 불린다.

코삭 캡

COSSACK CAP

러시아의 코삭병이 썼던, 모피로 만든 챙 없는 모자. 코삭 모자라고도 하며, 같은 모양에 귀덮개가 달린 모자는 우샨카, 러시아 모자 등으로 구별해 부른다.

우샨카

USHANKA

귀덮개가 달린 모피로 만든 챙 없는 모자. 러시아의 군대에서도 착용하는, 혹한의 추위를 위한 모자이다. 러시아 모자라고도 하며, 귀덮개가 없는 건 코삭 모자라고 부른다.

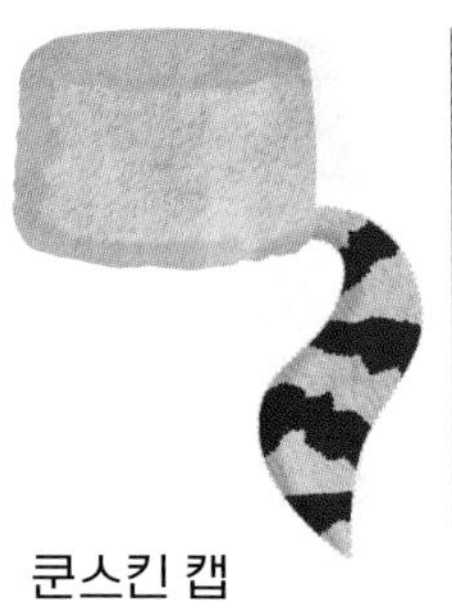

쿤스킨 캡

COONSKIN CAP

아메리카 너구리의 털가죽으로 만든 꼬리가 달린 원통형 모자. 쿤스킨은 아메리카 너구리의 털가죽(제품)을 의미한다. 미국 개척자의 이름을 붙여 데비 크로켓 해트라고도 부른다.

롤 캡

ROLL CAP

코튼으로 짠 니트 모자로 특히 가장자리를 롤업한 것을 가리킨다. 챙이 안쪽으로 둥글게 된 것을 롤 프림이라고 하며, 그런 모자 자체를 가리키기도 한다.

칼로트

CALOTTE

머리에 꼭 맞는 반구형의 모자. 가톨릭 사제가 머리에 쓰는 것이기도 하다. 스컬캡이라고도 하며, 헬멧 속에 착용하기도 한다.

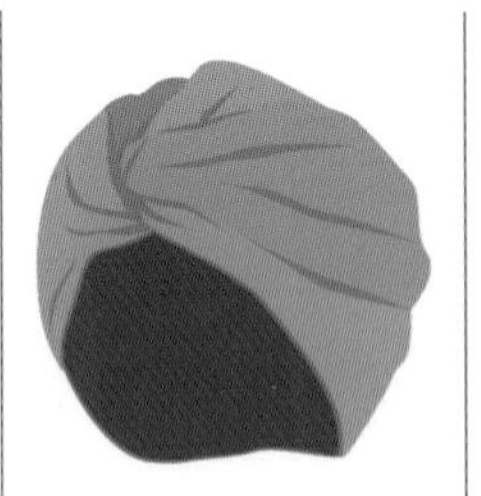

터번

TURBAN

중동이나 인도의 남성이 착용하는 머리 장식. 마(麻)나 무명, 견 등의 긴 천을 머리에 둘러쓴다. 이슬람교도, 인도에서는 시크교도가 사용한다. 또, 천을 감아 둘러 만든 모자 등도 터번이라고 부른다.

카피예

KUFIYA

아라비아 반도 부근의 남성이 쓰는, 천을 띠로 고정한 모자, 장신구를 말한다. 고정용 머리띠를 '아갈'이라고 하며 염소의 털 등으로 만든다. 빨간색과 흰색 무늬가 들어간 천이 가장 대표적이며, 고정하는 방법은 다양하다. 구트라라고도 한다.

파그리

PAGRI

스트로 해트(밀짚모자)로 머리 부분에 무명 같은 소재의 천을 둘러 감아, 남은 천을 뒤로 늘어뜨리는 터번의 일종. 햇빛을 가리기 위해 착용한다. 'pubree'라고도 표기한다.

히잡

HIJAB

이슬람 문화권의 여성이 머리를 가리기 위해 사용하는 천. 아랍어로 '가리개'라는 뜻이다. 헐렁하고 얇은 코트는 '아야바'라고 한다. 아라비아 반도의 민족의상이기도 하며, 눈과 손발 이외를 전부 가린다.

니캅

NIQAB

이슬람 문화권의 여성이 눈을 제외한 얼굴과 머리를 가리기 위한 베일로, 검정색이 많다. 아랍어로 '마스크'를 의미한다. 눈 부분이 망사로 된 망토 모양의 의복은 부르카(p.91)라고 한다.

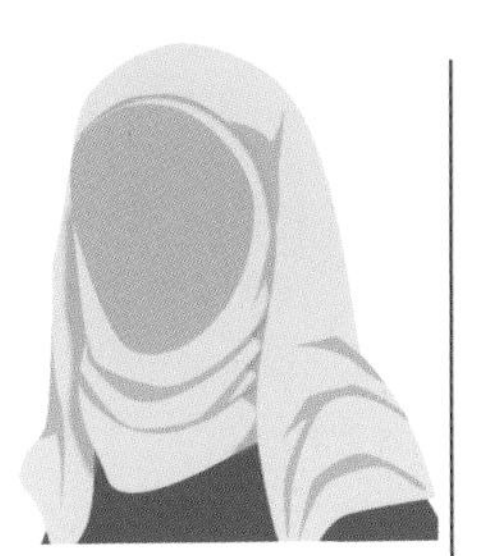

윔플

WIMPLE

중세 유럽의 여성들이 입던 머리부터 얼굴의 양옆, 목까지를 가리는 천 가리개이다. 근대 이후로는 수녀복으로 쓰인다.

발라클라바

BALACLAVA

머리뿐만 아니라 목 주변까지 덮는 방한용 모자. 눈 부분이 뚫려 있으며, 코나 입도 뚫린 것 등 여러 종류가 있다. 가리는 부분이 많은 것은 '페이스 마스크'라고도 부른다. 범죄자의 이미지가 강하다.

날씬해 보이는 코디 ❷

비치는 소재와 이너웨어

안이 비치는 소재로 된 상의의 경우, 안에 입은 이너웨어가 연한 색이면 상체 전체가 부어 보입니다. 명도가 낮고 짙어, 몸의 라인이 비치는 이너웨어를 입으면 귀엽고 날씬해 보입니다.

패시네이터

FACINATOR

플립이나 빗 위에 리본이나 레이스, 깃털 등을 조합한, 장식성 높은 머리 장식. 포멀한 장소나 파티 등에서 부인용 모자, 머리 장식으로 쓰이며, 칵테일 해트와 거의 같은 뜻으로 사용한다.

바레트

BARRETTE

머리핀의 하나로 몸체에 장식이 되어있고, 머리를 고정하는 클립형의 금속이 달린 것. 플라스틱이나 금속, 가죽띠 등을 주로 사용하는데, 최근에는 도자기로 된 것도 있다.

밴스 클립

VANCE CLIP

모발을 가로로 잡아 고정시키는 스타일의 머리장식. 중앙에 경첩이 있어 좌우 대칭으로 된 것이 많다. 해외에서는 클로 클립(CLAW CLIP)이라고 부른다. 집게 핀이라고도 부른다.

테일 클립

TAIL CLIP

머리를 하나로 묶을 때 쓰는 것으로, 둥근 형태이며 고리로 걸어 고정시키는 타입의 클립. 포니테일 등을 머리끈 없이 묶을 수 있다.

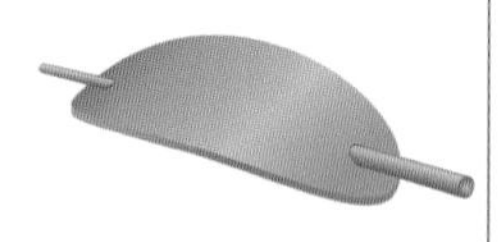

마제스테

MAJESTE

완만한 커브 부분에 머리카락을 맞춰 대어, 봉모양의 스틱을 꽂아 넣어 고정하는 머리장식. 비녀가 변형된 것이라고 한다.

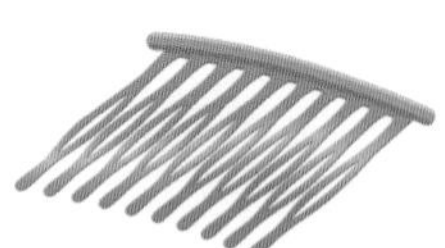

콤

COMB

가는 핀 같은 게 일정한 간격으로 늘어진 빗 모양의 머리장식.

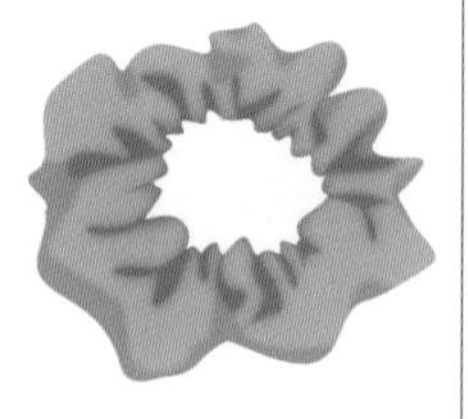

슈슈

CHOUCHOU

도너츠 모양으로 천에 고무줄을 통과시켜 줄어들게 한 머리장식. 영어로는 스크런치(SCRUNCHIE)라고 한다. 흔히 곱창밴드라고 부른다.

카추샤

KATYUSHA

탄력이 있는 수지나 금속으로 만들어진 C자형의 머리장식. 일본에서 독자적으로 붙인 이름으로 톨스토이의 소설인 '부활'의 여주인공 이름에서 따왔다. 비즈나 스와로브스키, 리본으로 장식하는 등 디자인이 다양하다.

카추무

KATYUME

뒷부분, 또는 전체가 고무로 되어있고, 착용하면 카추샤처럼 보이는 머리장식. 카추샤와 고무를 합친 합성어이다. 카추샤와 카추무 모두 영어의 헤어밴드, 헤드밴드과 같은 것이다.

브림

BRIM

모자의 챙 부분을 브림이라고 하나, 메이드복 등에서 자주 보이는 프릴이 달린 카추샤와 닮은 헤드드레스도 브림이라고 한다. 이 헤드드레스는 하얀색이 많으며, 화이트 브림이라고 부른다.

티아라

TIARA

머리 부분에 착용하는 보석 등이 박힌 여성용 머리장식. 관 형태의 고리 또는 뒤가 뚫려 머리카락으로 가리도록 된 반고리형으로, 장식은 앞부분에만 있다.

콩코드 클립

CONCORD CLIP

새의 부리와 닮은, 머리카락을 모아 끼워 고정하는 클립.

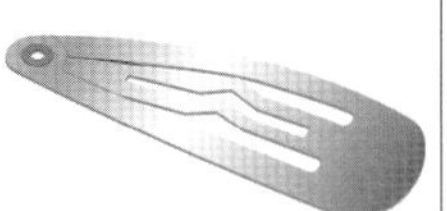

스냅 클립

HAIR SNAP CLIP

삼각형이나 마름모꼴로 된, 주로 금속판을 가공해 만든 머리카락 고정용 헤어핀. 고정시킬 때 소리가 나 똑딱 핀이라고도 한다.

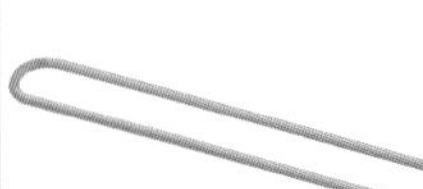

U핀

HAIR PIN

U자로 굽어진 헤어핀을 말한다. 머리를 올려 당고머리를 할 때 정리하기 편하며, 격식 있는 전통 복장을 할 때 업 스타일 헤어에 자주 사용된다.

아메리카 핀

AMERICAN PIN

철사를 접어 한쪽이 조금 짧고 물결로 되어, 끝이 살짝 젖혀진 헤어 핀. 바비 핀, 실핀이나 영국에서는 헤어 그립이라는 다른 이름으로 쓰이며, 모양에 따라서 나눠 부르기도 한다.

시뇽 캡
CHIGNON CAP

올림머리나 포니테일에 씌우는 덮개를 말한다. 시뇽은 '쪽진 머리'를 의미한다. 시뇽 네트나 시뇽 커버 등으로도 부른다.

이어 머플러
EAR MUFFLER

헤드폰과 같은 형태의 방한용 귀마개. 원래는 소음을 막기 위한 보호구를 가리키는 말. 이어와 머플러의 합성어로, 영어권에서는 이어 머프라고도 부른다.

헐렁한 상의와 스키니

상하의 모두 몸의 라인을 드러내는 것에는 많은 용기가 필요합니다. 헐렁하고 여유 있는 상의와 스키니 팬츠 (p.59) 나 레깅스 (p.61) 등의 명도가 낮은 딱 붙는 바지를 조합해 입으면 상반신의 라인을 가려주면서 날씬해보이게 합니다.

세로로 긴 액세서리로 시선 분산시키기

상의와 다른 색의, 세로로 긴 액세서리나 목걸이를 착용하는 것만으로도 시선을 분산시켜주고 세로 라인을 강조해, 전체적으로 슬림한 인상을 줍니다.

가로줄무늬보다 세로

똑같은 줄무늬라도 가로줄무늬보다 세로의 스트라이프가 위아래로 길어보이게 해, 더 시원스럽게 키가 커 보입니다. 귀여운 느낌의 가로 줄무늬를 입고 싶을 때는 여유있는 실루엣으로 골라 라인을 숨겨 날씬해 보이게 해보세요.

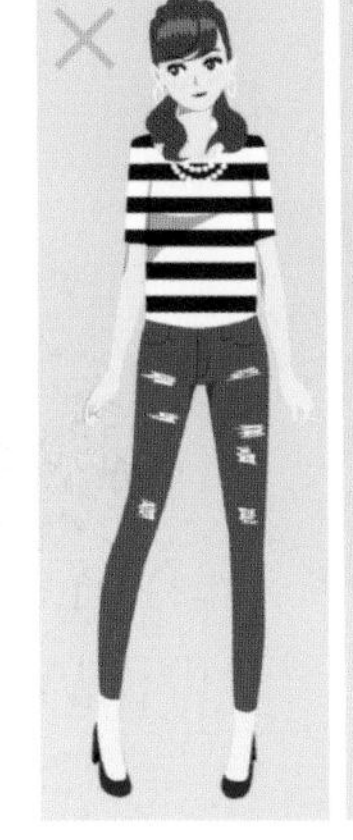

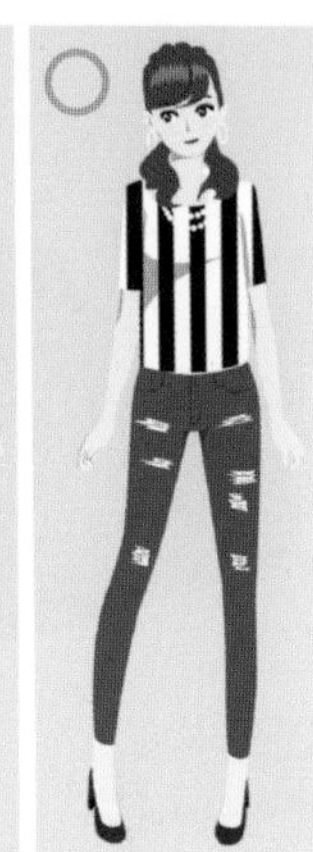

허리에 포인트를 주어 산뜻하게

확장되어 보이는 연한 색의 원피스를 입을 때는 넉넉한 사이즈의 옷으로 체형을 가리기보다, 허리에 벨트를 가볍게 둘러 포인트를 줍시다.

전체적인 분위기를 망가뜨리지 않고 세련되게 실루엣이 더 아름답게 보입니다.

어두운 색으로 이너와 하의를 통일

밝은 확장색의 두꺼운 아우터를 입을 경우, 안에 입는 옷과 하의를 어두운 계통(같은 톤)으로 맞추면 세로 라인을 의식적으로 만들어 슬림한 이미지를 줄 수 있어요.

흰 계열의 바지는 짧게

더운 여름 상쾌한 이미지를 주는 흰 바지이지만, 확장색이기 때문에 다리가 두꺼워 보이기 쉽습니다.

크롭트 팬츠나 사브리나 팬츠(p.66) 등으로 발목을 시원하게 드러내, 다리가 길어보이게 해봐요.

리세 색

LYCÉE SAC

등에 매는 통학용 가방. 손잡이가 달렸고 가로로 길다. 리세는 프랑스의 공립 중고등학교로, 그 학교의 여학생들이 사용했던 것에서 이름이 붙었다.

새첼 백

SATCHEL BAG

손잡이가 달린 영국의 전통적인 통학용 가방. 또는 그것을 본떠 만든 작은 여행 가방이나 비즈니스 백을 말한다. 등에 멜 수 있도록 벨트가 달린 것도 있으며, 영화 '해리 포터'의 주인공이 매던 것이다.

아코디언 백

ACCORDION BAG

바닥이나 옆 부분이 주름 상자처럼 구불구불하게 된, 두께를 조절할 수 있는 백. 아코디언 같이 늘였다 줄였다 할 수 있어 이름이 붙었다.

에디터즈 백

EDITOR'S BAG

해외 패션계 편집자가 매기 시작해 인기를 얻은, 레더로 만든 큰 사이즈의 백. A4 서류가 들어가는 각이 진 형태와, 어깨에 걸칠 수 있는 긴 손잡이가 특징이다.

노박 백

NOVAK BAG

1950년대 활약했던 여배우 킴 노박을 이미지로 디자인해 만든 가방. 2005년 영국의 디자이너 알렉산더 맥퀸이 발표했다.

샤넬 백

CHANEL BAG

가죽에 퀼팅 가공을 하여 만든 가방으로, 금속 체인과 가죽 벨트로 된 손잡이, 샤넬 마크가 특징이다. 명품 가방의 정석 아이템이다. 프랑스의 샤넬 사에서 만들었다.

켈리 백

KELLY BAG

프랑스의 에르메스 사에서 만든 가방. 바닥으로 갈수록 넓어지는 사다리꼴로, 짧은 뚜껑을 벨트와 자물쇠로 고정하는 것이 특징이다. 배우였던 모나코 왕비 그레이스 켈리가 임신 중 배를 파파라치에게서 숨길 때 사용했던 것이 잡지에 실려, 에르메스 사가 허가를 얻어 가방에 켈리의 이름을 붙였다. 현재는 핸드백의 기본형 중 하나로 꼽힐 정도로 유명하다. 켈리 백은 매우 고가로도 유명하다.

버킨

BIRKIN

짧은 뚜껑을 벨트와 자물쇠로 고정하는, 사다리꼴의 수납성이 높은 가방. 프랑스 에르메스 사의 제품이다. 여배우 제인 버킨을 위해 만든 것이 인기를 얻어 아주 고가의 가방으로 유명하다. 복잡한 구조라 제작이 어려워 직공들은 제작 기술을 공개했고, 그 결과 다른 브랜드에서도 같은 모양의 가방을 많이 볼 수 있게 되었다.

퀼팅 백

QUILTING BAG

겉감과 안감 사이에 솜이나 깃털 등을 넣어 스티치로 모양을 내며 꿰맨 퀼팅 소재(p.166) 가방. 장식적인 스티치도 있지만 눈금선 모양으로 된 것이 많다.

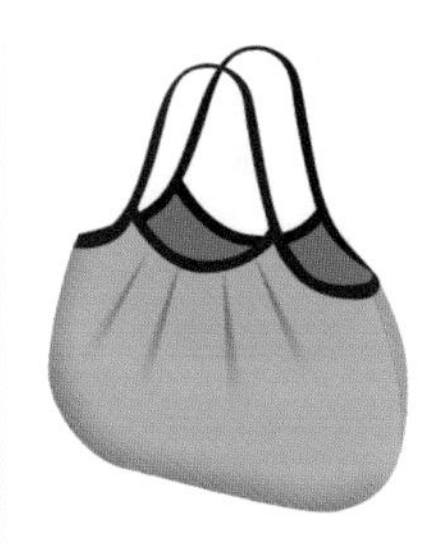

그래니 백

GRANNY BAG

개더나 턱이 들어간 둥근 가방. 그래니는 할머니란 뜻이다. 핸드메이드나 자수가 들어간 옛날 느낌의 디자인이 많다. 형태가 자유롭게 변하기 때문에 물건을 많이 넣을 수 있다.

케냐 백

KENYA BAG

사이잘삼, 바나나, 바오밥 나무의 껍질 등으로 만든 새끼줄로 짠 카고백(주머니 모양의 가방)의 일종이다. 반구형으로 되어 어깨에 걸 수 있다. 에스닉, 아프리카 느낌의 문양을 넣어 짠 것이 많다. 리조트 느낌이 강하고 튼튼하다. 민족에 따라 디자인이 다르며 손으로 뜬 것이다. 주된 소재가 사이잘삼이기 때문에 사이잘 백이라고도 불린다. 토산품일 뿐만 아니라 유럽이나 일본 등으로 많이 수출돼 디자인과 기능성, 수납력을 모두 갖춘 것이 많이 만들어지고 있다. 케냐에서는 키안다라고 부른다.

젤리 백

JELLY BAG

고무나 PVC수지로 만들어 광택이 있는 선명한 색의 가방. 방수성도 있어 반투명으로 수영복 등을 넣기도 한다. 2003년에 유행했다.

버킷 백

BUCKET BAG

입구에 끈을 통과시켜 매어서 열고 닫을 수 있게 한 가방. 또는 양동이 같은 실루엣의 가방을 가리키기도 한다.

호보 백

HOBO BAG

초승달 모양의 숄더백. 호보는 '직업을 구하는 떠돌이'라는 의미로, 1900년경 미국에서 직업을 찾아 여기저기 떠돌아다니던 사람들이 들던 가방과 비슷해 이런 이름이 붙었다는 설이 있다.

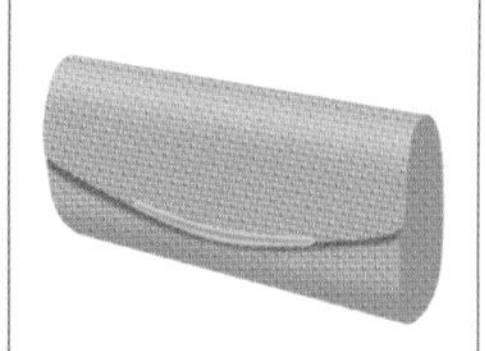

이브닝 백

EVENING BAG

일몰 후의 만찬회나 파티용 가방. 실용성보다는 작은 크기와 높은 장식성을 중시했다.

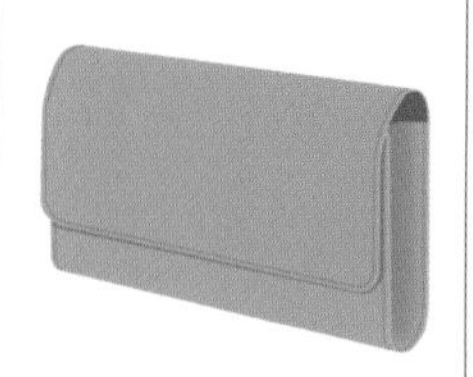

클러치 백

CLUTCH BAG

손잡이 없이 직접 손에 쥐는 타입의 가방을 말한다. 파티용으로는 체인이 달린 것이 많다.

미노디에르

MINAUDIERE

화장품 등이 들어가는 손바닥 정도 크기의 작은 파티용 가방을 말한다.

엔벨로프 백

ENVELOPE BAG

봉투처럼 생긴, 긴 직사각형의 뚜껑이 있는 가방. 엔벨로프는 봉투를 의미한다.

칵테일 백

COCKTAIL BAG

이브닝 파티보다 더 캐주얼한 파티에 드는 작은 가방. 손에 쥐는 스타일과 끈이 달린 것이 있으며, 실크나 레더 소재에 자수나 쥬얼리 등으로 화려하게 장식한 것이 많다. 장식품 요소가 강하다.

오모니에르

AUMÔNIÈRE

장식을 한 천에 끈을 단 작은 가방을 말한다. 중세시대에 허리에 늘어뜨렸던 주머니가 기원이다. 후에 의복과 합쳐져 포켓이 되었고, 끈이 달린 형태 그대로 남은 것이 지금의 쇼핑백의 원형이라고 한다.

레티큘

RETICULE

끈을 당겨 여미는 부인용 작은 주머니. 18세기 말부터 19세기에 걸쳐 유럽에서 스커트의 포켓 대신으로 쓰였다.

머프 백

MUFF BAG

원통형으로 되어 좌우로 손을 넣을 수 있게 된 방한과 장식을 겸한 가방. 모피로 만들어진 것이 많다. 수납을 목적으로 하지 않고, 방한과 장식만을 위한 것을 머프라고 한다.

캔틴 백

CANTEEN BAG

물통으로 보이는, 또는 물통 모양을 본떠 만든 가방. 캔틴은 물통을 의미한다. 납작한 원통형으로 어깨에 거는 끈이 달린 타입이 많다. 원형이라 서클 백이라고도 한다.

스타일리스트 백

STYLIST BAG

스타일리스트가 일할 때 쓰는 도구나 의상, 소품을 넣기 위해 들고 다니는 큰 가방. 많은 짐을 들고 다니는 경우가 많아 단순한 디자인에 어깨에 메는 구조로 되어있다.

닥터 백

DOCTOR'S BAG

의사가 왕진 시에 사용했던 가방. 여밈 부분이 경첩으로 되어있고 입구가 크게 열리며, 놋쇠로 만든 자물쇠나 견고한 손잡이가 달려있다. 비즈니스나 여행용 가방으로도 쓰인다. 덜레스 백이라고도 부른다.

개지트 백

GADGET BAG

포켓이나 내부 칸막이가 많아 수납 기능성이 높은 가방. 카메라맨이 기능별로 도구를 나누어 수납하거나, 수렵이나 낚시 등에 사용하기도 한다. 숄더 타입이 많다.

배럴 백

BARREL BAG

나무통 같은 원통형 모양에 손잡이가 달린 가방의 총칭. 드럼 백도 그중 하나이다. 배럴은 나무통을 의미한다. 스포츠용으로 용량이 큰 것이 많다. 여성이 쓰는 같은 형태의 비교적 작은 가방도 배럴 백이라고 부른다.

테린 백

TERRINE BAG

바닥이 평평한 반원형의 가방. 지퍼가 달려 입구가 크게 열리는 것이 특징이다. 손잡이가 견고해 실용성도 높다. 프랑스 요리인 테린을 만드는 도구와 형태가 닮아 이름이 붙었다.

매디슨 백

MADISON BAG

1968~78년에 에이스 주식회사가 판매해, 학생용으로 인기를 얻은 비닐 가방. 프린트되어있는 메디슨 스퀘어 가든과는 전혀 관계가 없다. 2000만 개가 팔렸지만, 유사품도 많았다.

가먼트 백

GARMENT BAG

옷걸이에 걸린 의상을 그대로 넣어 운반할 수 있는 가방으로, 가먼트는 의복을 의미한다. 슈트 등에 주름이 가지 않게 운반할 수 있어 여행이나 출장 등에 자주 이용된다.

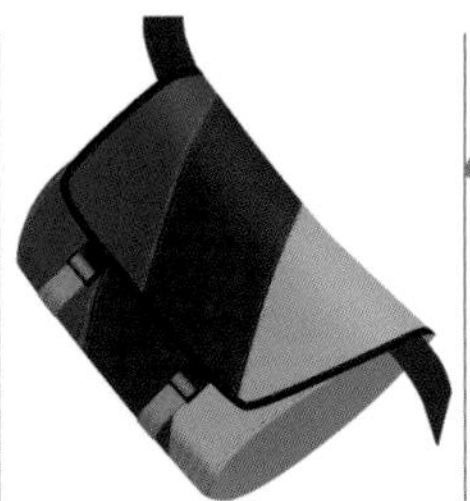

메신저 백

MESSENGER BAG

어깨에 비스듬히 걸치고 자전거로 정체된 도로를 빠져나가 배달하기 위해 우편배달부가 사용하던 가방이 모티브이다. 서류를 접지 않고 옮길 수 있는 큰 사이즈에 넓은 폭이 일반적이다.

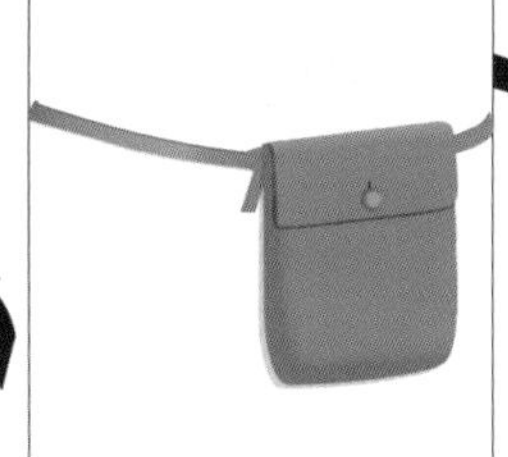

메디슨 백

MEDICINE BAG

미국 원주민이 담배나 약초, 약을 넣어 허리에 매달아 가지고 다니던 주머니를 말한다. 현재는 허리에 늘어뜨리는 가방을 가리키며, 가죽으로 된 것이 많다. 메디신 백이라고도 한다.

초크 백

CHALK BAG

볼링이나 암벽등반을 할 때 미끄럼방지용 가루(초크)를 담아 허리에 매다는 작은 주머니 모양의 가방을 말한다. 작은 물품을 넣는 용도로 허리에 매다는 가방으로도 쓰인다.

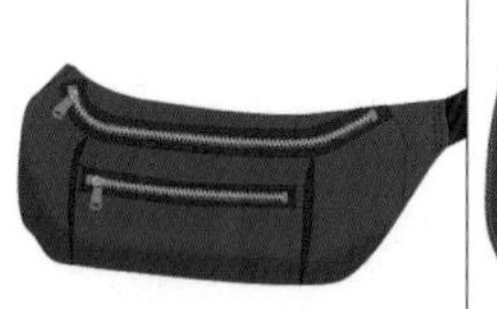

웨이스트 백

WAIST BAG

벨트로 허리에 맞게 고정시키는, 벨트와 일체형으로 붙어있는 작은 가방. 웨이스트 파우치, 벨트 백이라고도 부른다. 양손이 자유로워야하는 작업 중이나, 운동할 때 많이 사용한다.

새들 백

SADDLE BAG

말의 안장이나 자전거, 바이크의 시트에 장착하는 가방. 또는 안장을 본떠 만든 가방. 다른 이름으로는 '시트 백'이 있다. 현재는 자전거 안장 뒤에 다는 통 모양의 가방이나 바이크 옆에 다는 가방도 새들 백이라고 한다.

캐리어 백

CARRIER BAG

영어권에서는 물건을 옮기는 가방을 전반적으로 가리키는 말로, 점내에서 상품을 넣어 옮기는 것 등을 말하나, 일본이나 우리나라에서는 바닥에 바퀴를 달아 굴려 옮기는 가방을 가리킨다. 손잡이를 잡아 늘여서 끌고 갈 수 있다. 작은 것은 아기 돼지를 데리고 걷는 것 같이 보여 '피기 케이스'라고도 부른다. 기내 반입용 수화물(CARRY ON BAGGAGE) 등의 영향도 있어, 의미가 조금 애매하다. 다른 이름으로는 트롤리 백이 있다.

본 색

BON SAC

프랑스어로 '원통형의 길쭉한 가방'을 의미하며, 가방 입구를 끈으로 조여 여미는 타입에 어깨끈이 하나인 것이 특징이다. 군용으로도 쓰이며, 견고한 가죽이나 캔버스지로 만든 것이 일반적이다.

륙색 (백팩)

RUCKSACK / BACKPACK

영어권에서는 어깨에 메는 가방을 크기와 상관없이 백팩이라고 부르는 경우가 많지만, 일상에서 쓰는 작은 배낭을 륙색이라고 구분해 부른다. 륙색은 독일어이다.

데이 팩

DAYPACK

당일치기로 사용하는 물건들을 넣는다는 의미로, 좀 더 작은 백팩을 데이 팩이라고 부른다.

색

SACK

등산 시에 필요한 짐들을 넣기 위한 대용량의 백팩(가방), 봉지를 색이라고 부른다.

냅색

KNAPSACK

주머니를 끈으로 매어 등에 메는 가방을 말한다. 천으로 만들어진 것이 많다

더플 백

DUFFLE BAG

원래는 군인이나 선원이 들던 커다란 가방을 가리키며, 캔버스나 마(麻) 등 견고한 천으로 만든 원통형의 가방이다. 지금은 긴 세로 원통형으로 되어 입구를 끈으로 잡아당겨 고정시키는 어깨에 메는 타입과, 가로로 긴 보스턴 타입의 스포츠 백 두 가지를 가리킨다.

쇼퍼 백

SHOPPER BAG

'물건을 구매한 손님의 가방'이라는 뜻 그대로, 쇼핑할 때 쓰는 커다란 가방. 가게의 이름이나 로고, 디자인이 프린트 된 것이 많으며, 브랜드 명이 적힌 종이가방도 쇼퍼라고 부른다.

도기 백

DOGGY BAG

남은 음식을 싸 가기 위한 용기나 봉투. 테이크아웃 용기와는 다른 것이다. 도기는 '개의'라는 뜻으로, 반려견을 위해 남은 음식을 싸가던 것에서 유래했다. 미국에서는 일반적으로 사용되고 있다.

티핏
TIPPET

옷깃처럼 생겨 어깨에 거는 네크웨어, 케이프를 말한다. 모피나 레이스, 벨벳 등으로 만든다.

케이플릿
CAPELET

어깨를 덮을 정도로 작은 케이프를 말한다. 윗옷에 요크를 넣어 케이프처럼 보이게 한 것은 케이프 숄더(p.139)라고 하나, 케이플릿을 가리키는 경우도 있다.

스누드
SNOOD

머플러의 끝을 이어 고리처럼 만들어 목에 쓰는 방한구. 풀어질 염려가 없으며, 커다란 스누드를 늘어뜨려 스톨처럼 보이게 하거나, 이중으로 해 볼륨을 내는 등 다양한 코디를 할 수 있다.

아프간
AFGHAN MAKI

목에 역삼각형으로 스톨을 두르는 방법을 말한다. 대각선으로 접어 삼각형을 만들어 목에 두른 후, 삼각형의 밑에서 묶어 고정하는 것이 기본적인 방법이다. 아프간 스톨(일본의 속칭)이라고 불리는 프린지가 달린 한 장의 스톨을 사용하는 것이 일반적이다.

애스콧 타이
ASCOT TIE

폭이 넓고 길이가 짧은 넥타이. 잉글랜드의 애스콧 히스에 있는 승마장에서 귀족이 모닝코트와 함께 착용한 것이 기원이다. 윙 칼라(p.18)에 맞추어 매거나, 이탈리안 칼라(p.16)의 안에 매기도 한다.

클럽 보
CLUB BOW

보 타이의 일종으로, 나비매듭의 양 날개가 일직선이고, 같은 폭인 것. 클럽의 지배인 등이 착용했던 것에서, 또는 클럽(곤봉)과 같이 봉 모양인 것에서 이름이 붙었다.

윙 타이
WING TIE

매듭의 양쪽이 날개처럼 퍼진 나비넥타이.

크로스 타이
CROSS TIE

리본형의 띠로 된 천을 앞에서 교차해 교차된 부분을 핀으로 고정하는 넥타이. 나비넥타이를 간략화한 것으로, 약식 예복으로 여겨진다. 크로스오버 타이가 정식 명칭으로, 콘티넨털 타이라고도 한다.

스톡 타이

STOCK TIE

승마나 사냥할 때 목에 둘러 앞에서 작게 묶거나 뒤로 고정하는 옷깃 장식. 안전핀을 넥타이핀처럼 사용하는 것은, 스톡 타이를 간이 붕대로 써, 넥타이핀으로 고정했던 것의 영향이다.

라발리어

LAVALLIÈRE

커다란 나비매듭의 넥타이.

크라바트

CRAVATE

넥타이의 원형으로 여겨지는, 목에 매는 장식용 스카프 천이다. 크로아티아 기병이 목에 감던 스카프가 기원이라고 하며, 크라바트도 크로아티아 병사라는 뜻이다.

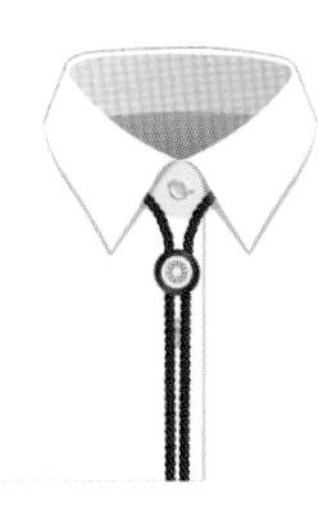

루프타이

LOOP TIE

장식을 겸한 고정용 쇠붙이(애글리트)로 조여 착용하는 끈으로 된 넥타이. 폴러 타이, 로프 타이라고도 부르며, 처음에는 넥타이 대용으로 착용하던 것이라고 한다.

플라워 홀더

FLOWER HOLDER

재킷의 옷깃에 있는 단춧구멍에 걸어서 꽃을 장식하기 위한 장신구. 안에 물을 조금 넣어 꽃이 좀 더 오래 보존되도록 한다.

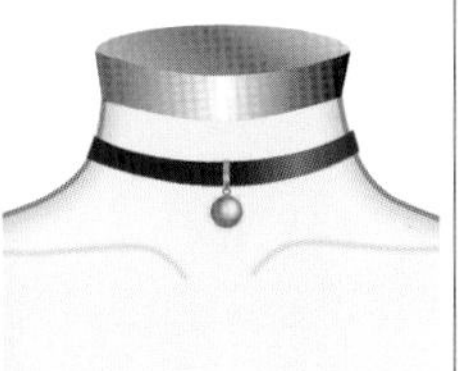

초커

CHOKER

목에 꼭 맞게 감는 장신구. 짧은 목걸이의 일종이다. 단순한 띠로 된 것에서부터 앞쪽에 보석을 붙인 화려한 것까지 종류가 다양하다.

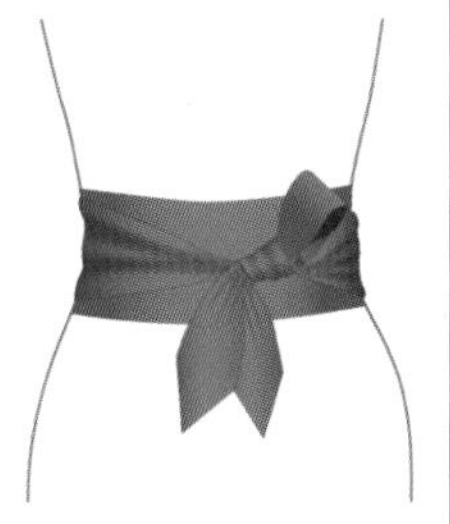

새시 벨트

SASH BELT

두꺼운 폭의 장식용 벨트, 띠를 말한다. 부드러운 소재나 광택이 있는 소재가 많다. 일반적으로 매듭을 묶거나 벨트보다 좁은 버클을 끼워 주름을 잡아 착용하기 때문에, 입체감이 느껴지는 것이 특징이다.

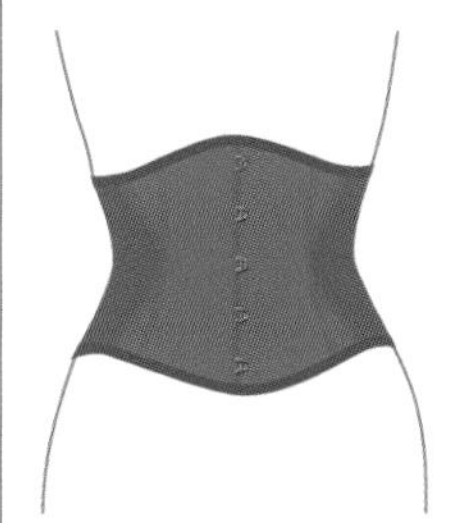

와스피

WASPIE

허리를 잘록하게 보이기 위해 착용하는 두꺼운 새시 벨트. 천이나 가죽으로 만든다. 스타킹을 고정하는 가터벨트가 달려있는 것도 있다.

커머번드

CUMMERBUND

저녁 예복을 입을 때 턱시도 밑에 두르는 폭이 넓은 천으로 된 벨트. 검정색이 가장 정식이지만 빨간색이나 오렌지 색 등도 있다. 보통 베스트 없이 나비넥타이와 함께 착용한다. 벨트를 하지 않고 서스펜더를 착용한다. 새시 벨트의 일종이다.

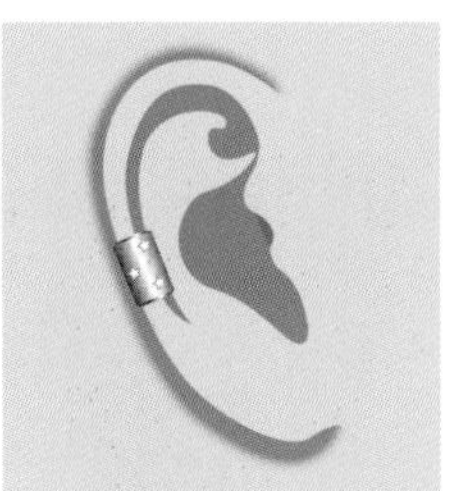

이어 커프

EAR CUFF

귀의 중간에 끼우는 고리형의 장식. 원래는 금속제의 심플한 것을 가리켰으나, 귀의 라인에 맞춰 장식적으로 만든 것도 있다. 이어 밴드, 이어 클립 등으로도 부른다.

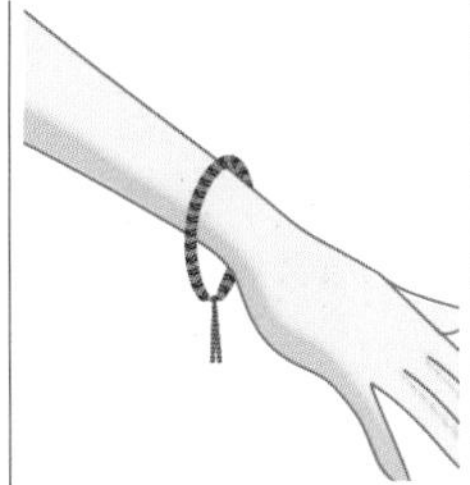

미산가

MISSANGA

선명한 색의 끈으로 만든 팔찌로, 끊어질 때까지 착용하고 있으면 소원이 이루어진다고 한다. 자수나 비즈 등으로 장식한 것도 있다. 프로미스 밴드, 프로미스 링이라고도 한다. 자수 실을 꼬아 만든 끈의 일종이다.

앵클릿

ANKLET

발목에 착용하는 장식품. 장식뿐만 아니라 발끝에서 나쁜 것이 들어오는 것을 막아주는 부적의 의미도 있다. 좌우를 나눠 착용하는 것에 여러 의미가 있어, 예를 들면 왼쪽은 부적, 기혼, 오른쪽은 행운, 미혼 등을 의미한다.

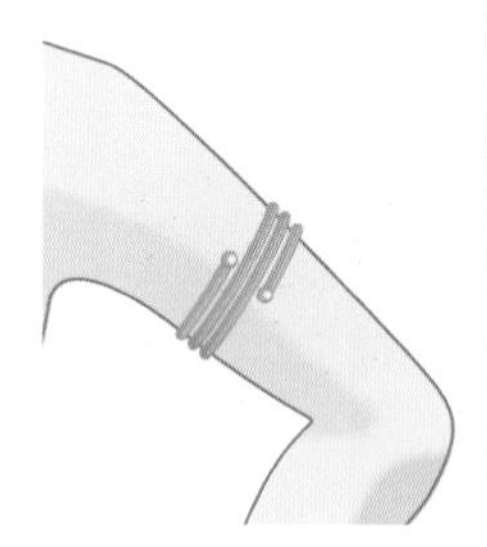

암릿

ARMLET

팔뚝에 끼우는 물림쇠가 없는 팔찌, 팔 장식을 말한다. 손목에 차는 것은 브레이슬릿, 팔꿈치 위로 착용하면 암릿이라고 부른다. 금속제의 고리나 와이어, 담쟁이덩굴이 팔뚝을 휘감은 디자인 등이 있다.

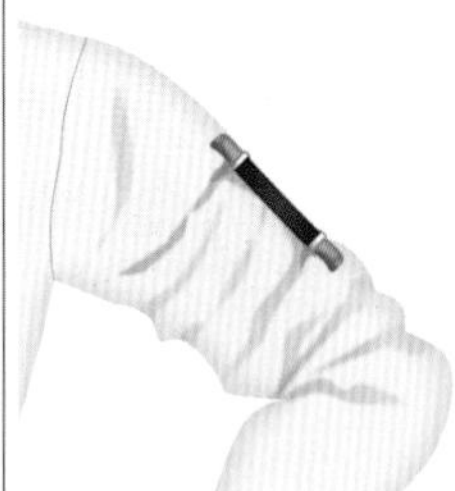

암 서스펜더

ARM SUSPENDER

고무 밴드의 양끝에 금속 클립을 달아 셔츠 등의 소매 길이를 조절하는 장신구. 암 가터, 셔츠 가터, 암 클립이라고도 부른다.

가터벨트

GARTER BELT

주로 여성용으로 허벅지까지 오는 스타킹이 흘러내리지 않도록 고정하는 것. 벨트를 허리에 감아 고정해, 양쪽 다리 앞뒤로 늘어진 네 개의 클립으로 스타킹을 고정한 후 속바지를 착용한다.

가터 링

GARTER RING

허벅지까지 오는 여성용 스타킹이 흘러내리지 않도록 스타킹 위에서 고리 형태로 고정하는 것. 원래 두 개가 한 쌍이지만 장식을 위해 한쪽만 착용하거나, 스타킹을 신지 않고 착용하기도 한다.

로이드

LLOYD GLASSES

테가 굵고 렌즈가 둥근 안경. 미국 희극배우 해럴드 로이드가 자주 착용했던 것과, 당시 원료가 셀룰로이드였던 것에서 이름을 따왔다. 렌즈가 둥근 선글라스는 라운드형, 라운드 타입으로 부른다. 원래는 렌즈를 깎는 기술이 없던 시대에 둥근 렌즈 그대로 안경을 만들었던 것이다. 얼굴이 좁고 윤곽이 뚜렷한 사람, 얼굴이 작은 사람, 또 나이가 든 사람이 즐겨 착용하는 경향이 있다. 존 레논이 애용했다.

팽스네

PINCE NEZ

안경다리가 없고 코에 끼워 고정하는 안경을 말한다. 핀치형이라고도 한다.

로니에트

LORGNETTE

안경다리가 없고 긴 손잡이가 달린 안경. 공적인 자리에서 안경을 쓰는 것이 매너가 아니던 시대에, 연극을 볼 때나 돋보기안경으로 사용했다.

라운드

ROUND GLASSES

로이드와 같은 것으로 렌즈 부분이 둥근 안경이나 선글라스. 레트로 느낌과 함께 독특한 매력과 인상을 남긴다. 렌즈가 작으면 지식인, 상류층, 예술가 같은 느낌을 준다.

웰링턴

WELLINGTON GLASSES

윗변이 밑변보다 약간 긴 둥근 사각형으로, 다리가 테의 맨 윗부분에 연결된 안경이나 선글라스를 말한다. 구식이라는 느낌이 있었으나 배우 조니 뎁이 착용해 다시 인기를 얻었다.

렉싱턴

LEXINGTON GLASSES

윗변이 밑변보다 약간 길고 전체가 각이 진 사각형으로, 프레임(림)의 윗부분이 두꺼운 안경, 또는 선글라스.

서몬트

SIRMONT GLASSES

윗부분에만 프레임이 있고, 테와 테 사이를 금속 브릿지로 연결한 안경이나 선글라스를 말한다. 렌즈의 위쪽 프레임이 눈썹처럼 보여 브로우 글라스, 브로우 프레임 등으로도 불린다.

보스턴

BOSTON GLASSES

각이 둥근 역삼각형의 안경 또는 선글라스. 미국 동부의 보스턴에서 유행하여 이름이 붙었다는 설이 있으나 정확하지 않다. 둥그스름해 온화하고 상냥한 인상을 주며, 클래식한 형태이기 때문에 지적인 인상을 주기 쉽다. 개성이 강하기 때문에 어울리는 사람과 안 어울리는 사람이 극단적으로 나뉘는 경향이 있다. 프레임(림)이 두꺼우면 얼굴이 작아 보이는 효과도 있다. 개성적인 연기나 배역을 소화하는 배우 조니 뎁이 애용하는 것으로 유명하다.

폭스

FOX TYPE GLASSES

눈초리가 올라간 여우(폭스)를 연상시키는 형태. 마릴린 먼로가 애용하기도 했다. 렌즈가 작은 것은 지적인 이미지를 내며, 큰 것은 우아하고 섹시한 느낌을 준다.

오벌

OVAL GLASSES

타원형의 안경이나 선글라스. 부드러운 이미지를 준다. 두꺼운 프레임이 여성에게 인기가 많다. 메탈 소재의 얇은 프레임, 작은 렌즈는 지적인 인상을 준다.

티어드롭

TEARDROP SUNGLASSES

눈물방울 모양의 안경 또는 선글라스. 브랜드로는 레이밴이 유명하며, 맥아더 장군이 착용했다. 가지형, 귀리형이라고도 한다. 긴 얼굴형에 적합하다.

파리

PARIS GLASSES

티어드롭보다 각이 진 역사다리꼴의 안경이나 선글라스.

버터플라이

BUTTERFLY GLASSES

바깥쪽 폭이 넓은 형의 안경이나 선글라스. 나비가 날개를 편 모양과 닮은 것에서 이름이 붙었다. 눈을 크게 덮어 자외선 방지 효과가 크며, 리조트 느낌도 있어 인기가 있다.

옥타곤

OCTAGON GLASSES

팔각형으로 된 안경 또는 선글라스. 살짝 복고풍의 클래식한 분위기로 어떤 얼굴형과도 잘 어울린다.

스퀘어

SQUARE GLASSES

각이 진 직사각형의 안경 또는 선글라스.

투 포인트

RIMLESS GLASSES

렌즈를 고정하는 프레임이 없고 렌즈에 구멍을 내어 브릿지와 다리를 나사로 고정한 안경이나 선글라스. 고정하는 구멍의 수에서 이름이 붙었다. 림리스라고도 부른다.

언더 림

UNDER RIM GLASSES

프레임이 윗부분에는 없고 언더와 사이드에만 있어 렌즈를 고정한 안경 또는 선글라스를 말한다. 돋보기안경에도 많이 쓰인다.

하프 문 글라스

HALF MOON GLASSES

돋보기안경에 많이 사용하는 반달모양의 작은 안경. 프레임이 위아래 전부 있는 타입은 프레임의 형태에서 하프 문이라고 부른다. 원래는 독서용 안경이다. 다른 이름으로는 하프 글라스.

원 렌즈

SINGLE LENS GLASSES

두 개의 렌즈를 프레임으로 연결하는 것이 아니라 하나의 렌즈로 만든 안경 또는 선글라스. 심플하면서도 형태가 스타일리시해, 스포티한 것이나 럭셔리한 디자인이 많다.

플로팅

FLOATING GLASSES

양 끝의 프레임이 뒤로 깊게 휘어있거나, 프레임과 렌즈가 붙어있지 않은 부분이 있는 등, 렌즈가 떠있는 것처럼 보이는 안경이나 선글라스를 말한다.

클립온 선글라스

CLIP-ON SUNGLASSES

안경에 클립 모양을 달아 탈착 가능하게 만든 편광글라스. 렌즈를 올려 펼 수 있는 것이 많다. 선글라스로 사용하지 않을 때 렌즈를 올려 투과성을 높이거나, 안경에서 떼어낼 수 있다.

폴딩

FOLDING GLASSES

휴대하기 쉽도록 작게 접을 수 있는 안경이나 선글라스. 렌즈 한 장 정도의 크기까지 작아지는 것이 많다. 작게 접히는 오페라 글라스도 같은 이름으로 불린다.

셔츠 부점

SHIRT BOSOM

가슴(부점) 부분에 주름 등의 장식이나 풀을 먹여 빳빳하게 만드는 가공 등을 한 셔츠 디자인. 또는 그런 셔츠의 총칭. 장식의 형태는 다양하다.

스타치트 부점

STARCHED BOSOM

부점에 U자나 사각형으로 셔츠와 같은 천을 덧댄 디자인. 단단하게 '풀을 먹인(스타치트)' 것에서 이름이 붙었다. 예복용의 드레스 셔츠에도 사용한다. 또, 풀을 '빳빳하게(스티프)' 먹여 스티프 부점이라고도 불린다.

플리츠 부점

PLEATED BOSOM

가슴 부분에 플리츠가 들어간 셔츠 디자인. 턱시도 셔츠에 많이 쓰인다. 주름의 형태는 다양하나, 포멀한 것은 폭이 1㎝ 정도이다. 턱 부점이라고도 한다.

플래스트런

PLASTRON

여성의 셔츠나 드레스, 블라우스 등에 덧다는, 프릴이나 레이스 등으로 장식한 가슴받이, 가슴 장식을 말한다. 원래는 19세기경에 사용하던 갑옷 가슴받이를 지칭하는 말이지만 패션이나 복식에서는 가슴장식을 가리키는 경우가 많다. 펜싱에서 사용하는 가슴 보호구나 거북이의 복갑 등에도 사용하는 용어이다. 부점이라고도 부른다. 또 디키도 같은 모양의 가슴받이나 장식을 가리킨다.

스터머커

STOMACHER

17~18세기경 여성 로브의 가슴 부분에 삼각형으로 천을 덧댄 것. 화려한 레이스나 리본 등으로 장식하며, 종종 보석이 박힌 것도 있다. 보통은 핀으로 고정해 쉽게 다른 것으로 바꿀 수 있다.

컷아웃

CUTOUT

천을 도려내어 안의 천이나 피부가 드러나게 하는 방법. 또는 그렇게 만든 옷. 신발이나 상의의 목 주변에 많이 사용한다. 피카부라고 불리는 감치기 자수도 컷아웃 방법 중 하나이다.

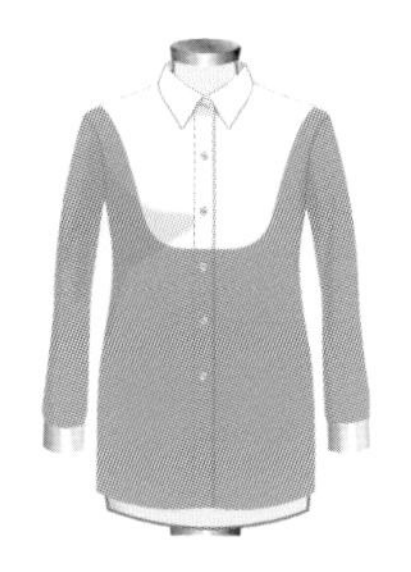

비브 요크
BIB YOKE

커다란 턱받이 풍 디자인의 이음선을 말한다. 비브란 턱받이나 가슴받이를 의미한다.

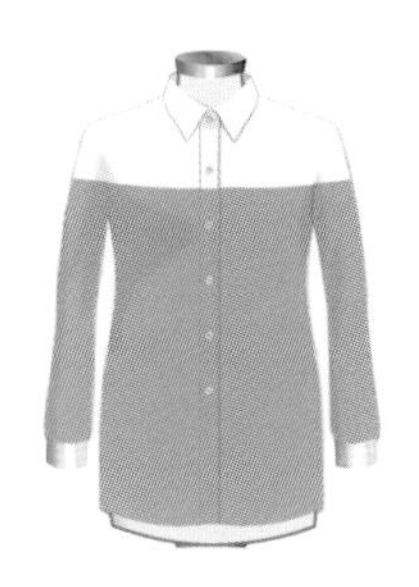

케이프 숄더
CAPE SHOULDER

케이프를 착용한 것 같은 디자인을 말한다. 케이프 모양으로 디자인한 절개선에, 소매가 낮게 달린 것을 주로 말하나, 크기가 작은 케이프인 케이플릿(p.132)을 가리킬 때도 있다.

히요크
HIYOKU

버튼이나 지퍼가 보이지 않도록 이중으로 앞여밈을 처리하는 방법으로, 코트나 셔츠 등에 자주 사용된다. 옷깃과 가슴 부분을 말끔해 보이게 한다. 옷깃 부분을 이중으로 해, 겹쳐 입은 듯이 보이는 방법을 말하기도 한다.

슬리브 로고
SLEEVE LOGO

긴 소매 상의의 소매에 로고가 들어간 디자인 또는 그런 상의를 말한다. 캐주얼하지만 너무 스트리트 느낌이 강해지지 않도록 다른 느낌의 옷들과 코디하기도 한다.

신치 백
CINCH BACK

바지 뒷부분의 벨트와 포켓 사이에 있는 밴드를 말한다. 워크웨어로 입는 진이나 슬랙스의 사이즈를 조절하거나 서스펜더를 달기 위해 만들었다. 실루엣이나 소재가 진화한 지금은 장식적인 의미가 강하며, 클래식, 빈티지 디자인으로 달기도 한다. 신치벨트, 백 스트랩으로도 부른다. 신치는 말의 허리끈을 의미한다.

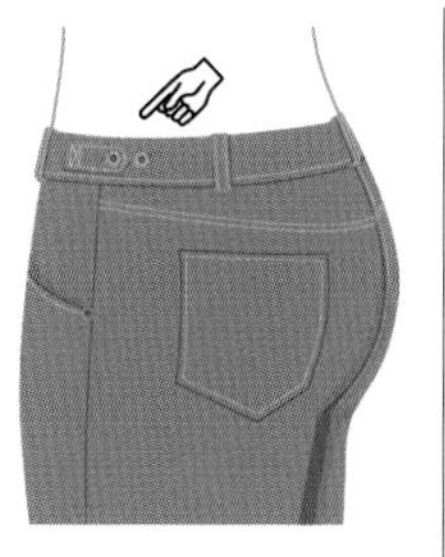

어저스터블 탭
ADJUSTABLE TAB

사이즈 조절, 혹은 장식을 위해 바지 허리나 블루종의 밑단에 덧다는 탭.

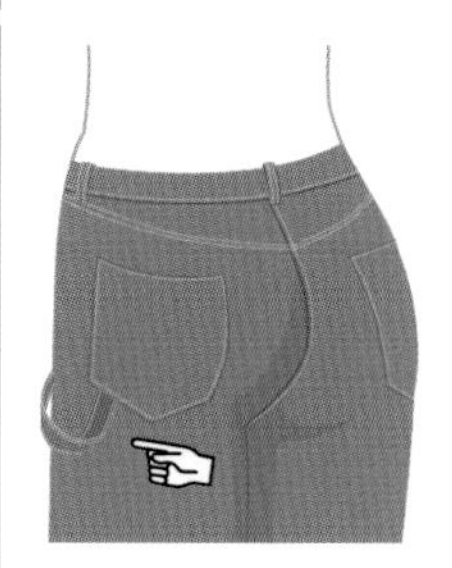

해머 루프
HAMMER LOOP

카고팬츠(p.59)나 작업용 하의의 포켓 봉제선에 덧다는, 망치 등의 공구를 걸어두기 위한 밴드.

칼라 스탠드

COLLAR STAND

옷깃의 되접는 부분 밑의, 목에 붙어 세워진 부분. 스탠드 길이가 높을수록 옷깃이 목을 높게 감싸는 실루엣이 된다. 스탠드가 없으면 플랫칼라라고 부르며, 어깨에 붙은 실루엣이 된다.

행잉 테이프

HANGING TAPE

아우터 등의 뒷목 부분 옷깃 안쪽에 달린 걸이끈. 후크 등에 걸 때 쓴다. 브랜드명이나 메이커 이름 등을 짜 넣은 것이 많다.

칼라 칩

COLLAR CHIP

셔츠의 옷깃 끝에 끼우는 장식품. 금속제로 탈착이 가능한 것이 많으며, 웨스턴 셔츠(p.44) 등에 사용한다. 칼라 톱이라고도 부른다.

고지

GORGE

슈트의 옷깃에서 볼 수 있는 윗깃과 아랫깃을 이어 붙인 부분에 생긴 골을 말한다. 이음선은 고지 라인이라고 부른다. 고지는 목, 식도라는 의미도 있어 옷깃을 세웠을 때의 위치에서 유래했다.

라펠 홀

LAPEL HOLE

재킷의 옷깃에 뚫린 단춧구멍을 말한다. 작은 꽃다발을 끼우던 시기도 있어 플라워 홀이라고도 부르며, 배지를 달기도 한다. 장식용으로 구멍을 뚫지 않고 스티치만 되어있는 것도 있다.

스로트 태브

THROAT TAB

옷깃의 끝에 달린 태브를 말하며, 단춧구멍이 뚫려 있어 턱 밑에서 단추를 채운다. 노퍽 재킷(p.80) 등의 컨트리 풍 재킷에서 볼 수 있다. 스로트란 목구멍을 의미한다.

에폴렛

EPAULET

견장, 어깨장식. 코트나 재킷의 어깨에 장식하는 밴드형의 부속품. 원래는 군복에 장비를 고정하기 위한 것으로 영국 육군이 총이나 쌍안경을 고정하기 위해 만든 것이라고도 하며, 18세기 중기부터 사용되었다. 현재는 제복이나 예복으로 관직이나 계급을 나타내기 위해서도 쓰이며, 아우터로는 트렌치코트(p.88)나 사파리 재킷(p.82)에 달려있다. 어깨를 의미하는 'epaule'에, '작은'이라는 뜻의 'ette'가 붙은 것이라고 한다.

측장

SIDE STRIPE

바지의 양 옆면에 장식된 1~2줄의 테이프 장식을 말한다. 나폴레옹 군의 군복이 기원이라고 한다. 턱시도용으로는 1줄이 일반적이다. 사이드 스트라이프라고도 부른다. 기본적으로 포멀웨어의 특징이다.

워치 포켓

WATCH POCKET

바지의 오른쪽 앞주머니에 붙은 작은 주머니를 말하며, 회중시계를 넣던 것이 남은 것이다.

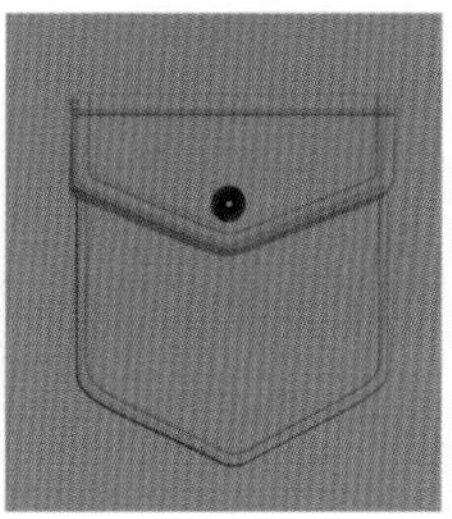

플랩 포켓

FLAP POCKET

원래는 비가 들어가지 않도록 뚜껑이 달린 포켓을 말한다. 현재는 디자인적 요소가 강하다. 같은 소재의 천으로 덧대는 것이 일반적이다. 바깥에서는 플랩을 밖으로 빼고, 실내에서는 포켓 안으로 집어넣게 된 것도 있다.

머프 포켓

MUFF POCKET

손을 따뜻하게 하기 위해 양쪽에서 복부 쪽으로 손을 넣을 수 있게 만들어진 포켓을 말한다. 핸드 워머 포켓이라고도 한다. 가슴 쪽에 있는 것은 캥거루 포켓이라고도 한다.

캥거루 포켓

KANGAROO POCKET

가슴, 복부에 달린 패치 포켓의 총칭. 캥거루의 배주머니를 연상케 하여 이름이 붙었다. 주로 앞치마나 오버올 등에 쓰인다.

체인지 포켓

CHANGE POCKET

재킷의 오른쪽 플랫포켓 위에 달린 잔돈이나 차표 등을 넣는 포켓. 체인지는 잔돈을 의미한다. 티켓 포켓이라고도 한다. 길이가 긴 영국식 정장에서 많이 볼 수 있다.

롤 업

ROLL UP

소매나 바지의 밑단을 말아 올리는 것. 또는, 말아 올린 것처럼 보이는 처리법을 말한다.

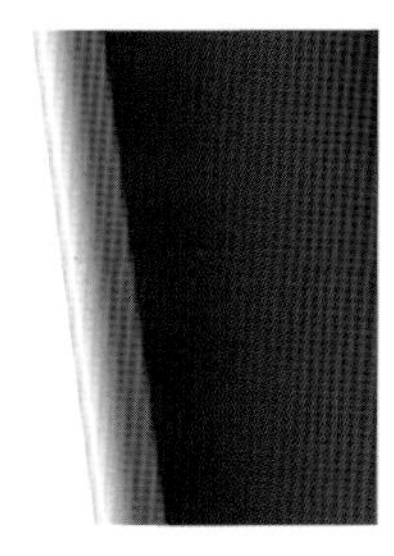

파이핑

PIPING

옷이나 피혁제품의 가장자리를 얇은 천이나 테이프로 감싸는 처리법. 또는 그렇게 감싼 천이나 테이프를 말한다. 또, 자른 부분에 접은 천을 끼운 장식용 처리법을 가리키기도 한다. 디자인과 보강의 목적이다.

프레이드 헴

FRAYED HEM

데님 바지 등에서 접거나 꿰매는 등의 마감처리를 하지 않고 자른 채로 둔 밑단을 말한다. 러프, 와일드, 캐주얼한 느낌이 강조된다. 프레이드는 '해지게 하다'란 뜻이며 헴은 의복의 가장자리를 가리킨다.

트레인

TRAIN

드레스나 스커트의 밑단을 길게 늘려 끌리게 하는 것을 말한다. 지금은 결혼식이나 대관식 등에서 볼 수 있다. 12세기 궁정에서는 신분이 높을수록 긴 트레인을 착용했다.

레이어드

LAYERED

옷을 여러 겹 입거나, 겹쳐 입은 것처럼 보이는 옷을 가리킨다. 또는 비치는 옷을 겹쳐 입는 것. 옷의 길이나 소재에 변화를 주어 시각적인 효과를 노린 것이 많다.

배견

FACING COLLAR

검고 광택이 있는 천을 덧대는 턱시도나 연미복 등의 예복 옷깃 장식을 말한다. 원래는 견 재질이지만 폴리에스테르 등도 사용해, 영어로는 페이싱 칼라나 실크 페이싱 등으로 불린다.

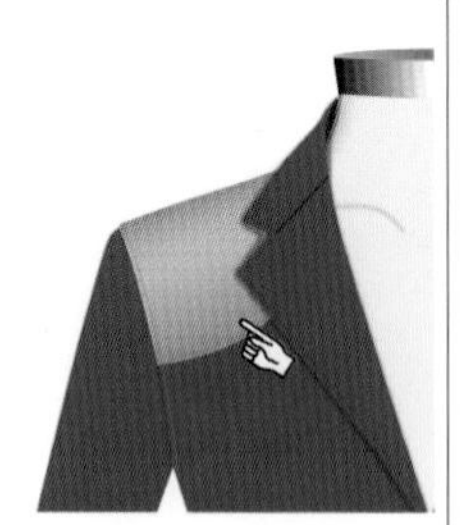

건 패치

GUN PATCH

총대를 메는 부분을 보강하기 위해 어깨에 덧댄 천을 말한다. 슈팅 재킷의 자주 사용하는 쪽 가슴 부분에 덧대며, 가죽 등의 튼튼한 소재를 사용한다. 실용성을 높이기 위해 양쪽에 있는 것도 있다.

하이 숄더

HIGH SHOULDER

어깨가 올라가 보이는 실루엣이나, 그렇게 만든 옷을 가리킨다. 어깨 패드를 두껍게 넣거나 소매를 부풀린 것이 많다. 콘케이브 숄더라고도 부른다. 어깨가 올라간 체형을 말하기도 한다.

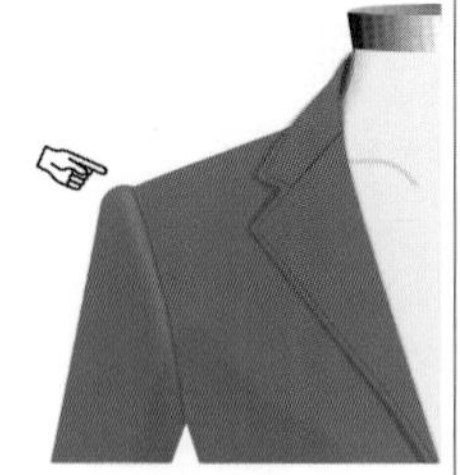

로프드 숄더

ROPED SHOULDER

어깨 끝이 올라가 로프가 들어있는 것처럼 보이는 어깨의 실루엣을 말한다. 테일러드 재킷(p.81) 등에서 볼 수 있다. 어깨 끝보다 안쪽에서 소매를 달아 심을 넣는 등의 방법으로 만든다.

센터 박스

CENTER BOX

셔츠의 등 중앙에 들어간 박스 플리츠를 말한다. 어깨, 가슴 부분에 여유를 주어 움직이기 쉽게 한다. 행거 루프의 기원이라고 여겨지는 얇은 루프가 달린 것도 있다. 센터 플리츠라고도 부른다.

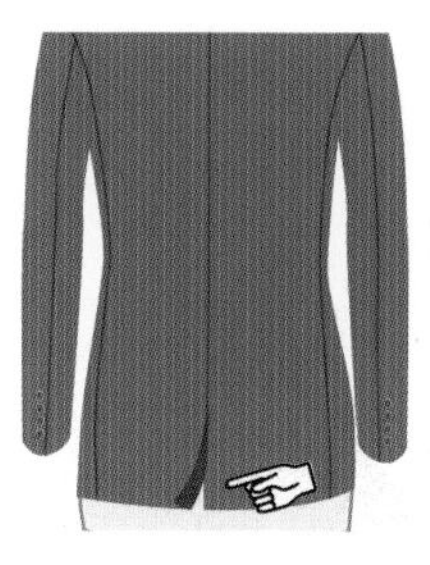

벤트 / 벤츠
VENT / VENTS

코트나 재킷의 밑단에 움직이기 쉽도록 또는 장식을 위해 넣은 절개선. 일러스트처럼 중앙에 있는 것을 센터 벤트라고 하며, 양옆에 있는 것을 사이드 벤츠라고 한다. 벤츠가 없으면 노 벤츠라고 부른다.

핀치 백
PINCH BACK

플리츠를 잡아 실루엣을 더 아름답게 하기 위해 허리를 조인 아우터, 또는 조인 부분을 말한다. 스포티하고 캐주얼한 느낌이 특징이다.

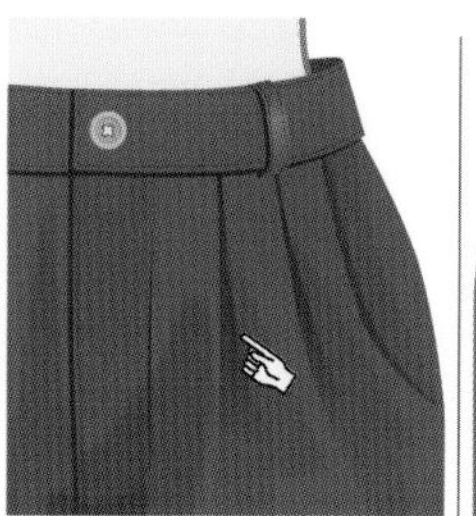

턱
TUCK

옷의 입체적인 실루엣이나 체형에 맞추기 위해 천을 접어 끼워 고정한 부위를 말한다. 바지나 원피스의 허리 부분에 자주 쓰인다. 장식 목적이 아니라 꿰매 없어지는 부분은 다트라고 한다.

다트
DARTS

옷의 입체적인 실루엣이나 체형에 맞추기 위해 잘라내거나 패턴을 꿰매 붙이는(꿰매 없애는) 기술. 또는 그렇게 한 부위를 가리킨다. 위치에 따라 웨이스트 다트, 숄더 다트 등으로 나눠 부른다.

프린지
FRINGE

실이나 끈을 묶거나 올을 빼어 만든 술 장식. 또는 천이나 가죽 끝을 연속적인 가윗밥이나 띠 모양으로 만드는 처리나 장식을 말한다. 프린지는 '가장자리, 주변'이라는 의미가 있으며, 고대 오리엔트 시대부터 술 장식의 수가 신분의 높음을 나타내었다. 밑단처리나 장식적 의미 외에, 보이고 싶지 않은 부분을 가리는 방법이기도 하다. 예전 커튼이나 머플러 등에 자주 쓰였으나, 현재는 수영복이나 아우터, 부츠, 가방 등 다양한 아이템의 장식으로 쓰인다.

플라운스
FLOUNCE

주로 옷의 가장자리에 천을 넓게 잡아 만드는 넉넉한 주름 장식을 말한다. 프릴도 주름 장식을 말하나, 프릴보다 폭이 넓은 것을 가리킨다.

프릴
FRIL

주로 옷의 가장자리에 개더(주름)를 잡아 만든 주름 장식. 밑단이나 옷깃, 소맷부리 등에 많이 쓰이며, 레이스나 부드러운 다른 천으로 만들어진 것도 있다. 현재는 로리타 패션에서 특히 많이 사용된다.

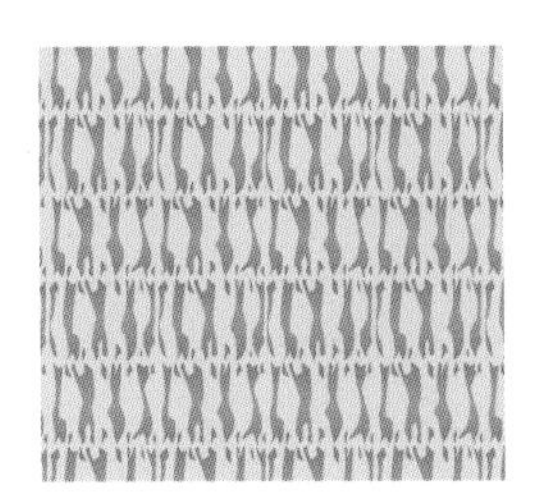

셔링

SHIRRING

잘게 개더를 잡아 입체적인 음영을 만들어, 표면에 물결 모양으로 변화를 준 재봉 기법. 또는 그 기법을 쓴 천이나 아이템을 말한다. 미싱으로 꿰매어 밑실을 잡아당겨 주름지게 하거나, 천을 집어모아 꿰매 오그라들게 해 만든다. 타올 등 파일 생지의 단면에 있는 고(루프)를 자른 것도 이렇게 부르며, 보송보송한 촉감이 특징이다.

크리스탈 플리츠

CRYSTAL PLEAT

아코디언 플리츠 중에서도 주름산이 좁고, 접힌 선이 선명한 플리츠를 말한다. 모양이 수정과 닮아 이름이 붙었다. 시폰 생지의 드레스나 스커트 등에서 많이 볼 수 있다.

브랑드부르

BRANDEBOURGS

군복 등의 앞여밈에 다는, 가로로 평행하게 늘어진 단추를 채우는 장식적인 가죽끈을 말한다.

스캘럽

SCALLOP

테두리 장식이나 컷워크로, 가리비 껍데기를 늘어뜨린 것처럼 연속적인 반원형 물결 모양의 가장자리, 또는 그런 모양을 만드는 것을 말한다. 만들어진 밑단이나 스티치, 아이템 자체를 가리키는 경우도 있다. 스캘럽은 가리비 조개, 껍데기를 의미한다. 장식뿐 아니라 실이 풀리는 걸 막는 등 보강을 겸해서도 쓰인다. 반원의 아치 부분은 스웨그 또는 웨이브라고 부른다. 블라우스나 스커트의 레이스로 된 테두리 장식 외에도 커튼이나 손수건 등에서 많이 쓰인다.

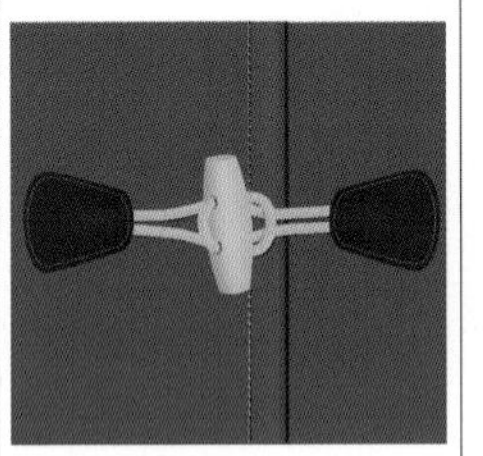

토글 버튼

TOGGLE BUTTON

부표나 물소의 발굽 모양을 한, 끈을 통과시켜 고정하는 나무 소재의 버튼. 더플 코트 등에서 볼 수 있다. 토글은 나무 단추를 의미한다. 한편 토글 버튼은 눌러서 ON/OFF를 교대로 바꾸는 버튼을 뜻하기도 한다.

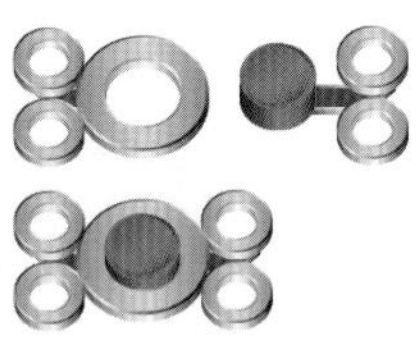

클래스프

CLASP

단추 대신으로 사용하는 금속제의 걸쇠나 버클 등의 총칭.

비즈

BIJUO

일반적으로 장식품을 가리키나, 패션에서는 인조석(모조 보석)으로 장식한 부분이나, 장식된 것을 가리킨다. 예를 들면 비즈 샌들은 라인스톤 등으로 장식한 샌들을 말한다.

스터드

STUDS

원래는 금속 징을 뜻하나 패션에서는 징 장식을 말하는 것으로, 금속성 장식 징을 단 옷 자체를 가리키기도 한다. 최근에는 상의, 하의, 아우터 등에 폭넓게 사용되고 있다.

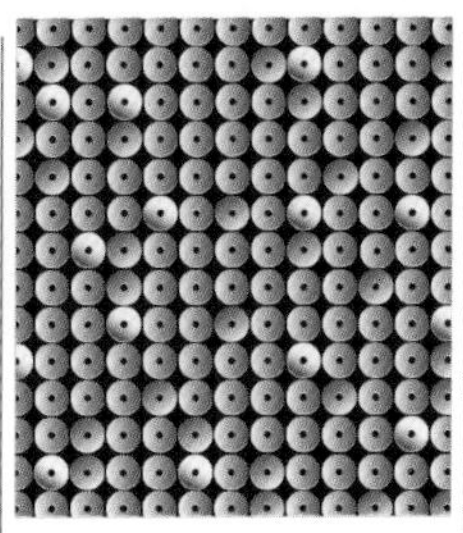

스팽글

SPANGLE

천의 표면에 작은 구멍이 난 플라스틱이나 금속의 작은 조각을 많이 꿰매 붙여, 빛을 반사시키는 장식 부재. 하나하나 천에 붙이기 때문에 각도가 조금씩 달라 흔들리며 반사되어 화려하게 반짝인다. 파이에트라고도 한다.

에드워디언

EDWARDIAN

에드워드 7세의 치세를 가리키는 명칭이나, 그 시대에 만들어진 문화를 뜻하기도 한다. 섬세한 세공의 주얼리가 유명하다. 흰색을 기조로 극히 치밀한 워터마크를 활용한, 단정하고 귀족적인 분위기의 것이 많다.

플뢰르 드 리스

FLEUR DE LIS

붓꽃(아이리스)을 모티브로 한 문장 등을 사용한 디자인을 말한다. 프랑스 왕가의 심볼이며 유럽에서는 많은 문장과 조직의 심볼로 사용되었다. 프랑스어로 백합이라는 뜻이다. 전통적이고 신비한 인상을 주는 문양이 많다. 검처럼 생긴 세 장의 꽃잎을 다발로 묶은 모양에서 삼위일체의 상징으로도 쓰이며, 성모를 상징하는 경우도 있다. 프랑스에서는 왕가의 권력을 상징했으며, 과거에는 죄인에게 낙인을 찍을 때 쓰이는 등 부(負)의 측면도 있다.

※ 여기서 프랑스어의 백합꽃은 일반적인 백합이 아닌 붓꽃과의 꽃을 뜻한다고 여겨진다.

로터스

LOTUS

연꽃. 또는 연꽃 모양의 것을 가리킨다. 연꽃은 저녁에 꽃이 지고 아침에 다시 펴 고대 이집트에서는 영생의 상징으로 여겨져 제사 등에 공물로 사용되었다. 또 신전의 기둥머리에도 쓰였다.

팔메트

PALMETTE

부채꼴로 펼쳐진 대추야자, 종려나무 잎을 모티브로 한 문양을 말한다. 이후에 당초무늬와 융합해 고대 그리스 등에서 폭넓게 쓰였다.

앤시미온

ANTHEMION

고대 그리스에서부터 쓰인 전통적 식물 모티브. 꽃잎이 바깥쪽으로 휘고 끝이 뾰족한 것이 많다. 허니 서클의 꽃과 잎사귀나 로터스가 기원이라고 하며, 유럽을 중심으로 건축, 가구 등의 장식으로 많이 사용된다.

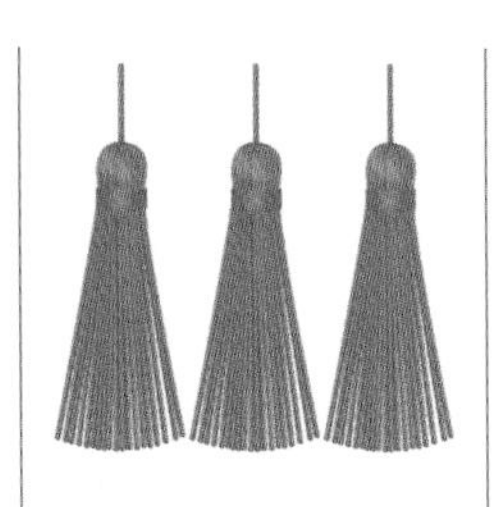

태슬

TASSEL

술 장식으로 주로 패브릭의 가장자리나 의복에 장식으로 단다. 원래는 망토를 여밀 때 사용했다. 커튼이나 신발, 가방 등에 장식으로 쓰인다. 태슬 로퍼 (p.106) 가 유명하다.

피켈 홀더

PICKEL HOLDER

배낭 등에 달린, 피혁제로 평행한 두 개의 구멍을 뚫어 등산용 피켈을 고정시키는 것. 실용적인 이유가 아닌 디자인으로 다는 경우가 많다. 이 구멍에 벨트를 통과시키고 가방 아래에 매다는 피켈 루프(액스 루프)를 사용해 피켈을 고정한다. 액스 홀더라고도 한다. 속칭은 돼지코, 콘센트.

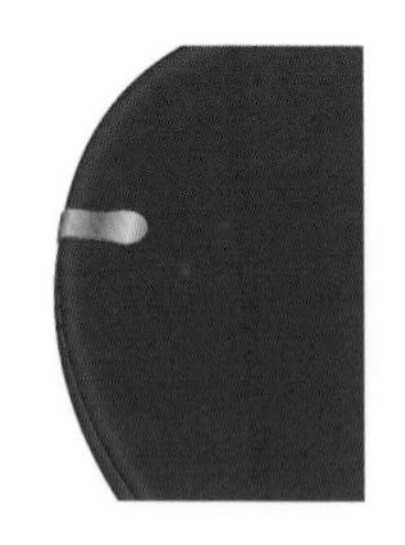

삭스퍼스

SOPPASU

여러 개의 양말을 모을 때 쓰는 클립. 펼쳤을 때 형태가 컴퍼스와 닮아 삭스와 컴퍼스의 합성어이다. 주로 알루미늄으로 만든다.

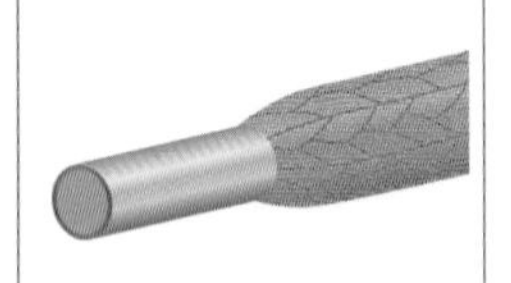

애글리트

AGLET

신발끈의 끝에 끼우는 금속이나 수지로 만든 관형의 덮개를 말한다. 끈이 풀리지 않게 하고, 구멍에 끈을 끼우기 쉽게 한다. 주로 실용적 이유로 달지만, 장식성이 높은 애글리트도 있다.

다리가 길어 보이는 코디

피부와 비슷한 색의 신발

통굽이나 힐의 높이뿐만 아니라, 피부나 스타킹과 같은 색의 구두를 신어도 다리가 더 길어 보이는 효과가 있습니다.

청바지는 워싱이 세로로 길게 있는 것으로

다리가 길어 보이는 코디로 효과적인 무릎이 딱 붙는 슬림, 스키니 계열 데님 바지에, 세로로 긴 워싱 가공을 더하면 더 다리가 길어 보일 수 있어요.

허리 위치를 더 위로

시선을 위로 올리면 세로 라인이 강조되어 날씬하게 보입니다.

또, 일러스트처럼 바이컬러 (p.169)나 허리선의 위치를 허리보다 위로 올리면 다리가 길고 늘씬한 인상을 줄 수 있습니다. 유행에도 좌우되지만, 간단하게는 하의를 하이 웨이스트 스타일로 입으면 같은 효과를 줄 수 있습니다.

깅엄 체크

GINGHAM CHECK

주로 배경색이 흰색 등의 연한 색, 격자색은 한 가지 색의 가로세로 모두 같은 두께의 줄무늬로 된 심플한 기본 격자 무늬이다. 깅엄은 평직물의 일종을 가리키는 말이기도 한데, 과거에는 스트라이프를 깅엄이라고 부르기도 했다. 원래는 안감으로 많이 쓰이는 무늬지만 블라우스, 원피스, 앞치마나 인테리어용 패브릭에서도 많이 찾아볼 수 있다. 어려보이며 밝고 청결한 느낌이라 유니폼으로도 많이 쓰인다.

에이프런 체크

APRON CHECK

16세기 영국의 이발사가 쓰던 앞치마 무늬가 기원인, 단순한 평직의 격자무늬. 깅엄 체크와 거의 같은 것이다.

톤 온 톤 체크

TONE-ON-TONE CHECK

같은 계열 색상으로 명도 변화를 준 배색의 체크무늬. 온화하고 차분한 배색이기 때문에 다양한 곳에 사용된다.

버팔로 체크

BUFFALO CHECK

주로 빨강·검정 등을 사용한 단순하고 큼직한 격자무늬를 말한다. 두꺼운 울로 만든 셔츠 또는 재킷 등에 자주 쓰인다. 파랑과 노랑을 사용한 것도 있다.

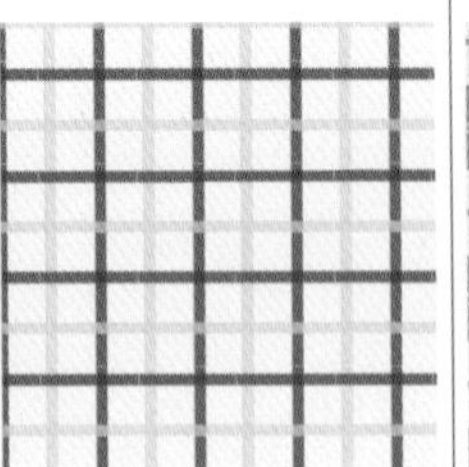

태터솔 체크

TATTERSALL CHECK

두 가지 색의 라인이 번갈아서 나오는 격자무늬. 런던의 마시장 '태터솔'에서 쓰이던 무늬에서 유래했다.

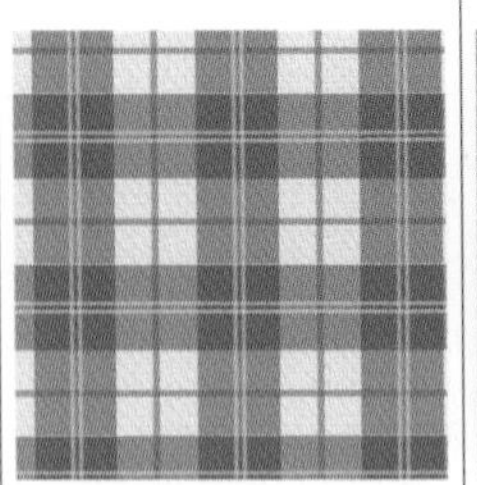

오버 체크

OVER CHECK

작은 체크에 큰 체크를 겹친 무늬를 말한다. 겹치는 무늬의 톤을 바꾸어 캐주얼한 느낌이 난다. 오버 플래드라고도 한다.

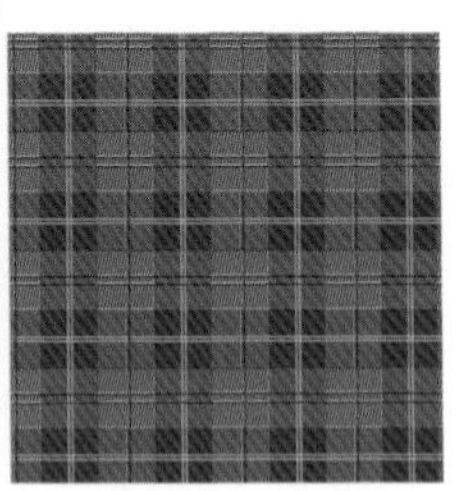

타탄체크

TARTAN CHECK

스코틀랜드의 하일랜드 지방에서 클랜(씨족)에 전해진 무늬. 가로세로 줄무늬의 비율이 균등하고 여러 색을 사용한 체크무늬이다. 빨강, 검정, 초록, 노랑을 사용한 배색이 많으며, 지위 등에 따라 사용 가능한 색 수도 한정되어 있었다.

하우스 체크

HOUSE CHECK

스코틀랜드의 전통 무늬인 타탄체크와는 달리, 브리티시 트래드 스타일로 브랜드가 독자적으로 개발한 무늬를 말한다. 스카치하우스(THE SCOTCH HOUSE), 버버리(BURBERRY), 아쿠아스큐텀(AQUASCUTUM) 등의 브랜드가 잘 알려져 있다. 하우스 타탄체크라고도 부른다.

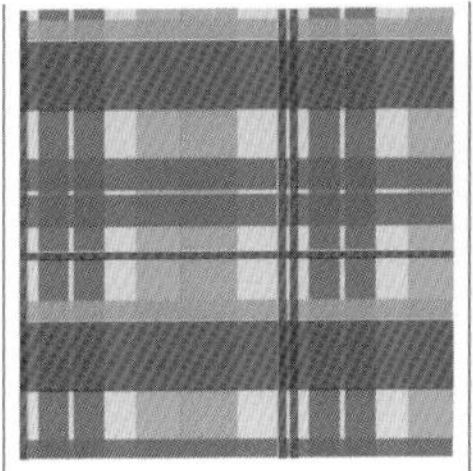

마드라스 체크

MADRAS CHECK

노랑, 오렌지, 초록 등의 극채색을 사용한 체크무늬. 원래는 초목염의 실로 짠 면직물로, 천연 염색한 색조가 특징이었다. 현재는 색과 무늬의 폭에 변화를 준 것이 많다.

아가일 체크

ARGYLE PLAID

여러 개의 마름모꼴과 비스듬한 테두리선으로 이루어진 격자무늬. 또는 그렇게 짠 편물. 기본적인 격자무늬로 유행에 좌우되지 않아, 제복에도 많이 사용된다.

옴브레 체크

OMBRE CHECK

서서히 색의 짙고 옅음이 변화하거나, 다른 색이 스며드는 듯한 변화가 반복되는 격자무늬. 옴브레는 프랑스어로 '그늘진, 음영을 넣은'의 뜻이다.

다이애그널 체크

DIAGONAL CHECK

비스듬하게 구성된 격자무늬의 총칭. 보통은 45도의 경사. 다이애그널은 사선이나 대각선이라는 뜻이다.

바이어스 체크

BIAS CHECK

비스듬하게 배치한 격자무늬를 말하며, 바이어스는 대각선을 의미한다. 다이애그널 체크라고도 한다.

할리퀸 체크

HARLEQUIN CHECK

어릿광대의 의상에 주로 사용되는 마름모꼴 모양의 체크.

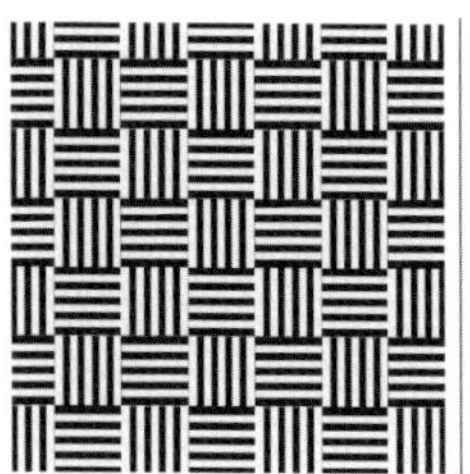

바스켓 체크
BASKET CHECK

줄무늬끼리 교차해, 바구니를 짜는 듯한 모양의 격자무늬를 말한다.

윈도페인
WINDOWPANE

창유리의 격자처럼 단색의 얇은 테두리라인으로 사각형을 만드는 격자무늬. 영국의 전통무늬 중 하나이다. 트래디셔널한 인상으로 품위 있어 보인다. 그래프 체크와 거의 같은 것이다.

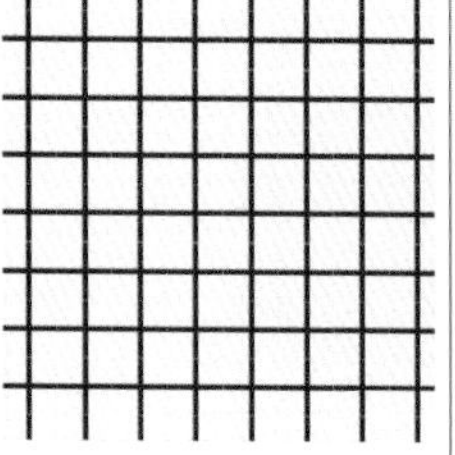

그래프 체크
GRAPH CHECK

방안지처럼 얇은 선으로 구성된 격자무늬. 기본 두 가지 색이라 다른 아이템과 맞추기 쉽다. 라인 체크라고도 한다. 격자가 큰 것은 모던함, 중간 크기는 레트로, 클래식한 느낌을 준다.

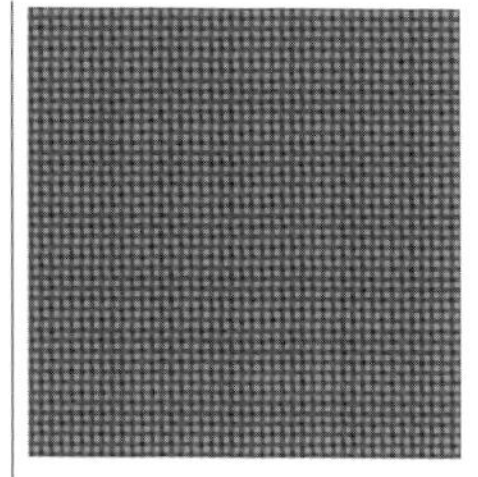

핀 체크
PIN CHECK

매우 작은 격자무늬. 또는 두 가지 색의 실을 잘게 격자무늬로 짠 천. 두 줄씩 색을 번갈아 바꾸어 짠 것이 많다. 타이니 체크라고도 한다.

셰퍼드 체크
SHEPHERD CHECK

두 가지 색으로, 블록 체크(p.151)의 교차하지 않는 부분에 바탕색의 사선이 가늘게 들어간 것이 특징인 체크무늬. 여러 색이 들어가면 건클럽 체크가 된다.

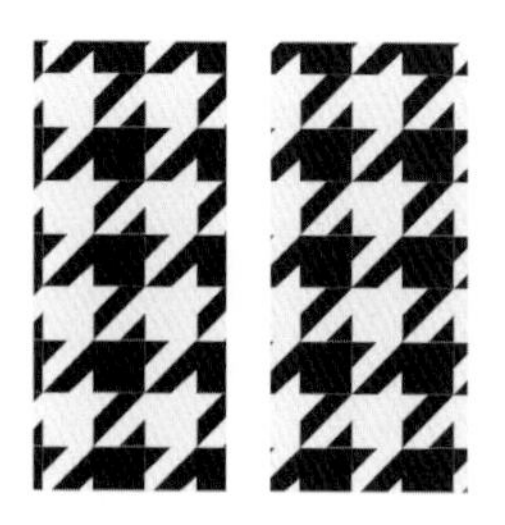

하운즈투스 체크
HOUND'S-TOOTH CHECK

사냥개(하운드)의 송곳니(투스) 모양을 본 뜬 무늬가 반복되는, 바탕과 모양이 같은 형태의 격자 줄무늬. 영국에서 만들어진 기본적인 무늬이다. 원래는 같은 수의 경사(날실)와 위사(씨실)로 짜낸 능직의 줄무늬였다. 검정과 흰색의 모노톤 배색 외에도, 흰색과 다른 색을 조합해 컬러 베리에이션도 넓어지고 있다. 무늬가 조금 작으면 트래디셔널한 인상, 커질수록 스타일리시해진다. 도그투스라고도 부른다.

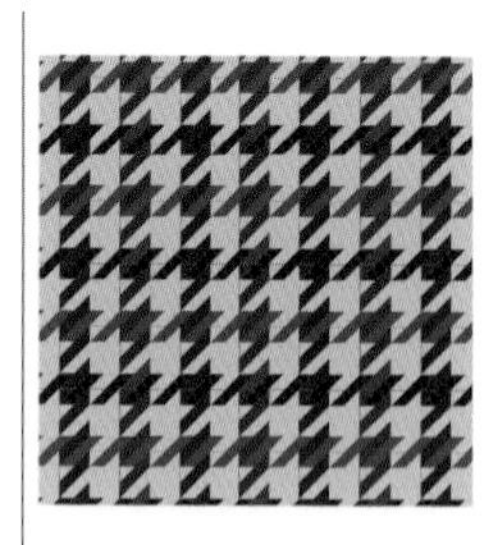

건클럽 체크
GUN CLUB CHECK

두 가지 이상의 색을 사용한 격자무늬. 영국의 수렵 클럽에서 착용했던 것에서 유래한 이름이다. 주로 트래디셔널한 재킷이나 바지 등에 사용된다.

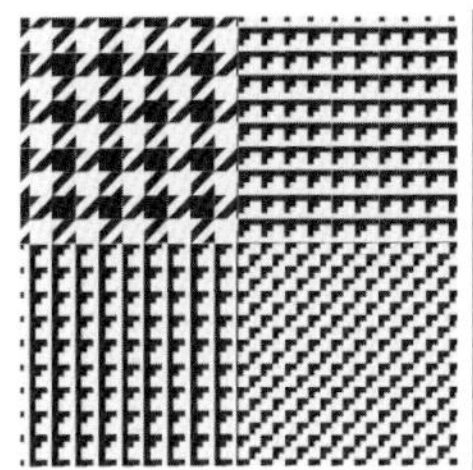

글렌 체크
GLEN CHECK

하운즈투스 체크(p.150)와 헤어라인 스트라이프(p.157) 등 작은 격자를 조합한 무늬. 글레너카트 체크의 약칭이다. 청색의 오버 체크가 들어간 것을 프린스 오브 웨일스 체크라고 한다.

블록 체크
BLOCK CHECK

흰색과 검정, 또는 옅고 짙은 두 가지 색이 번갈아 놓이게 짠 무늬. 일본에서는 이치마쓰 모양(체커보드 패턴)이라고 부르기도 한다.

체커보드 패턴
CHECKERBOARD PATTERN

두 가지 색의 정사각형을 번갈아 배치해 만든 무늬. 흰색과 검정, 흰색과 감색 배색이 대표적이다. 에도시대 이전의 일본에서는 이시타타미 모양이라고 부르기도 했으며, 고분의 토용의 복장이나 쇼소인의 공예품에서도 볼 수 있다. 체커라고도 한다.

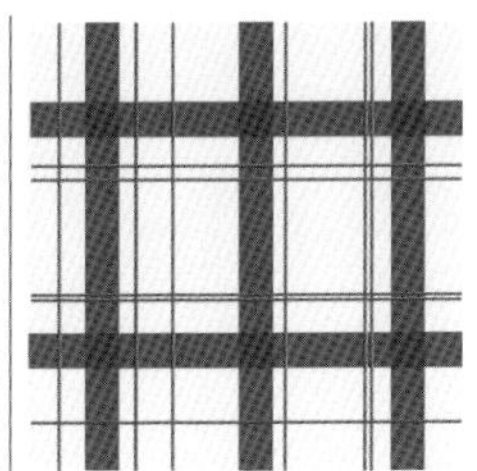

오키나 격자
おきなごうし

두꺼운 선의 격자 안에 얇은 선의 격자가 많이 들어간 무늬. 두꺼운 선(오키나/할아버지) 안에 얇은 선(마고/손자)이 있는 것이, 많은 후손을 상징한다는 설이 유력하며, 자손 번영의 의미가 있어 길한 무늬이다.

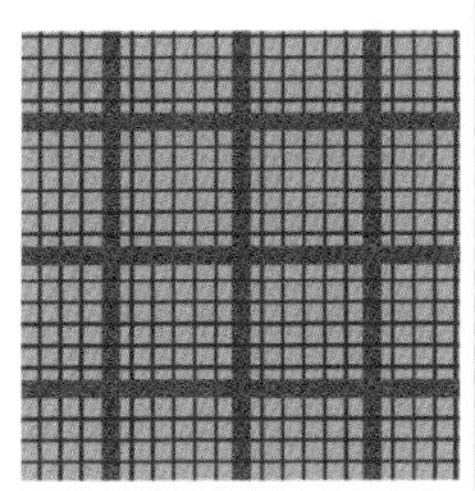

미소코시 격자
みそこしごうし

두꺼운 선의 격자 안에 얇은 선의 격자가 거의 같은 간격으로 그물코처럼 배치된 격자무늬를 말한다. 명칭은 미소를 물에 풀 때 쓰는 체에서 따왔다. 오키나 격자의 일종이라고 할 수 있다. 미소코시 무늬라고도 한다.

나리히라 격자
なりひらこうし

잔무늬(고몬)로, 마름모꼴 격자 안에 십자 무늬가 들어간 격자무늬를 말한다. 아리하라 나리히라가 좋아했던 것에서 이름이 유래했다. 잔무늬(고몬)는 작은 모양이 규칙적으로 천 전체에 배치된 것의 총칭이다.

마츠카와 마름모
まつかわびし

고몬의 하나로, 큰 마름모의 위아래로 작은 마름모가 붙은 모양. 소나무 껍질을 떼어낸 모양에서 이름이 유래했다. 나카부토비시라고도 한다. 도기의 문양, 마키에(일본 고유의 칠공예)의 바탕문양 등에 자주 사용된다.

기쿠비시
きくびし

국화꽃 모양의 고몬. 가가마에다 가(家)에서 사용하던 무늬로, 에도시대에는 다른 영지에서 사용하는 것이 금지되었다. 늠름하고 고상한 이미지.

다케다비시
たけだびし

고몬 무늬의 하나로, 네 개의 마름모를 마름모 모양으로 붙여 만든 무늬. 마름모를 분할한 무늬를 '와리비시'라고 부르는데, 그중에서도 다케다비시는 간격이 좁은 것이 특징이다. 가이 타케다 가(家)에서 사용하던 무늬로 다른 영지에서의 사용이 금지되었다.

아사노하
あさのは

정육각형으로 여섯 개의 마름모의 꼭지점이 한 점으로 모이게 된 기하학 모양을 말한다. 모양이 삼잎과 닮아 이름이 유래했다. 삼은 성장이 느리고 튼튼해 운수가 좋은 무늬로 여겨져, 배내옷으로 사용하는 풍습이 있다.

우로코 모양
うろこもよう

물고기의 비늘을 모티브로 해 이등변 삼각형을 규칙적으로 상하좌우로 이어붙인 모양. 크기나 모양이 같은 모양을 규칙적으로 늘어뜨린 '이레카와리 모양'의 하나. 고분의 벽화나 토기에 그려질 정도로 옛날부터 있던 것이다.

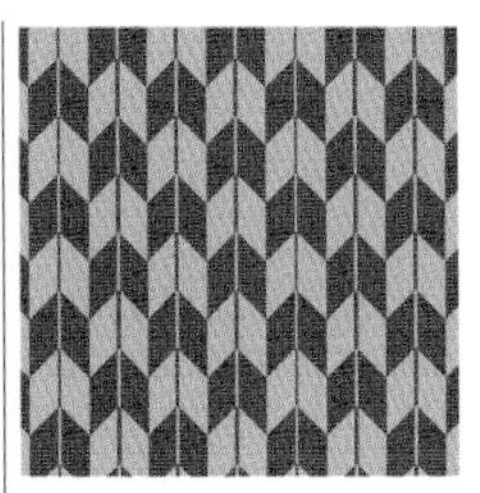

야가스리
やがすり

화살깃을 반복해 놓은 모양. 일본에서는 옛날부터 사용되어 일본 옷 등에서 많이 볼 수 있다. 쏜 화살이 돌아오지 않는 것에서 결혼식에서 복을 기원하는 의미로 쓰였다. 영어로는 애로 스트라이프라고 한다.

싯포
しっぽう

원을 4분의 1씩 겹친 모양으로, 원과 별모양이 반복되어 보인다. 싯포쯔나기(칠보 잇기)로도 부르며, 모양의 사이를 다른 모양으로 채우는 다양한 배리에이션을 볼 수 있다.

킷코
きっこう

거북의 등딱지에서 유래한 육각형을 겹쳐 만든 모양. 거북이는 장수를 상징하기도 해 운수가 좋은 문양이다. 허니콤 모양, 벌집 모양이라고도 한다.

쿠미킷코
くみきっこう

거북의 등딱지처럼 보이게 육각형으로 그물코를 짠 모양. 거북이의 등딱지는 장수의 상징이다.

비샤몬킷코
びしゃもんきっこう

비사문천(불교의 사천왕 중 하나)의 갑옷 등에 사용되어 이 이름이 붙었다. 정육각형의 변의 중심을 겹치듯이 연속으로 배치하고 세 갈래로 보이도록 안쪽의 선을 번갈아 없앤 모양이다

세이가이하
せいがいは

여러 겹 겹친 반원을 물결처럼 보이게 반복한 모양. 이름은 동명의 아악(궁중악) 의상에 쓰였던 것에서 유래했다. 고대 페르시아가 발상지로, 사산조 페르시아 양식의 것이 중국을 경유해 전파된 것이라고 한다.

사야가타
さやがた

길게 늘린 만(卍)을 흩뜨려 이은 모양. 일본에서 여성의 경사예복으로 사용하는 대표적인 모양이다. 끊임없이 길게 이어진다는 뜻으로, 집의 번영과 장수를 기원하는 의미를 가진다.

히가키
ひがき

향나무로 만든 얇은 판자를 어살처럼 비스듬하게 짠 고전적인 모양으로, 기모노의 띠 등에 많이 사용한다.

다테와쿠
たてわく

물결선이 세로로 규칙적으로 늘어서있는 모양으로, 부푼 부분에 구름이나 꽃모양, 물결 등을 넣은 것이 많다. 헤이안 시대부터 사용한 대표적인 직분의 문양(조정의 옷차림이나 도구 등에 쓰이던 모양)이다.

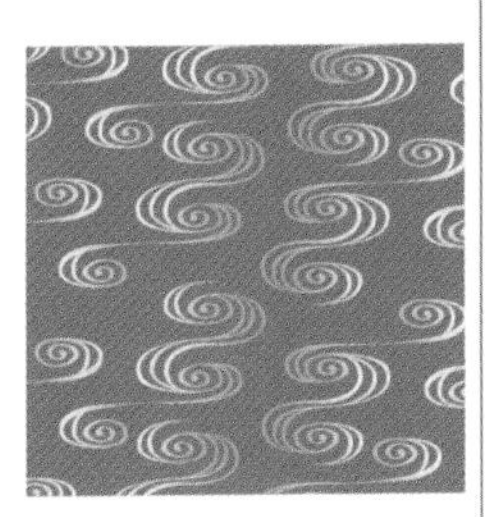

간제미즈
かんぜみず

소용돌이 모양으로 항상 변하는 무한한 모습을 나타낸다. 가면 음악극으로 유명한 가문이 가문의 문양으로 삼았던 것에서 이름이 붙었다. 부채나 책의 표지 등으로 많이 쓰인다.

도모에
ともえ

굽은 옥 같은 모양을 원형으로 배치한 모양. 북이나 기와, 가문의 문양 등에서 많이 볼 수 있다.

요시와라쯔나기
よしわらつなぎ

네 귀퉁이가 안으로 들어간 정사각형을 비스듬하게 사슬처럼 늘어트려 만든 무늬. '요시와라 유곽에 한 번 들어가면 쉽게 나올 수 없어, 결국 잡혀버린다'라는 의미가 있다고 한다. 일본 전통의상이나 가게 앞 천막 등의 무늬로 많이 쓰인다.

사메코몬
さめこもん

기모노에 자주 사용하는 고몬 무늬의 하나로, 작은 점이 원호로 겹쳐지듯이 배치된 무늬. 멀리서는 민무늬로 보이며, 광택이 있는 천을 염색하면 반짝거리며 하늘하늘 흔들리는 특유의 아름다움이 인기이다.

이게타
いげた

우물 가장자리에 끼워진 목제 틀의 이름으로, 이를 형상화한 '井'을 모양으로 만든 무늬. 카스리(잔무늬가 있는 천) 천으로 만든 것이 많다. 마름모꼴로 도안화하여 만든 문양도 이게타라고 부른다.

오메시쥬
おめしじゅう

도쿠가와 가(家)의 무늬이기도 했던 고몬 무늬의 하나로, 원과 십자가 번갈아 놓인 무늬.

가고메
かごめ

육각형을 반복해 격자형으로 만든 모양. 대나무로 바구니를 짠 것처럼 보인다. 육망성이 늘어서 있어 마귀를 쫓는 효과가 있다고도 여겨진다.

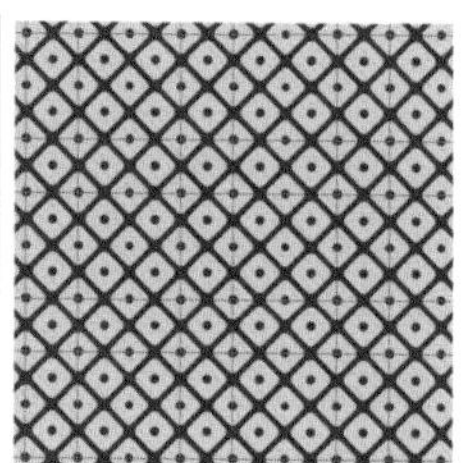

가노코
かのこ

사슴 등에 있는 반점과 닮은 홀치기 염색으로 만든 모양. 또는 닮은 모양이 되도록 실을 뜨는 방법이나 짜인 니트 천을 말한다. 표면이 올록볼록해 통풍이 좋고, 촉감이 가벼운 것이 특징이다.

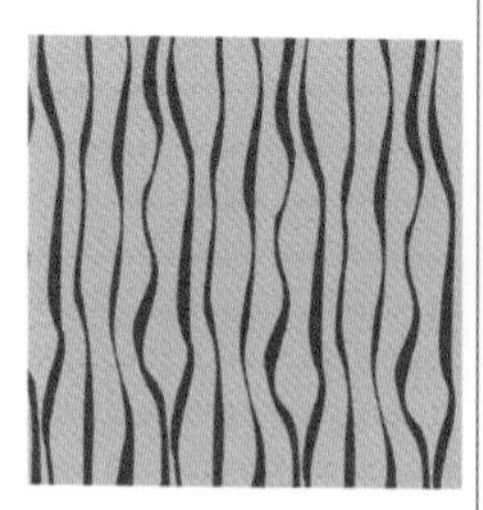

요로케지마
よろけじま

만곡선으로 만들어진 줄무늬. 프린트로 만드는 것 뿐만 아니라, 천을 짤 때 실을 휘게 만들어 변화를 주는 경우도 있다.

타이 다이
TIE-DYED

천의 일부를 실로 묶거나, 판으로 묶어 염료가 스며드는 정도에 변화를 주어 모양을 만드는 염색 방법, 그런 무늬를 가리킨다. 밀랍이나 풀을 사용하지 않고 무늬를 만드는 대표적인 기법이다. 소박한 느낌을 낼 수 있다.

사시코
さしこ

천에 실로 기하학무늬 등을 수놓아 그리는 기법, 또는 수놓은 천을 가리킨다. 남색 천에 흰색 실로 수놓는 것이 가장 대중적이나, 천과 실 모두 색이 다양하다. 원래는 천의 보강과 보온을 위해 만든 것이다.

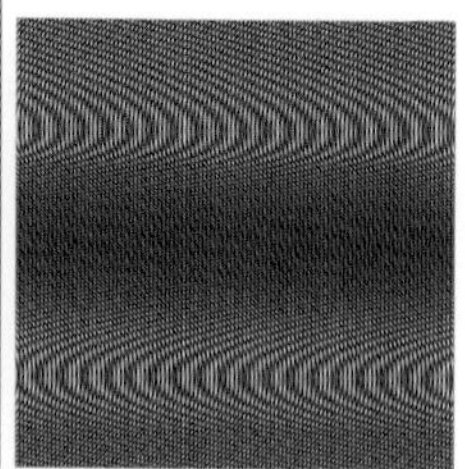

무아레 (간섭무늬)
MOIRÉ

규칙적으로 반복되는 선 등의 모양을 겹쳤을 때 만들어지는, 어긋남으로 인해 나타나는 줄무늬를 말한다.

라이몬

らいもん

직선으로 소용돌이치는 듯한 기하학 모양을 반복한 무늬. 라멘 그릇의 안쪽 등에서 자주 볼 수 있다. 자연적 경이의 상징인 천둥을 모티브로 했으며, 중국에서는 마귀를 쫓는 효과가 있다고 한다.

핀 도트

PIN DOT

핀 끝처럼 작은 물방울 모양으로, 물방울무늬 중 가장 작은 크기이다. 조금 더 큰 것은 폴카 도트라고 한다. 셔츠나 블라우스에 많이 쓰이는 무늬로 멀리서 보면 민무늬로 보여, 고급스럽고 우아하다.

버즈 아이

BIRDS EYE

작은 흰 원을 좁은 간격으로 규칙적으로 놓은, 신사복용 천으로 많이 사용하는 도트무늬. 또는 천 자체를 말한다. 새 눈과 비슷한 도트라 이름이 붙었으며, 차분한 분위기를 낼 수 있다.

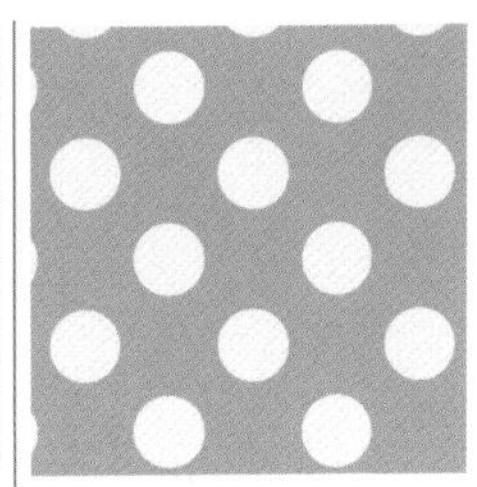

코인 도트

COIN DOT

동전 정도 크기의 물방울 모양으로, 비교적 크기가 크다. 더 작은 물방울 모양은 폴카 도트라고 한다.

링 도트

RING DOT

고리 모양의 물방울을 배열한 무늬를 말한다.

폴카 도트

POLKA DOT

중간 크기의 물방울을 같은 간격으로 놓은 무늬를 말한다. 물방울이 작은 핀 도트와 큰 코인 도트의 중간을 가리키는 경우가 많다.

샤워 도트

SHOWER DOT

물방울을 연상시키는 점(원)의 크기나 위치가 불규칙하게 배치된 무늬를 말한다. 버블 도트와 거의 같은 뜻으로 무작위 도트를 의미하나, 샤워 도트의 물방울이 대체적으로 더 작다.

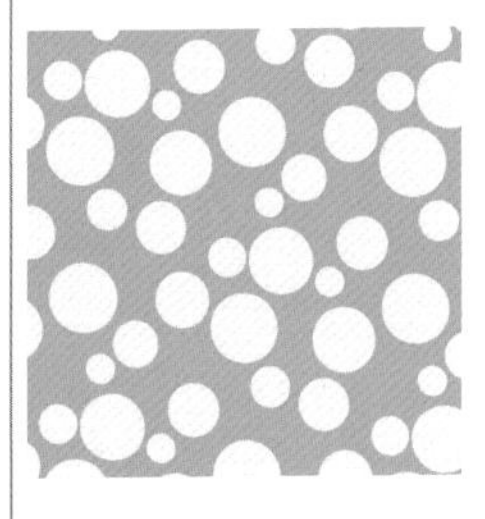

버블 도트

BUBBLE DOT

점의 크기나 위치를 불규칙하게 배치해 거품을 떠올리게 하는 무늬. 무작위 도트 무늬로 샤워 도트와 거의 같은 의미로 사용되나, 비교적 점의 크기가 큰 것을 가리키는 경우가 많다.

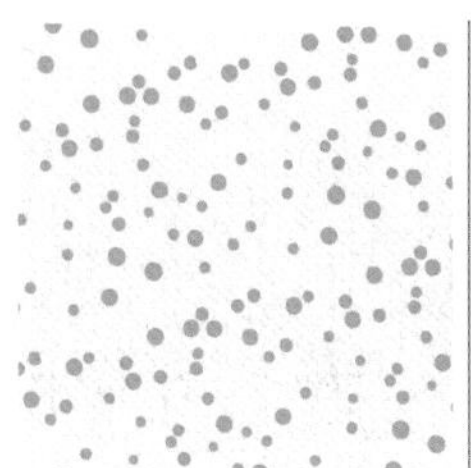

랜덤 도트

RANDOM DOT

크기나 위치가 불규칙하게 배치된 무늬. 샤워 도트(p.155)나 버블 도트(p.155)도 무작위로 배치된 도트 무늬이나, 랜덤 도트는 비교적 작은 점들로 이루어진 것이 많다.

스타 프린트

STAR PRINT

별모양이 여기저기 박힌 프린트 무늬. 또는 별을 모티브로 한 디자인이 들어간 무늬. 크기나 배치, 색이 무작위로 된 것이 많다. 주기적으로 유행하며, 운을 가져오는 모티브로도 사랑받고 있다.

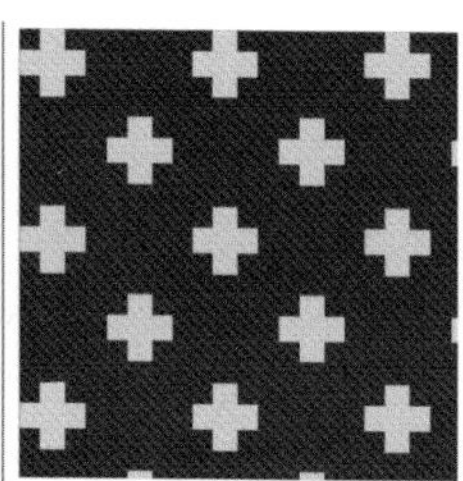

크로스 프린트

CROSS PRINT

십자, 더하기 기호 디자인이 같은 간격으로 반복되는 무늬나 천. 모노톤이 많다. 스위스 국기에서 스위스 크로스, 일본에서 쓰이는 무늬로는 쥬지카스리, 작은 십자 모양은 가가스리라고 부른다.

스컬

SKULL

두개골을 모티브로 한 무늬나 디자인을 말하며, 스컬은 두개골을 의미한다. 해골 등으로도 부르며, 죽음이나 위험을 암시하는 모티브로 다양한 장르의 아이템이나 타투 등에도 사용한다.

핀 헤드 스트라이프

PINHEAD STRIPE

점을 찍어 선으로 이은 가장 얇은 세로줄무늬. 점으로 그린 것을 핀 스트라이프라고 표기하는 경우도 있다.

핀 스트라이프

PIN STRIPE

가장 얇은 세로 줄무늬. 점으로 선을 그린 것을 가리키는 경우도 있다.

펜슬 스트라이프

PENCIL STRIPE

간격을 띄워 얇은 선을 배치한 뚜렷한 줄무늬. 슈트 등에서 기본 무늬로 사용한다. 줄무늬의 굵기에 엄밀한 기준은 없으나, 핀 스트라이프보다는 두껍고, 초크 스트라이프보다는 얇다.

초크 스트라이프

CHALK STRIPE

명도나 채도가 낮은 어두운 검정이나 감색, 회색의 바탕천 위에, 흰색으로 얇게 긁힌 듯한 줄무늬가 들어간 것을 말한다. 칠판 위에 초크로 선을 그린 것처럼 보여 이런 이름이 붙었다.

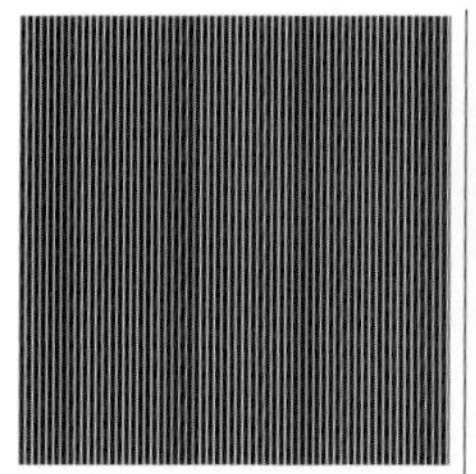

헤어라인 스트라이프

HAIRLINE STRIPE

얇은 선이 빽빽하게 들어간 줄무늬로, 멀리서 보면 단색으로 보인다. 대표적인 줄무늬 중 하나로 트래디셔널하고 섬세한 느낌을 준다. 명암차가 있는 실을 번갈아 날실과 씨실로 짜서 만드는 무늬이다.

더블 스트라이프

DOUBLE STRIPE

두 개의 가는 선을 한 쌍으로, 이를 같은 간격으로 반복한 줄무늬. 선로처럼 보여 트랙 스트라이프, 레일로드 스트라이프로 불리기도 한다. 이 경우 한 쌍의 선 간격이 넓은 경향이 있다.

트리플 스트라이프

TRIPLE STRIPE

세 개의 선을 같은 간격으로 늘어놓은 세로 줄무늬. 일본에서 쓰이는 무늬는 미스지타테라고도 불린다.

캔디 스트라이프

CANDY STRIPE

캔디의 포장지에 쓰일 법한 흰색 바탕에 오렌지, 노랑, 파랑, 초록 등의 선명한 색을 배열한 컬러풀한 줄무늬. 스틱형의 캔디케인의 배색인 빨강·흰색의 줄무늬를 가리키기도 한다.

런던 스트라이프

LONDON STRIPE

흰색을 기본으로 배경색과 줄무늬의 비율이 거의 같은 기본적인 세로 줄무늬. 5mm 정도 폭의 파랑이나 빨강 줄무늬가 많다. 클레릭 셔츠(p.44) 등에 많이 쓰이며, 청결감과 우아함을 더해, 세련되어 보인다.

벵골 스트라이프

BENGAL STRIPE

인도 북동부의 벵골 지방을 발상지로 하는, 채도가 높고 색이 화려한 세로 줄무늬를 말한다. 일본의 벤가라, 벤가라지마는 벵골에서 왔다고 하나, 이 경우는 빨간색 안료를 쓴 줄무늬의 직물을 말한다.

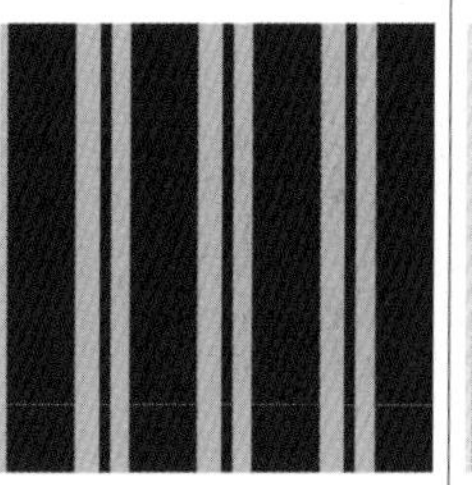

시크 앤드 신

THICK AND THIN STRIPE

같은 색의 두꺼운 선과 얇은 선을 번갈아 배열한 줄무늬.

얼터너티브 스트라이프

ALTERNATE STRIPE

두 종류의 다른 줄무늬가 번갈아 늘어선 줄무늬. 색, 굵기 모두 다를 때도 있다.

셀프 스트라이프

SELF STRIPE

같은 종류의 실로 짜는 방법을 바꾸어 만든 줄무늬. 슈트 등에 사용되며, 너무 튀지 않고 고상하게 보인다. 우븐 스트라이프라고도 부른다.

섀도 스트라이프

SHADOW STRIPE

실의 종류를 바꾸지 않고 실의 꼬인 방향만 바꾸어 만든 줄무늬를 말한다. 빛의 각도에 따라 숨겨진 스트라이프가 드러난다. 천연 느낌과 화려한 느낌이 함께 있으며, 광택도 있어 우아하다.

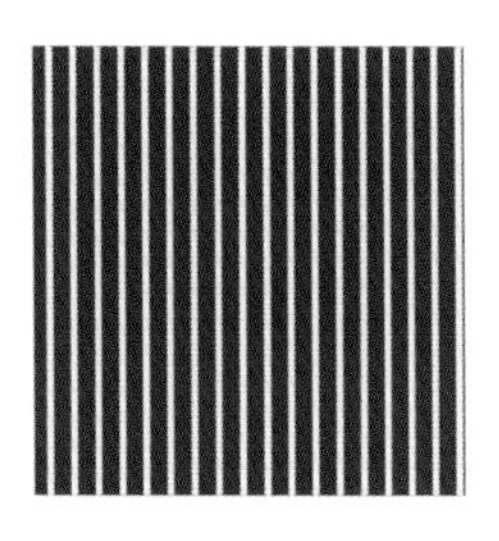

히코리 스트라이프

HICKORY STRIPE

데님 천의 무늬의 일종. 워크웨어에 자주 사용되는 감색 데님에 흰색의 선이 들어간 것이 대표적이다. 철도 노동자가 착용했던 것이 처음으로, 오염이 눈에 띄지 않아 많이 사용하는 작업복이나 오버올(p.69), 페인터 팬츠(p.59) 등에 많이 사용한다. 현재는 상의나 가방 등 다양한 아이템에 사용하고 있다. 데님은 예전부터 있던 천이기 때문에 레트로감과 러프함을 드러낼 수 있다. 아메리칸 캐주얼룩의 기본 요소로 여겨진다.

캐스케이드 스트라이프

CASCADE STRIPE

줄이 점점 가늘어지는 줄무늬를 말한다.

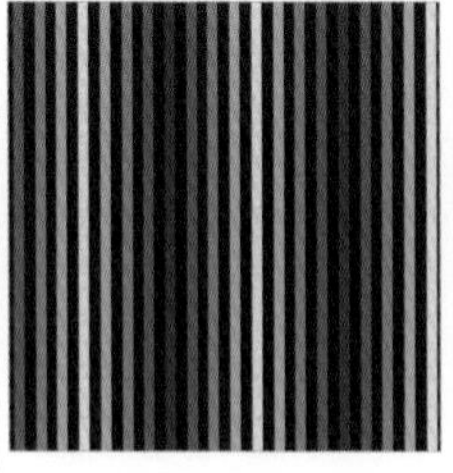

옴브레 스트라이프

OMBRE STRIPE

각자의 선이 점점 흐릿해지거나 굵히는 변화가 반복되는 줄무늬. 캐스케이드 스트라이프처럼 굵기가 변화하는 경우도 옴브레 스트라이프로 부르기도 한다.

오닝 스트라이프

AWNING STRIPE

파라솔이나 텐트 등에 사용하는 단순한 등간격의 세로줄. 오닝(어닝)은 차양이나 비 가리개를 의미한다. 흰색 등의 밝은 색의 단색을 많이 사용하며, 블록 스트라이프라고도 한다.

레가타 스트라이프

REGATTA STRIPE

굵은 세로 줄무늬를 말하며, 영국의 대학 대항 보트 레이스에서 많이 입었던 블레이저의 무늬에서 유래했다. 트래디셔널하고 스포티한 인상을 낼 수 있다.

클럽 스트라이프

CLUB STRIPE

2~3가지의 강한 인상의 색을 사용한 단순한 패턴으로, 클럽이나 단체의 상징으로 사용하는 줄무늬를 말한다. 넥타이나 블레이저, 소품 등에 많이 사용된다.

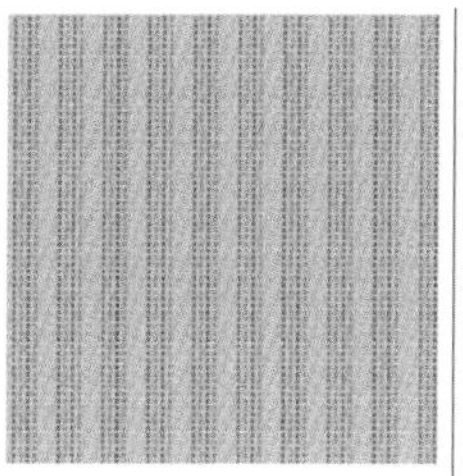

클러스터 스트라이프

CLUSTER STRIPE

여러 개의 선이 모여 한 줄의 줄무늬로 보이는 줄무늬를 말한다.

레이즈드 스트라이프

RAISED STRIPE

짜는 방법 때문에 천에 줄무늬가 도드라지게 보이는 줄무늬.

리본 스트라이프

RIBBON STRIPE

리본에 많이 사용하는, 명도차가 큰 두 색을 조합한 단순한 줄무늬. 또는 리본 때문에 나타나는 줄무늬를 말한다. 얇은 리본에 스티치를 넣은 것처럼 짜, 줄무늬처럼 보이게 한 것 등이 있다.

다이애그널 스트라이프

DIAGONAL STRIPE

비스듬한 선으로 된 줄무늬의 총칭. '다이애그널'이라고만 부르는 경우, 45도로 기울여진 대각선 스트라이프를 가리키는 것이 많다. 무늬뿐만 아니라 니트 등이 비스듬하게 짜여 있는 것을 말하기도 한다.

레지멘탈 스트라이프

REGIMENTAL STRIPE

영국의 연대 깃발을 본떠 만든 비스듬한 줄무늬. 주로 감색에 어두운 적색이나 초록색을 사용한다. 넥타이에 많이 쓰인다. 오른쪽으로 올라가는 선은 영국식, 오른쪽으로 내려가는 줄무늬는 미국식이라고 알려져 있다.

렙 스트라이프

REPP STRIPE

영국의 브룩스 브라더스가 레지멘탈 스트라이프를 반전시켜 만든, 오른쪽으로 내려가는 비스듬한 줄무늬를 말한다. 이 스트라이프로 만든 넥타이를 렙 타이라고도 부르며, 미국 트래디셔널의 대표이다.

헤링본

HERRINGBONE

사선무늬를 번갈아 넣어 세로 줄무늬로 보이게 만든 무늬. 이름은 청어의 뼈 모양과 닮은 것에서 붙었다. 신발창의 패턴으로도 많이 쓰인다.

보더 (호리존털 스트라이프)

HORIZONTAL STRIPE

가로 줄무늬를 말한다. 원래 보더는 가장자리나 주변을 뜻하는데, 소맷부리나 밑단을 띠 등으로 테를 두른 것이다. 현재 일본에서는 여러 개의 테두리를 반복한 가로 줄무늬를 보더라고 많이 부른다.

멀티 보더

MULTI BORDER

여러 사지 색, 또는 열 두께가 섞여있는 가로 줄무늬. 멀티는 '다수'를, 보더는 '가로 줄무늬'를 의미한다. 일본식 영어 표현이다.

셰브런 스트라이프

CHEVRON STRIPE

산 모양이 반복되는 지그재그 줄무늬를 말한다. 셰브런은 '군복이나 완장 등의 산형(山形)'을 의미하는 프랑스어이다.

보헤미안

BOHEMIAN

유목민의 민족의상 스타일을 말한다. 집시를 떠오르게 하는 에스닉하고 이국적인 무늬나, 자유로운 유목민을 상상하게 하는 스타일이 많다. 플라멩코의 의상으로 쓰이기도 한다.

트라이벌 무늬

TRIBAL PRINT

부족이나 종족별로 독자적인 모양인 민족 문양을 말하며, 사모아나 아프리카 각 부족에서 볼 수 있을 법한 천의 무늬를 가리킨다. 그중에서도 대표적인 것은 사모안 트라이벌이라고 불리는, 적도 부근의 사모아 제도를 중심으로 태평양 제도에서 쓰이는 무늬이다 추상적·기하학적인 디자인이나 동식물 모티브를 반복한 모노톤의 심플한 것이 많으나, 지역에 따라 극채색을 사용한 것도 있다. 종교적 의미도 있어 복식뿐만 아니라 타투나 물건의 장식에도 쓰인다.

마라케시

MARRAKECH

모로코 중앙에 있는 도시 마라케시에서 유래한, 원이나 꽃을 추상화한 모양을 반복해 만든 무늬. 타일 등에 쓰인다.

치마요

CHIMAYO

다수의 마름모를 조합해 대칭으로 만든, 미국 원주민의 전통 무늬. 이 무늬로 만든 직물은 샌타페이의 북동쪽에 위치한 뉴멕시코주에 있는 치마요 마을의 공예품이기도 하다.

캐비어 스킨

CAVIAR SKIN

가방이나 지갑 등에 사용되는 송아지 가죽에 압력을 가해 캐비어처럼 도톨도톨하게 형태를 만든 것을 말한다. 흠집 등이 눈에 띄지 않는 이점이 있다.

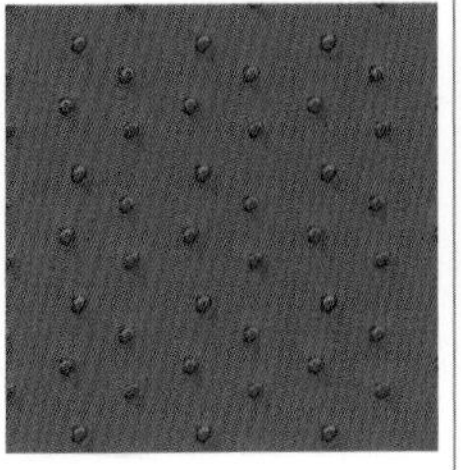

오스트리치

OSTRICH

타조 가죽. 또는 타조 가죽을 사용한 가방, 지갑, 벨트 등의 상품을 말한다. 깃털을 뽑은 뒤 생기는 퀼 마크(깃털을 뽑아낸 흔적)가 특징이다. 두껍고 내구성이 좋으며 유연하다. 고급품이며 수분에 약하다.

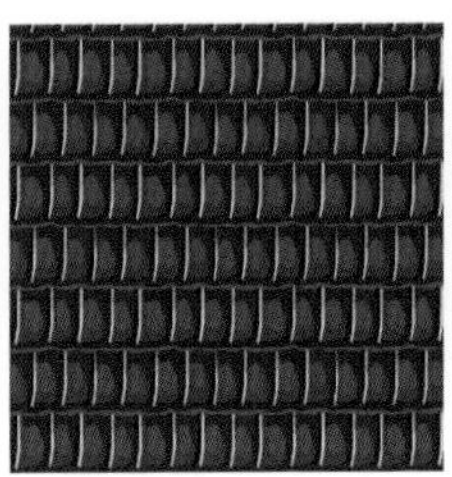

리자드

LIZARD

도마뱀의 가죽. 또는 그것을 본뜬 피혁을 말한다. 크기가 비슷한 비늘 모양이 특징이다. 튼튼한 고급 피혁으로 가방이나 벨트, 지갑 등에 사용된다.

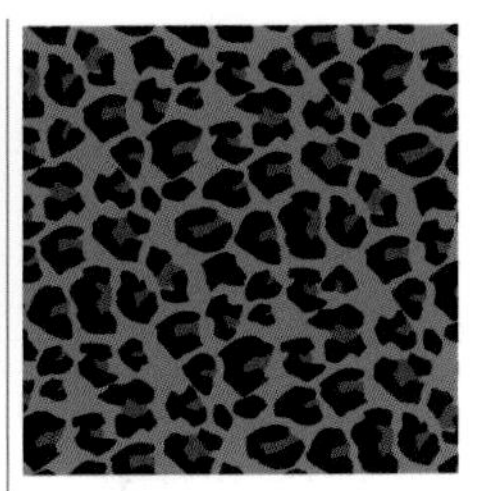

애니멀 무늬

ANIMAL PRINT

동물의 겉가죽을 본뜬 무늬를 말한다. 포유류의 털가죽이나 파충류의 겉가죽 무늬를 모티브로 한 것이 많다. 호피 무늬(레오파드)나 얼룩말무늬(지브라), 뱀(스네이크), 악어(크로커다일) 등이 유명하다.

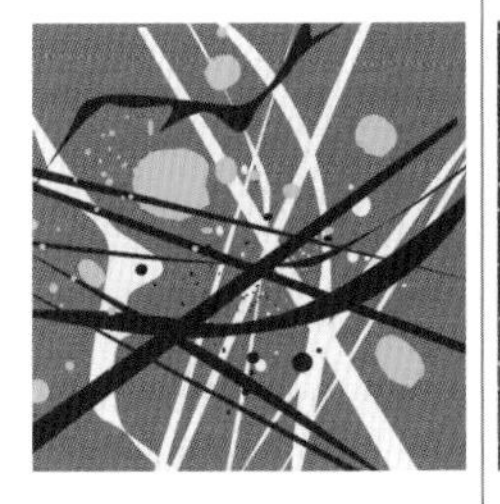

드리핑

DRIPPING

물감을 위에서 떨어뜨리거나, 튀기는 화법이나 무늬를 말한다. 미국 화가 잭슨 폴락이 유명하며, 천 위에 페인트를 둘러 튀긴 듯한 디자인의 패션을 볼 수 있다.

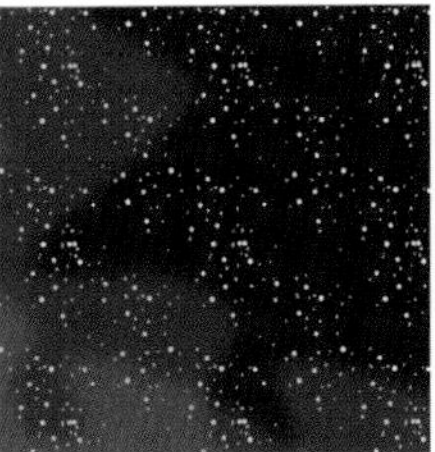

코스믹 무늬

COSMIC PRINT

별이 박힌 하늘 등 우주를 모티브로 한 무늬의 총칭. 코즈믹 무늬라고도 표기한다.

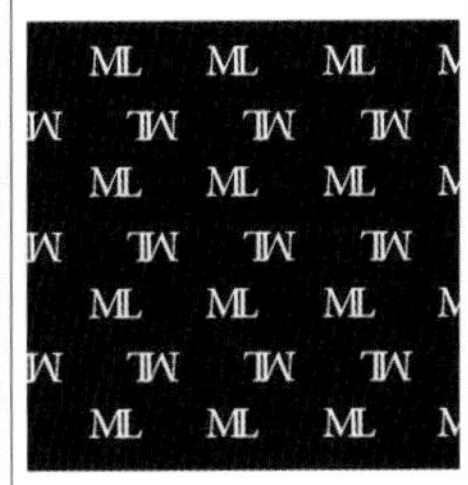

모노그램

MONOGRAM

두 개 이상의 문자를 조합해 오리지널 도안을 만든 것. 서명이나 명칭의 이니셜로 상표나 작품을 만들 때 사용된다. 루이비통의 'L'과 'V', 샤넬의 'C'를 겹쳐 배치한 모양이 특히 유명하다.

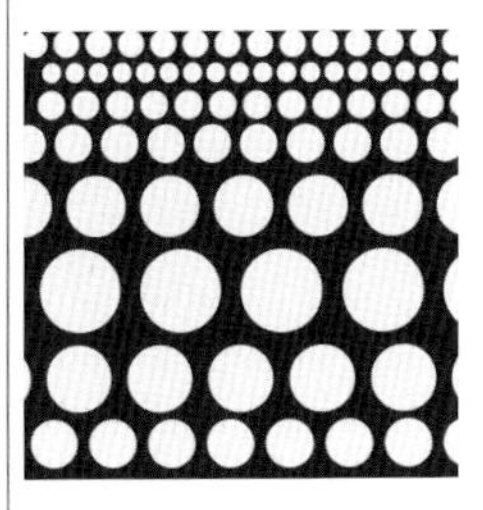

옵티컬 패턴

OPTICAL PATTERN

기하학 모양 등으로 시각적 효과나 의도적인 착시를 일으키는 무늬를 말한다. 점점 크기가 바뀌거나, 기울어져 보이는 것이 특징이다. 옵티컬은 시각적이라는 의미이다.

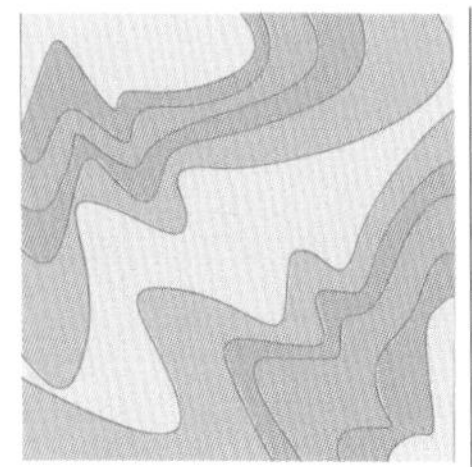

마블 무늬

MARBLE PATTERN

대리석을 본뜬 모양으로, 여러 색을 사용해 흐르는 듯 보이게 만든 프린트 무늬를 말한다. 물감이나 먹을 비중이 높은 액체 위에 띄워, 만들어진 모양을 종이에 찍어내는 기법을 마블링이라고 한다.

다마스크

DAMASK

이슬람의 다마스크직의 모양을 모티브로 한 무늬. 식물, 과일, 꽃무늬 등을 사용해 이어진 것처럼 보이게 반복한 디자인. 2~3개의 적은 색을 사용한다. 유럽에서는 인테리어의 기본적인 모양으로 여겨진다

당초무늬

FOLIAGE SCROLL

덩굴풀이 얽힌 모양을 표현한 직물 모양. 고대 그리스의 풀의 모양이 기원이라고 한다. 끝없이 자라는 담쟁이덩굴은 생명력을 나타내며, 일본에서는 번영과 장수를 의미하는 운수가 좋은 모양이다.

보타니컬 무늬

BOTANICAL PRINT

식물을 모티브로 한 프린트의 총칭. 꽃무늬와는 달리 나뭇잎이나 줄기, 열매 등을 모티브로 한 차분한 톤의 무늬를 가리킨다. 꽃무늬와 비교해 자연스러운 어른스러움, 고상함을 더해준다

페이즐리

PAISLEY

솔방울이나, 보리수, 사이프러스, 망고, 석류, 야자수 잎, 생명수 등을 모티브로 한, 페르시아나 인도의 카슈미르 지방에서 유래한 치밀한 모양. 또는 이것들을 무늬로 해 만든 직물을 말한다. 색도 다채롭게 사용한다. 무늬 자체는 마르지 않는 사이프러스 등, 생명력을 주제로 만든 것이라고 한다. 패션이나 융단, 반다나 등의 소품에 쓰이는 고운 장식 무늬 외에, 최근에는 네일 디자인에도 사용한다. 원래는 고도의 기술을 필요로 하는 직물 무늬였으나, 현재는 프린트 무늬로 보급되었다.

아라베스크

ARABESQUE

이슬람교 사원의 벽면 장식으로 볼 수 있는 미술양식, 또는 이를 모티브로 한 모양을 말한다. 당초무늬를 대표로 하는 덩굴풀이 얽힌 반복적인 모양이나 좌우 대칭 무늬로 구성되며, 별모양, 기하학적인 모양 등도 쓰인다.

오너먼트 무늬

ORNAMENT PATTERN

'장식'이라는 뜻이다. 아칸서스(엉겅퀴와 유사), 로터스(연꽃), 로카유(조가비) 등을 모티브로 한 무늬가 많으며, 인테리어나 액자, 상 등의 장식에서도 볼 수 있다.

로코코

ROCOCO

루이 15세 전성기인 1730~70년경, 바로크를 토대로 생긴 우아함, 섬세함이 특징인 장식 양식. 프린트 무늬로는 장미꽃을 모티브로 한, 조금 복잡하게 얽힌 꽃무늬를 가리키는 경우가 많다.

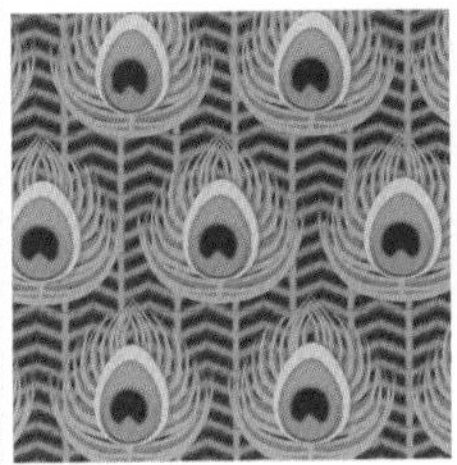

피콕 패턴

PEACOCK PATTERN

공작의 깃털을 모티브로 한 무늬. 공작이 깃털을 펼쳤을 때 보이는 눈을 닮은 원형의 모양을 배열한 것과 새 날개를 반복해 그린 모양이 있으며, 후자는 네일 등에서도 많이 쓰인다.

고블랭

GOBELIN

고블랭직의 태피스트리에서 유래한 꽃이나 페이즐리의 전통 무늬, 직물을 말한다. 쯔즈리오리(문직물(紋織物))를 일반적으로 부르는 말이지만 지금은 비슷한 무늬를 가리키는 경우도 많다. 원래는 인물, 풍경 등을 소재로 한 벽장식에 사용되는 직물이다.

페어 아일

FAIR ISLE

400년 이상 이어진 고전적인 무늬의 니트. 켈트 문화와 북유럽 문화가 섞인 느낌으로 다채로운 색과, 여러 단에 걸친 기하학적 무늬가 특징이다. 바스크 지방의 백합, 무어인의 화살 등 다양한 무늬가 있다. 스웨터, 양말 등에서 볼 수 있다.

노르딕 무늬

NORDIC PATTERN

눈 결정, 순록, 전나무, 하트 등을 모티브로 한 기하학적 모양, 점묘 등을 반복해 만든 북유럽 전통 무늬. 노르딕 니트, 노르딕 스웨터, 장갑 등에 쓰인다.

스칸디나비안 패턴

SCANDINAVIAN PATTERN

스칸디나비아는 덴마크, 스웨덴, 노르웨이 세 나라를 말하지만, 이 무늬는 북유럽 전체에서 볼 수 있는 무늬의 총칭이다. 흰색을 기조로 눈의 결정이나 목재, 꽃무늬 등을 다룬 것이 많다.

이카트

IKAT

인도네시아나 말레이시아의 전통적인 직조 기법. 자연의 초목염료로 염색한 실을 사용해 기하학적 모양이나 동물, 식물을 추상적으로 짜는 것이다. 인도네시아의 염색물로는 바티크(자바 사라사)가 유명하다.

카무플라주

CAMOUFLAGE PATTERN

군대에서 적에게서 모습을 감추기 위해 쓰이는 무늬. 차량이나 군복, 전투복으로 사용하던 것이 시작이지만 지금은 패션 디자인으로 정착하였다.

루스코스타

LUSEKOFTE

노르딕 스웨터 등에서 볼 수 있는 북유럽(주로 노르웨이)의 전통적인 점묘무늬. 노르딕 무늬(p.163)의 하나로, 점을 여기저기 찍은 듯한 모양을 말한다. 원래는 흑백이었으나 지금은 다양한 배색으로 만든다.

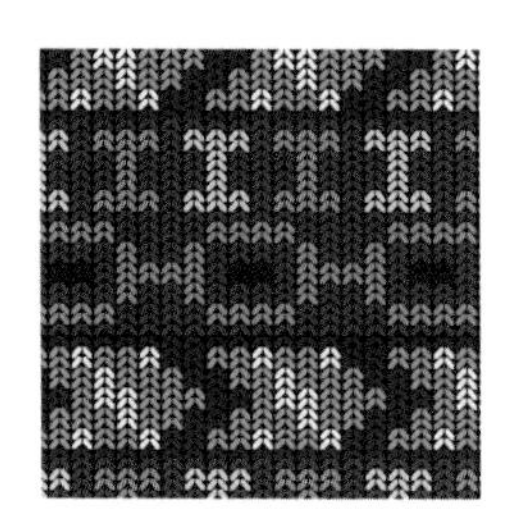

자카드

JACQUARD

특정한 모양이나 무늬가 아니라 자카드 직기로 만들어진 모든 니트 무늬나 직물 무늬를 가리킨다. 자카드 직기는 펀치카드(자카드 카드)로 모양을 설정하여 실의 움직임을 제어해, 복잡한 패턴을 반복해 짜는 것이 가능한 자동 직기이다.

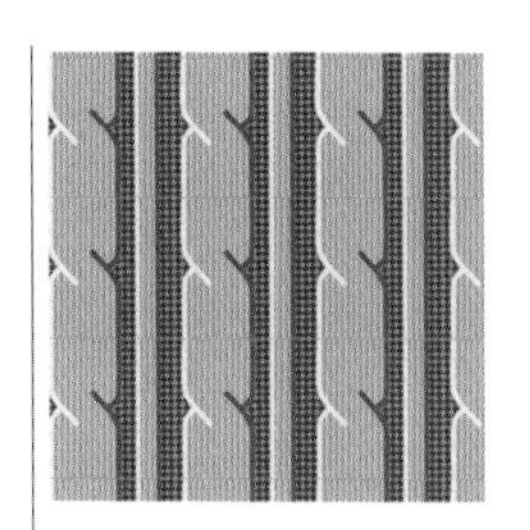

케이블 스티치

CABLE STICH

새끼줄처럼 짜는 뜨개질 방법. 또는 케이블 뜨기로 뜬 니트의 겉면 모양, 옷이나 아이템을 말한다. 입체적으로 짜여 두툼해, 방한성을 높이는 효과가 있다.

아란 패턴

ARAN PATTERN

니트를 뜨는 방법에 따라 생기는 모양 중 하나. 아일랜드 애런 제도의 어부용 스웨터가 기원으로, 물고기를 잡을 때 쓰는 로프나 구명줄을 이미지로 한 새끼줄형의 뜨개질법(케이블 뜨기)이 특징이다.

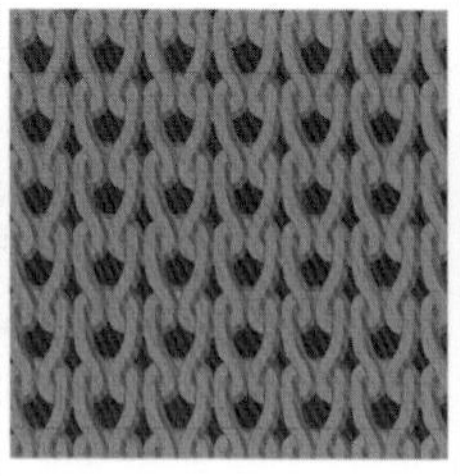

겉뜨기

KNIT

대바늘 가로뜨기의 기본적인 뜨개질 방법의 하나. 루프를 바깥쪽에서 손과 가까운 안쪽으로 떠 뜬다. 겉뜨기와 안뜨기를 한단씩 번갈아 뜨면 메리야스 뜨기가 된다.

안뜨기

PURL

대바늘 가로뜨기의 기본적인 뜨개질 방법의 하나. 루프를 안쪽에서 바깥으로 밀어 뜬다. 패션 관련, 머리 땋는 방법을 표현하는 명칭 중 하나이기도 하다.

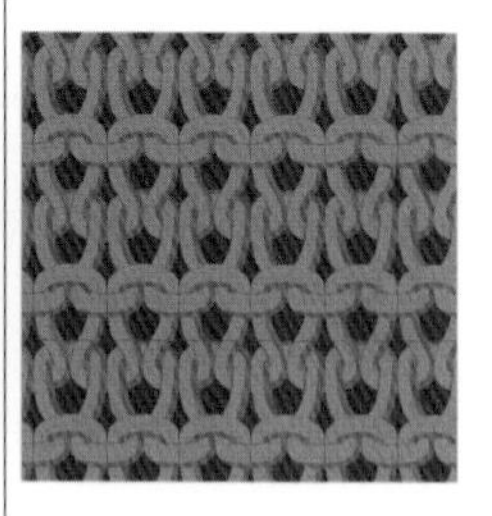

메리야스 뜨기

MERIAS

대바늘 가로뜨기의 기본적인 뜨개질 방법. 겉뜨기와 안뜨기를 한단씩 번갈아 뜬다. 신축성이 좋으며 머플러 등을 전부 메리야스 뜨기로 뜨면 안으로 말리기 쉬워, 가장자리를 다른 뜨개질 방법으로 뜨는 궁리도 필요하다.

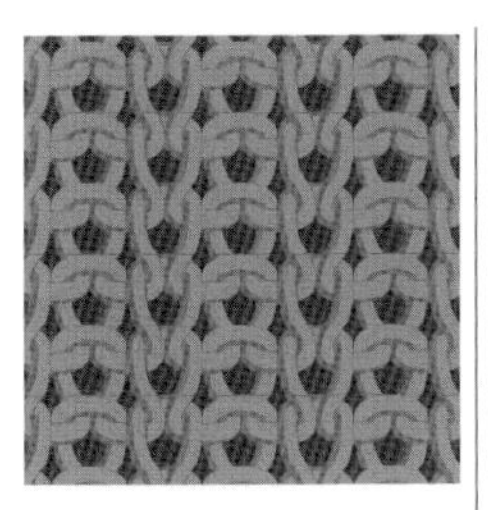

고무뜨기

RIB STICH

겉뜨기와 안뜨기를 번갈아 뜨는 뜨개질 방법. 가로방향으로 신축성이 좋다. 가장자리가 잘 말리지 않으며 봉제나 재단하기 쉬워, 니트의 소맷부리나 양말, 딱 붙는 스웨터 등에 많이 쓰인다.

도비 직물

DOBBY

도비 직기로 짠, 실로 무늬를 낸 직물이나 천을 말한다. 평직에 다른 실을 섞어 짜거나, 다른 조직을 이용해 무늬나 줄무늬를 드러나게 한 것이 많다.

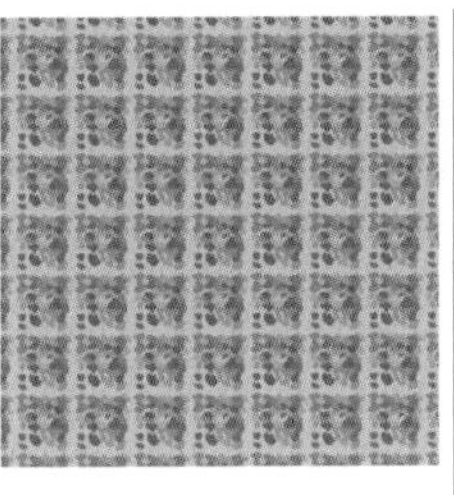

봉소직 (허니콤 조직)

HONEYCOMB WEAVE

날실과 씨실을 띄워 격자형으로 요철을 낸 중후함과 신축성이 있는 직물. 촉감이 독특하고 흡수성이 좋다. 끈적거리지 않아 침대 커버 등 실내 장식용 천으로 많이 사용된다.

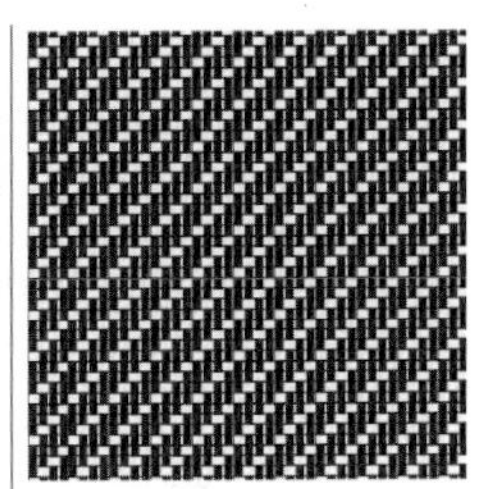

능직

TWILL

데님 천이 대표적이다. 날실과 씨실이 번갈아 오지 않고, 날실(세로)이 여러 개의 씨실을 건너뛰어, 겹치지 않도록 반복한다. 그 때문에 실이 교차된 곳이 사선으로 무늬를 만든다. 날실과 씨실을 번갈아 짜는 것은 평직이라고 한다.

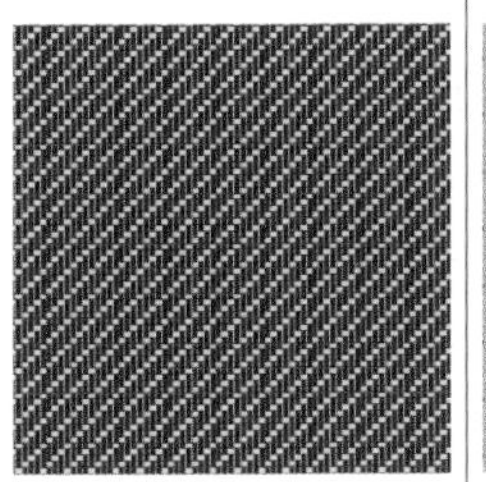

데님

DENIM

날실을 인디고로 물들인 염사(색실), 씨실은 염색하지 않은 실(흰색 실)을 사용해 능직으로 짠 두꺼운 천. 또는 그 천으로 만든 제품을 말한다. '데님'이라고 하면 주로 바지를 가리키는 경우가 많다.

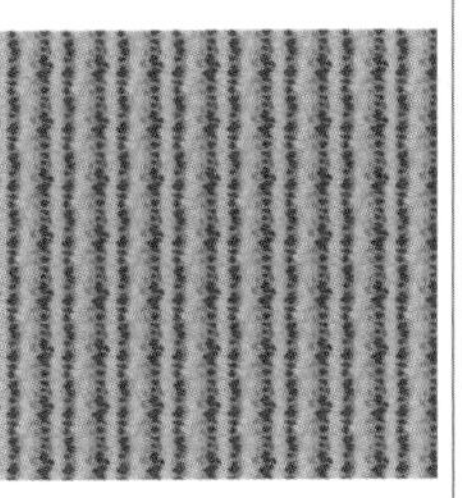

코듀로이

CORDUROY

파일 직물의 일종으로, 천의 표면에 세로방향으로 짧은 털로 이랑이 진 직물. 또는 그 천으로 만든 옷을 말한다. 두께가 있어 보온성이 높아 겨울옷에 많이 쓰인다. 코르덴이라고도 한다.

샴브레이

CHAMBRAY

경사(날실)를 염색실, 위사(씨실)를 염색·가공하지 않은 실을 써 평직으로 짠 면 직물. 또는 그 천으로 만든 제품을 말한다. 데님은 능직, 샴브레이는 평직이다.

덩거리

DUNGAREE

경사로 염색하지 않은 실, 위사로 염색실을 사용해 만든 천. 또는 그 천을 사용해 만든 제품을 말한다. 데님과는 경사와 위사에 쓰는 실이 반대이다.

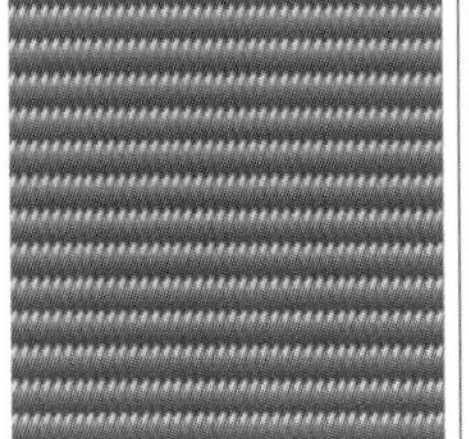

그로그랭

GROSGRAIN

경사에 가는 실, 위사에 굵은 실을 써 단단하고 빽빽하게 평직으로 짠 천. 표면에 가로골이 있고, 경사가 위사의 3~5배의 밀도로 되어있다. 명칭은 프랑스어로 'gros=조잡한', 'grain=곡물'이라는 뜻이다. 리본에도 사용된다.

새틴

SATIN

경사와 위사의 교차 부분이 이어지지 않고 일정 간격으로 떨어져 있는 것으로, 경사와 위사가 띄워진 부분이 많은 조직 방법의 천. 또는 그 천을 사용한 제품을 말한다. 광택이 있고 촉감이 부드럽고 매끄럽다.

퀼팅

QUILTING

겉감과 안감의 사이에 면, 깃털, 솜 등을 끼워, 움직이지 않도록 장식적으로 재봉한 천을 말한다. 방한용 옷이나 침구 등에 많이 사용된다.

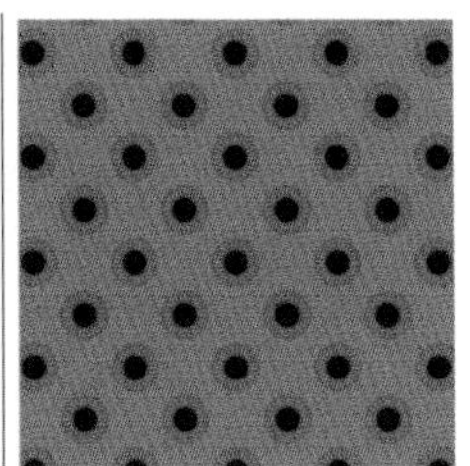

포인테일

POINTAIL

작은 구멍(아일릿)이 규칙적, 장식적으로 뚫린 천을 말한다. 안이 비치도록 장식용으로 성기게 뜬 니트를 가리키기도 한다.

메시

MESH

복식에서는 그물코의 직물이나 그물코 자체를 가리킨다. 주로 다각형의 코를 실로 뜨거나 짜서 만든다. 코가 성기면 안이 비치기 때문에 레이스처럼 보이기도 하며 실제로 레이스처럼 쓰이기도 한다.

튤 레이스

TULLE LACE

면, 견, 화학 섬유의 실로 육각형이나 마름모꼴의 얇은 그물코(튤지) 위에 자수를 놓은 레이스를 말한다. 우아하고 가벼운 소재감에 시스루이기 때문에, 베일이나 드레스 등에 많이 사용된다.

바텐 레이스

BATTEN LACE

리본형의 테이프(브레이드)를 본에 맞춰 꿰매고, 뜨는 공간을 실로 감쳐 만드는 레이스. 바텐베르크 레이스의 약칭으로 테이프 레이스라고도 한다.

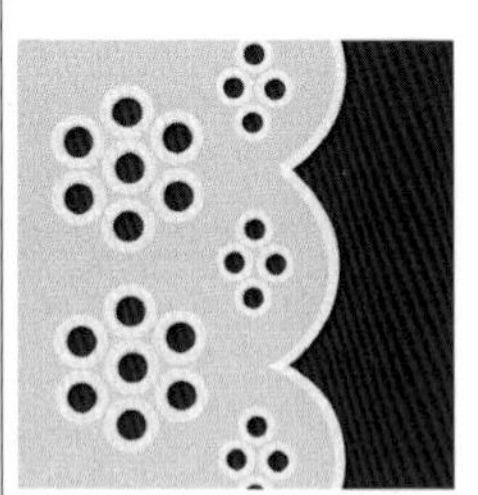

아일릿 레이스

EYELET LACE

천에 작은 구멍을 뚫어 가장자리를 감치거나 실을 감아 만드는 자수 기법. 아일릿은 작은 구멍이나 구멍에 붙이는 둥근 틀을 말한다. 자수 기법이지만 완성했을 때 모양이 레이스에 가까워 아일릿 레이스라고 부른다.

크로셰 레이스

CROCHET LACE

코바늘로 뜨개질해 만든 레이스를 말한다.

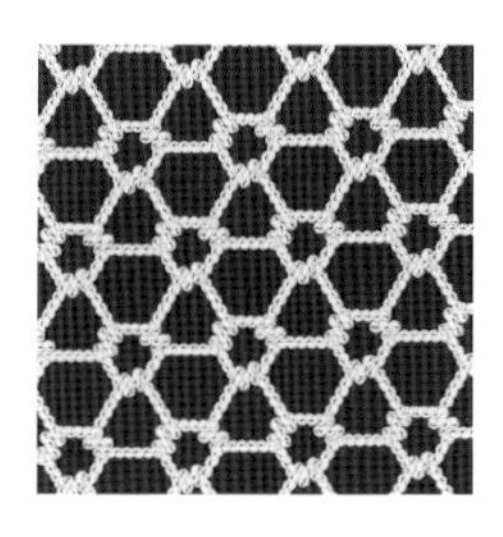

마크라메 레이스

MACRAME LACE

실이나 끈을 묶어 모양을 만드는 레이스를 말한다. 테이블 클로스나 벨트 등에 많이 쓰인다.

모자 : 베레 (p.113)
톱 : 스탠드칼라 (p.18) / 부팡 슬리브 (p.29) / 플래스트런 (p.138)
팬츠 : 옥스퍼드 백스 (p.63)
가방 : 샤넬 백 (p.126)
신발 : 뮬 (p.104)

톱 : 테일러드 재킷 (p.81)
팬츠 : 쿼터팬츠 (p.67)
신발 : 포인티드 토 (p.108)

일러스트 : 치야키

어스 컬러

EARTH COLOR

흙색이나 나무줄기 색을 주체로 한, 갈색 계열을 중심으로 구성된 자연적인 색을 말한다. 베이지나 카키 등이 대표적이다. 1970년대 후반에 인기를 얻었다.

에시드 컬러

ACID COLOR

오렌지나 레몬, 덜 익은 과일 등, 신맛이 강하게 느껴지는 음식을 연상시키는 색 조합이다. 주로 노랑, 연두색 계열로 감귤류에서 볼 수 있는 색을 가리킨다. 에시드는 산성(酸性)이라는 뜻이다.

에크루

ECRU

'가공하지 않은'을 뜻하는 프랑스어에서 온 말로, 표백하지 않은 자연색 또는 바래지 않은 마(麻) 색을 가리킨다. 노란 빛을 띤 흰색이나 은은한 갈색, 또는 엷은 베이지색 등을 말한다.

뉴트럴 컬러

NEUTRAL COLOR

무채색인 하양, 검정, 회색을 말한다. 또, 채도가 아주 낮은 베이지나 아이보리 등을 오프 뉴트럴 칼라고 부른다. 유행에 크게 좌우되지 않는 색으로, 다른 것과 맞춰 사용하는 경우도 있다.

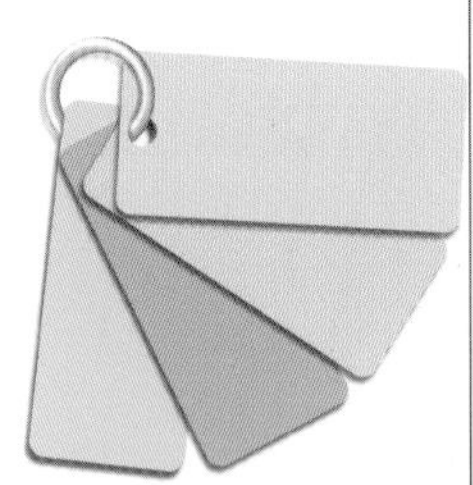

페일 컬러

PALE COLOR

명도가 높고 채도가 낮은 은은하고 투명한 느낌의 색 조합을 말한다. 페일은 '엷은'을 뜻한다.

샌드 컬러

SAND COLOR

모래를 떠올리게 하는 명도가 높고 채도가 낮은 색감을 말한다. 스톤 그레이나 샌드 베이지 등, 미묘한 차이로 구별되어있다.

모노톤

MONO TONE

한 가지 색조의 농담(명암)을 바꿔 여러 색으로 구성한 것을 말한다. 흰색, 회색, 검정 등 채도가 낮은 조합이 일반적이나, 같은 색상의 파란색과 하늘색, 흰색 등으로 구성된 것도 모노톤이다. 도회적인 이미지이다.

트리콜로

TRICOLORE

보색 등 색감 차이가 큰 세 가지 색으로 구성된 배색, 프랑스 국기의 통칭이다. 대표적인 파랑(자유), 흰색(평등), 빨강(박애)을 배열한 무늬나 모양을 트리콜로 칼라, 트리콜로라고 부르기도 한다.

바이 컬러

BI-COLOR

두 가지 색의 컬러링을 말하며, 트윈 칼라라고도 한다. 작은 무늬에 쓰이는 두 가지 색이 아니라, 넓은 면적을 사용해, 톤(색조)이나 명도를 크게 바꾼 것을 주로 가리킨다.

톤 온 톤

TONE-ON-TONE

같은 색상에서 명도에 변화를 준 배색. 무난한 경향이 있지만 온화하고 차분한 배색이 된다.

톤 인 톤

TONE-IN-TONE

유사한 톤으로, 색상에 차이가 있는 배색. 다른 색상이지만 명암이 같기 때문에 비교적 위화감이 적다.

도미넌트 톤

DOMINANT TONE

같은 톤에 색상을 변화시킨 배색. 색상이 달라 활기차게 느껴지며, 톤이 가지는 이미지를 전달하기 쉽다.

도미넌트 컬러

DOMINANT COLOR

유사한 색상 중에서 톤을 변화시킨 배색. 통일감이 있고, 색이 가지는 인상을 상대적으로 강하게 전달할 수 있다.

토널 배색

TONAL

탁한 계열의 톤을 중심으로 중간색으로 이루어진 배색. 소박하고 차분한 이미지를 주기 쉽다.

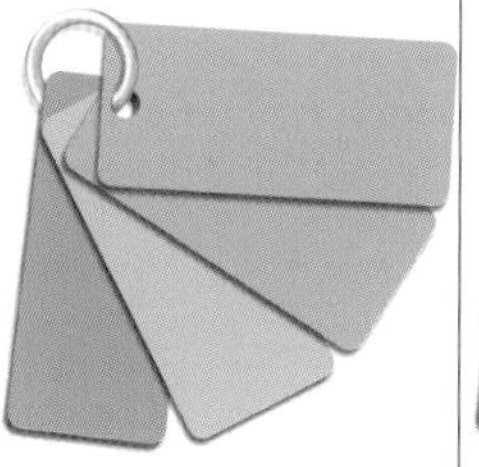

카마이외 배색

CAMAIEU

색상·톤 모두 가까운 색을 사용한 배색. 통일감 안의 변화가 느껴진다.

포 카마이외 배색

FAUX CAMAIEU

카마이외 배색에서 조금 색상을 변화시킨 배색. 통일감이 있어 색상차가 있어도 비교적 위화감이 없다.

ㅇ

ㅈ

ㅊ

ㅋ

ㅌ

ㅍ

감수자 소개

후쿠치 히로코 福地宏子

HIROKO FUKUCHI

2002년, 스기노여자대학(현 스기노복식대학)
피복 구성 디자인 코스 졸업.

같은 해 4월부터, 패션화 연구실에서 조수로 근무.
스기노학원 드레스메이커 학원이나 타교의 시간 강사로도 교편을 잡고 있다.

그 외, 도서의 스타일화를 그리거나 워크숍 등을 하고 있다.

카즈이 노부코 數井靖子

NOBUKO KAZUI

스기노복식대학 강사.

2005년, 스기노여자대학(현 스기노복식대학)
아트 패브릭 디자인 코스 졸업.

같은 해 4월부년, 패션화 연구실에서 조수로 근무.

스기노복식대학 단기대학년, 고등학교에서도 강사로 교편을 잡고 있다.

패션 아이템 도감

1판 1쇄 인쇄 2020년 2월 5일　1판 1쇄 발행 2020년 2월 10일
1판 6쇄 인쇄 2024년 4월 20일　1판 6쇄 발행 2024년 4월 25일

—

지 은 이 미조구치 야스히코
옮 긴 이 이해인
발 행 인 이미옥
수 입 처 디지털북스
발 행 처 디지털북스
정　 가 15,000원
등 록 일 1999년 9월 3일
등록번호 220-90-18139
주　 소 (04997) 서울 광진구 능동로 281-1 5층 (군자동 1-4 고려빌딩)
전화번호 (02)447-3157~8
팩스번호 (02)447-3159

—

ISBN 978-89-6088-292-8 (13590)
D-20-04